创造力研究 译丛

主 编　刘 莘

副主编　张鲜元　汪 瀰

编委会　陈 寒　刘 莘
　　　　刘正奎　汪 瀰
　　　　张鲜元　张名源

三生教育基金会赞助出版

创造力
当东方遇上西方

刘 诚
Sing Lau

许娜娜
Anna N. N. Hui

吴恩泽
Grace Y. C. Ng

程 励
金 培

四川人民出版社

图书在版编目（CIP）数据

创造力：当东方遇上西方 /刘诚，许娜娜，吴恩泽
编；程励，金培译—成都：四川人民出版社，2016.7
（创造力研究译丛）
ISBN 978－7－220－09894－9

Ⅰ.①创…　Ⅱ.①刘…　②许…　③吴…　④程…　⑤金…
Ⅲ.①创造能力－研究　Ⅳ.①G305

中国版本图书馆 CIP 数据核字（2016）第 179761 号

CREATIVITY：WHEN EAST MEETS WEST by Sing Lau，Anna N N Hui，&Grace Y C Ng

Chinese translation arranged with World Scientific Publishing Co. Pte Ltd.，Singapore.

四川省版权局著作权登记［图进］21－2012－34

CHUANGZAOLI DANG DONGFANG YUSHANG XIFANG

创造力：当东方遇上西方

刘　莘　主编

刘　诚　许娜娜　吴恩泽　编
程　励　金　培　译

责任编辑	韩　波
封面设计	蒋宏工作室
版式设计	戴雨虹
营销策划	张明辉
责任校对	袁晓红
责任印制	李　剑　孔凌凌

出版发行	四川人民出版社（成都槐树街 2 号）
网　　址	http://www.scpph.com
E-mail	scrmcbs@sina.com
新浪微博	@四川人民出版社
微信公众号	四川人民出版社
发行部业务电话	（028）86259624　86259453
防盗版举报电话	（028）86259624
照　　排	四川胜翔数码印务设计有限公司
印　　刷	成都蜀通印务有限责任公司
成品尺寸	170mm×240mm
印　　张	26.5
字　　数	368 千
版　　次	2016 年 10 月第 1 版
印　　次	2016 年 10 月第 1 次印刷
书　　号	ISBN 978－7－220－09894－9
定　　价	69.00 元

创新实现梦想

儒家经典《大学》里记载，商朝的开国君主成汤在自己经常使用的器皿上刻有"苟日新，又日新，日日新"。这大概是中华民族的文化基因里蕴涵强烈创新精神的最早佐证。中华民族绵延五千年，历经磨难却又不断壮大，在文化、思想、艺术、科学等方面为人类文明作出了巨大贡献。商周鼎盛、先秦争鸣、汉唐国强、宋明文兴、清末图存，发人深省的历史经验反复述说这样一个道理：创新者昌，守旧者衰。特别是近代以来，中华民族内部积弱外遭侵凌，痛苦地承受着千年未有之巨变。不甘山河破碎的先驱者们，即使固守"中学为体，西学为用"，也能够以开放的心态向他者学习。先驱者们凭着"以一篑为始基，自古天下无难事"的信念和水滴石穿的精神，逐渐消化吸收诞生于异域文化的先进科学技术，为中华文明的现代转型奠定了必要的基础。

今天的中国已经摆脱贫弱并基本实现现代化，正在向着中华民族伟大复兴的道路上阔步前行。但是，在互联网时代的全球一体化过程中，改革开放以来的粗放式经济发展模式正在丧失竞争优势和环境资源上的可持续性。在这个大背景下，能否把低成本人力资源和高能耗的发展模式转型为创新驱动的发展模式，决定着中国梦能否最终实现。要实现经济转型并建设创新型社会，就需要大量的创新型人才。这就必然会对我们的教育事业提出新的要求和挑战。那么，什么是创新能力或人的创造性？创新能力或创造性是可以培养的吗？如何培养创造性思维方式和实践能力？创新人才的成长呼唤怎样的人才培养模式？除了基础教育和高等教育特别关心的人才培养问题，如何通过组织创新和领导力的提升去激发政府和企事业单位的创新活力，也是建设创新型社会必须回答的问题。我很高兴地看到，《创造力研究译丛》从不同角度对上述问题都有丰富的回答，特别是对我们当今的教育和创新人才培养有着十分重要的借鉴意义。

这套译丛取材于欧美发达国家的研究成果。从翻译引介的意义上讲，始于19世纪的"西学东渐"并未停下脚步。随着人类一体化的不可逆转和越来越深入，不同文化之间的相互学习和选择性融合将成为常态。我们有理由系统了解和学习发达国家在创造力问题上推进了一个多世纪的研究和实践。虚心使人进步，这一条真理也适用于创造创新。国运兴衰的历史视野对我们的启发是，无论是技术技能的"用"的层面，还是在文明文化的"体"的层面，真正的创新从来都没有捷径。创新不可能离开务实的学习、积累和传承，只有在这个基础上，超越才有现实的可能性。当然，从体用二分的视野来看，创造创新不仅在"用"的层面上为社会所需，更是在"体"的层面上支撑着人的内在价值和尊严。有理由认为，人唯有在各种各样的创造性活动中，方能真正实现人之为人的本质和自由。

个人梦想的实现依赖创造性潜能的唤醒，国家和人类梦想的实现也离不开经济、文化和教育的创新。创新实现梦想，唯有创新能够协调个体梦想与集体梦想，并把梦想的阳光、色彩和美丽照进人类的现实。

四川大学校长
中国工程院院士 谢和平

2016年1月14日

总　序

　　创造力是一种非常奇特的现象。天地之间，唯有人是具有目的性和创造力的存在者。充斥着偶然性和无目的性的自然演化，居然诞生出了人这个物种。随着文明的进程，现在的人类已经能够通过自身的创造性活动，去改变或引导自然演化的进程和方向。不具有创造性目的的自然演化，究竟凭借着怎样的力量，才能无中生有地诞生出人及人的创造力？《旧约·创世记》中的启示是：人是由天地万物的创造者凭借自己的形象而创造出来的。这意味着，人及其创造力只可能源于上帝这个至高的创造者，人因为在一定程度上获得了上帝的精神形象才可能具有创造力。启示的宗教强调按照神圣教义而生活，并不看重如何激发人的潜能去创造专属于人的世界。希伯来文明及后来血脉相连的基督教文明与伊斯兰文明，都为人类文明的发展作出过重大的创造性贡献，但人类的创造力本身却不可能成为它们关注的焦点。

　　与之相对照，启示宗教缺位的古希腊文明，在艺术、科学和哲学上表现出更大的创造力。荷马时代的诸神在人类理性对天地万物的自由探索中，隐退在城邦鼎盛的古典时期。希腊人对秩序、法则、美、善和智慧的追求和成就，随着近代文艺复兴运动的兴起，成为人类现代文明最重要的古典源泉。希腊人意识到并惊讶于天才人物的巨大的创造力，但创造力本身却不属于理性探究的范畴。在希腊人看来，创造力是缪斯女神的恩赐，隐晦、神秘而难以捉摸。现代以来，创造力研究的基本前提是祛魅创造性的神秘性，但为何古希腊文化具有如此之高的创造力仍有许多未解之谜。古典文明昌盛的"轴心时代"，东方的古代印度和中国文明也有极高的创造力，孕育出了迥异于古希腊－罗马和希伯来－基督教文明范式的文化和精神。但这些具有高度创造力的古典文明，却都没有对人类创造力本身给予足够的关注。事实上，人类在创造力上的自我意识，直到现代文明深入推进的 20 世纪才全面苏醒。

1950 年，美国心理学家吉尔福德（J. P. Guilford）以创造力为主题，发表了出任美国心理学学会主席的就职演讲。这篇演讲给出的疑惑是，为什么创造力如此重要但对这方面的研究却如此之少？吉尔福德当然知道，早在 1869 年，达尔文的表弟高尔顿（F. Galton）就出版了《遗传的天才》，这是人类历史上第一次运用经验科学的方法，把创造才能作为一种可观察和测定的人类特征来进行研究；英国哲学家怀特海（A. N. Whitehead）于 20 世纪早期出版了一系列著作，从哲学的视野较为系统地阐述了对于创造力的理解；美国企业家奥斯本（A. F. Osborn）于 20 世纪 40 年代倡导"头脑风暴"，第一次把创造力促进作为交流目标引入企业组织。虽然这些事例在创造力研究和促进上具有划时代的意义，但直至吉尔福德发表演讲的时候，创造性人格、创造性认知、创造性环境、创造性教育等核心问题还没有得到系统研究。

从某种意义上讲，这套丛书也是半个多世纪以来响应吉尔福德号召的成果。其中，著名心理学家韦斯伯格（R. W. Weisberg）的《如何理解创造力——艺术、科学和发明中的创新》，系统讲解了如何正确理解人类创造力，并通过对若干重要案例的剖析解读了创造性人格的构成和创造性认知风格的特征。哈佛大学管理学教授阿马比尔（T. M. Amabile）的《情境中的创造力》是该领域的名著，深入研究了环境对于个人和组织创造力的影响，并给出了提升组织创造性的方法。纽约州立大学国际创造力研究中心负责人普奇奥（G. J. Puccio）的《创造性领导力》是一本致力于提升领导者创造力的优秀著作，具有扎实的理论支撑、丰富的案例追踪和实用的方法路径。这套译丛中有三本是与教育相关的，从不同的视野和层面探讨了如何通过教育促进创造力的发展。《绘画：开启儿童创造力》基于儿童绘画作品的分析，揭示出儿童的创造力如何通过绘画作品予以激发、表现和发展。《课堂中的创造力》是一部非常优秀的致力于在基础教育阶段培养学生创造力的著作，以课堂和教学为核心，展现了不同学科在教与学的创造力促进上的内涵和意义，对我国基础教育的改革具有很好的借鉴意义。《提升高等教育创造力》是国际创造力研究领域为数不多的聚焦高等教育的著作，对我国建设世界一流大学具有积极的启发作用。本译丛的最后一本入选著作《创造力：当东方遇上西方》，从文化差异性的视角分析了人们在创造性观念和行动上的区别，在今天全球一体化促进人类创造力的共识下，特别是在今天中国"大众创业、万众创新"的大背景下，很有启发意义。

由于创造力研究涉及很多领域，许多专业术语没有固定译法，译本中难免有少许瑕疵或疏漏，请广大读者谅解。

"创造力研究译丛"编委会

2015 年 12 月

序　言

对于一个职业平面设计师来说，拥有创造力无疑是一笔宝贵的财富。v
尽管创造力是无形的，且部分属于直觉范畴，但它确实能通过学习获得。
虽然一些人可能天生就比别人更具有创造力，但创造力本质上是一个思
考过程，完全可以通过经验、观察、认知和学习得以提高。

这里我将与您分享第二届儿童发展国际研讨会（这是本论文集的来
源）形象标识的设计产生过程，而不是仅仅就"创造力"泛泛而谈。

这次国际会议以"创造力：灵光乍现！"为主题，于 2001 年 6 月 26
日到 28 日在香港浸会大学举行。我受邀为此次为期三天的研讨会设计会
议形象标识。毫无疑问，当一个设计师准备展开一项创造性工作，开始
构思可行的设计方案时，他必须找出并理解此项设计工作背后所蕴含的
基本元素与总括性信息。

就此次会议标识设计的案例来说，这是一次以创造力为主题的国际
研讨会，会议由香港浸会大学儿童发展中心主办，来自不同国家相关学
术界的教授及研究人员将出席此次会议。因此，作为设计者，必须在掌
握和理解这些信息的基础上，将这些信息在最终的设计方案中反映出来。

在此后设计阶段，我的头脑中不断萦绕着这些相关信息，并不时地
在本子上画下一些草图或记下一些想法。这是设计过程中非常重要的环
节，因为设计想法几乎从来不会一次性地打包出现而不需要作任何修改，vi
因此这些最初的想法将为最终设计方案的变化、修改、融汇与提升提供
参考。所有的设计者在最终提出并决定最好的一个或两个想法，或从中
整合出某套最佳方案前，他们都要花时间对这些信息进行充分消化、思
考、构思，进而获得创新性的设计路径。

"Creativity"（创造力）这个词一直是这次标识设计的不二之选和中心主题。怎样既在国际性及会议交互性中突出并具体化创造力这一概念，又能够不过于直白地以一种公众在潜意识状态就能理解的符号方式呈现出来是设计的关键。此外，我还希望通过该标识能传达出创造力精神和趣味性来深化主题。这就是我最初的设计想法和基本方向。

在稿纸上不断积累想法的过程中，我意识到手绘体与印刷体结合可以创造出更好的视觉效果，同时还可以在线条间给创造力这个词增加反衬和韵味。在计算机的帮助下，通过试验不同的编排、风格和字体，我小心翼翼地推演着这一思路，通过对备选方案的比选，经过数天对不同组合的尝试、版面设计和修饰，此次创造力研讨会的设计标识终于大功告成。

这就是我本次标识设计的设计说明（见图 1）。

图 1. 第二届儿童发展国际研讨会的墙报设计——创造力：灵光乍现！

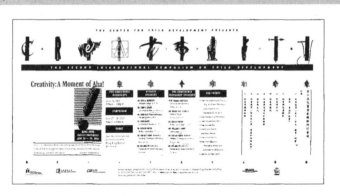

我此次的设计目标是：必须使"Creativity"（创造力）这个词在呈现出独特性和富有变化性的同时，给人以趣味性和创新感。

我采用非传统的手写体、印刷体和图形体的组合来拼写"Creativity"（创造力），以反映此次会议主题的精髓，同时也力求表现出来自世界不同地方的学者聚集在这一国际性会议，共同研讨创造力的不同方面。

在最终的设计中，这个字以风格和方式迥异的字体之字母组合拼写出来，其中包括图式和象形文字。

　　这些看起来无关的字体相组合，象征了来自不同国家的学者聚集在此次香港研讨会上在创造力领域传道、授业、解惑和发表演讲。除了传达出上述的象征意义，创造力这个词的呈现本身就是一个蕴含了很多想象与创新可能的不言自明的映象。

　　我还想分享关于创造力的一个有趣注解。由于我们每个人都是独一无二的，因此每个设计师在处理设计问题时总是有自己独特的一套方法。毫无疑问，不同的背景、兴趣、教育、文化、所受的影响、对某种风格的好恶、个人品位等因素都会影响设计师最终的设计结果。因此，面对同一个设计主题，设计师不可能形成完全相同的设计方案。这也正是创造力的美和秘密所在，对于此，我们也许永远无法完全解释和分析清楚。总之，"灵光乍现"总是来无踪迹令人捉摸不定，我们永远无法知道它究竟什么时候来，怎么来，以及从哪里来。

包纬国（Derick Pao）

加拿大

2003 年 11 月

前　言

创造力到底是什么？使其概念进一步明晰化并得以发展的因素是 *ix*
什么？

几十年以来，不管在东方还是西方，这些相关问题都吸引了诸多科研人员、教育工作者、家长和其他非专业人士的关注。本文集将从东西方的视角出发，试图对上述问题作出探索和回答。读者也许会发现本书的一些回答令人满意而另外一些问题则依然令人困惑，这确实反映了创造力研究和教育的现状。我们希望读者在本书中能分享到犹如阅读导航图般的快乐。

2001 年，香港浸会大学儿童发展中心迎来了 10 周年庆典，中心借此契机发起了一系列重要活动。其中最重要的活动之一就是召开第二届儿童发展国际研讨会——"创造力：灵光乍现！"此次会议于 2001 年 6 月 26 日至 28 日在香港浸会大学举行。此次研讨会除了把在创造力研究领域的国际知名学者聚集在了香港，同时还吸引了约 300 名当地和海外学者参与了其中的 7 个分会，进行了共计 50 次的主题演讲。这次会议以推进创造力发展和儿童、青少年、家庭、学校、社区在创造力方面的提升为目标，为教育工作者、家长和来自各个学科的专业人士提供了有益且难得的交流机会。

此次研讨会对于所有的与会人员，尤其是进行大会演讲与发言的人来说是一次宝贵的经历。为了进一步扩大这次会议的影响，会后我们分别发起了关于创造力的中英文两个版本的出版计划。我们请在大会发言的学者贡献出他们的专业论文，这是本书 11 个章节的来源。此外，我们还非常荣幸地邀请了几位没有参加此次研讨会的学者以提供稿件方式参 *x*

与这项出版工作，这也使本书最终更加丰富和完整。这就是本书的诞生过程。

在此，我们首先要感谢本书所有作者的相互协作和不懈的努力；其次，我们还要感谢各位审稿人，感谢他们百忙之中抽出时间评审论文并给作者和编辑提供宝贵的意见。我们希望本书能启发读者去重新思考关于东西方创造力的精髓，并能在这一领域作出进一步的贡献。

目　录

供稿人名单①

安达真由美（Mayumi Adachi）　日本北海道大学心理学教授，日本 *xiii*
新潟大学钢琴教育学和音乐教育文学学士，哥伦比亚大学师范学院文学
硕士和教育学硕士。她还曾在美国华盛顿大学音乐的发展和认知心理学
专业学习并取得音乐心理学博士学位。她的研究包括歌曲和故事中儿童
的情感表达、音乐隐喻性阐释的发展和小群体内的音乐作品的形成过程。

http://www. let. hokudai. ac. jp/en/staff/4-1-01/

E-mail：m. adachi@let. hokudai. ac. jp

区建中（Al Au），新加坡国立大学心理系助理教授，香港大学心理
学学士、香港中文大学工业与组织心理学哲学硕士及香港大学哲学博士。
他的研究兴趣包括组织沟通、跨文化谈判和跨文化比较。

http://www. fas. nus. edu. sg/psy_people/al_au. htm

Email：alaukc@nus. edu. sg

郑慕贤（Vivian M. Y. Cheng），香港教育学院数学与资讯科技学
系助理教授，香港浸会大学博士，其博士论文题目为《教学中的创造力：
概念化，评估和资源》。她是"小学和教学培训机构中的创造性教育探
索"和"香港教师创造性教学计划"的项目负责人，也是一个创造力相
关网页 http://www. ied. edu. hk/creative 的主编。

Email：v. heng@ied. edu. hk

---

① 此名单所列为供稿者的最新所属单位，而内文所列单位则是其在 2003 年的信息。

xiv　　茅野紫（Yukari Chino），日本山梨大学附属小学教师，获山梨大学基础教育专业文学学士、山梨大学硕士学位。她在一所公立学校任教多年以后，被任命为日本山梨大学附属小学音乐教研组组长。她极力倡导在音乐教学中展现儿童自己的想法、表达和创造力。她的研究旨在开发一套贯穿整个基础教育阶段的融入创造性音乐发展的音乐符号的课程学习。

　　奥施塔·基尔格斯多德（Asta S. Georgsdottir），在法国巴黎第五大学个体适应实验室从事研究工作，获冰岛大学心理学学士学位、法国巴黎第五大学硕士学位和博士学位。她的研究关注认知灵活性，其重点放在个体差异、儿童及青少年认知灵活性的发展。

　　http://journal. frontiersin. org/article/10.3389/fpsyg. 2013. 00176/full

　　戴维·冈萨雷斯（David W. González），现任瞻博网络（Juniper）副总经理，获美国纽约州立大学布法罗分校创造性与变革领导力学院硕士、美国卡佩拉大学博士学位，曾任美国纽约州立大学布法罗分校的国际创造力研究中心的主任以及"创新与进步"的合作伙伴，美国创造力协会理事会成员及创造性问题解决研究所的负责人。在创造性思维、创造性问题解决、团队建设、推进、高管培训、变革与领导力领域担任培训员、教导员、高管教练和顾问。他是《幕帘背后：揭开一般创造性方法的神秘面纱》（2000）一书的作者，并将一些关于创造力和情商的训练手册翻译成西班牙语。其研究主要集中在对一般创造性、问题及解决这三个方面（横向思维与交互式研讨法）的综合分析。

　　https://www. linkedin. com/pub/david-gonzalez/0/3b8/514

　　贝丝·亨尼西（Beth A. Hennessey），美国韦尔斯利学院心理学教授。她于1986年取得布兰迪斯大学社会与发展心理学的哲学博士学位。

她的研究兴趣在于怎么样建构教室和工作场所才能有助于激发内在动机和创造力表现。她合著了大量专著，发表了大量学术论文，并为美国和 *xv* 其他国家的科教机构撰写了许多报告。其中有她与特雷莎·阿马比尔于1987年合著的一本名为《创造力和学习：给教师的研究所得》的专著。她目前正在参与一系列针对环境对内在动机削弱的跨文化调查，以及与麻省理工学院和新加坡研究人员关于大学前沿课程开发的合作项目。

Email：bhenness@wellesley. edu

http：//www. wellesley. edu/psychology/faculty/hennessey

许娜娜（Anna N. N. Hui），香港中文大学英语语言与文学学士、英语语言的教育学文凭和教育心理学的哲学硕士、香港中文大学教育心理学博士。她现为香港城市大学应用社会科学系副教授。她的研究方向包括创造力、创造企业、动机导向和天才学生教育。

刘诚（Sing Lau），1977年取得普渡大学社会心理学博士学位，现为香港浸会大学心理学与教育学荣休教授，曾任香港浸会大学教育学系主任及儿童发展研究中心主任。他曾在香港中文大学任教，曾是普渡大学、匹兹堡大学和纽约州立大学的访问学者。他在国际期刊上发表了多篇文章，著有两本关于青少年和儿童社会发展的专著，编辑有一卷名为《中国方式的成长》（1996）的文集。他的研究方向覆盖了创造力、自杀、抑郁、自我概念、性别角色和价值观。

梁伟聪（Beeto W. C. Leung），香港东华学院复康及社会科学系助理教授，获香港中文大学社会科学学士及心理学哲学硕士、香港大学心理学哲学博士学位。他的研究方向是包括乐观主义、主观幸福感和创造力在内的积极心理学，及欺凌行为、人本游戏治疗等。

Email：beetoleung@twc. edu. hk

http：//www. twc. edu. hk/rss/people/beetoleung?lang-zh-hans

xvi　　　**梁觉**（Kwok Leung），香港中文大学李卓敏管理学教授。获香港中文大学学士、美国伊利诺伊大学厄巴纳－香槟分校博士学位，以社会和组织心理学、跨文化研究方法论和跨文化心理学上的学术研究而享誉国际。曾为《管理与组织评论》和《国际商业研究学报》副主编，《亚洲社会心理学报》编辑、《亚太管理学报》和《跨文化心理学》副编辑。研究方向包括正义与冲突、创造力、社会公理、跨文化心理学等。

http://www. bschool. cuhk. edu. hk/index. php/faculty-staff/academic/management?pid-498&-sid-770:Leung-Kwok

林少峰（Siu Fung Lin），曾任伯明翰大学心理学院荣誉研究员，伯明翰大学心理学博士、发展心理学家。她的研究方向包括儿童心理学、儿童图画、艺术教育、情感表达以及儿童和青少年的认知发展。

托德·吕巴尔（Todd I. Lubart），法国巴黎第五大学认知和发展实验室心理学教授、耶鲁大学心理学博士，作为工作-个体适应实验室主任开展了一系列基础及应用研究，主题包括创造力的认知和意动因素、创造性过程、创造潜力和创造力发展等。他的《跨越文化的创造力》一文被斯滕伯格（R. J. Sternberg）收入其编辑的《创造力手册》（1999），同时是《挑战平庸：在从众文化中培养创新》（1995）一书的合著者。他的研究领域包括个体创造力、艺术创造力和情商。

Email:todd. lubart@ univ-paris5. fr

http://ecolesdoctorales. parisdescartes. fr/ed261/Equipes-de-recherche/Les-membres-des-equipes-de-recherche/Lubart-Todd

琼·马克尔（C. June Maker），亚利桑那大学特殊教育、康复与锻炼心理学教授，获南伊利诺伊大学特殊教育（资优）硕士、弗吉尼亚大学教育心理学与特殊教育博士。她的研究领域是少数民族天才儿童的辨识以及儿童和成人问题解决能力的鉴定。她是亚利桑那大学"发现计划"

（DISCOVER Projects）的主任，并负责亚利桑那大学资优教育的博士学位项目，讲授天才学生教育和创造力发展的相关课程。

Email：cjmaker@email. arizona. edu

https：//www. coe. arizona. edu/faculty_profile/252

黄奕光（Aik Kwang NG），新加坡点子营（The Idea Resort）创始 *xvii* 人和负责人，获新加坡国立大学艺术学学士及社会科学学士、澳大利亚昆士兰大学哲学博士学位。曾任新加坡国家教育学院助理教授、澳大利亚昆士兰大学心理系高级导师。他的研究兴趣是亚洲课堂和社会中的创造力培养。他在新加坡和香港就学校老师和学生的创造力问题多次参与主导研习会，并在学生学习和创造力领域发表了诸多著述。他的畅销著作《为什么西方人比东方人有创造力》（2001）已被译为中文。

Email：kwang@idearesort. com

http：//www. idearesort. com/trainers/T01. php

吴恩泽（Grace Y. C. NG），现任香港中文大学校园规划与可持续办公室高级规划官，获香港大学心理学学士、香港大学文学与文化研究专业硕士学位。曾就职于香港浸会大学儿童发展中心，并参与编辑针对小学教师的《基础学校中天才教育的渗透模式：理论和实践 》（2003）的中文手册。她的研究方向包括文化和跨文化研究以及性别相关话题。

Email：grace@cuhk. edu. hk

http：//www. cuhk. edu. hk/cpso/staff. html

杰勒德·普奇奥（Gerard J. Puccio），纽约州立大学布法罗分校国际创造力研究中心的主任、教授，英格兰曼彻斯特大学组织心理学博士。他在博士期间研究了职场的压力、创造性绩效和满意度。他发表了超过35篇的论文、合著和专著，其中有一本是与玛丽·默多克合作撰写的《创造力评估的阅读与资源》（1999）的专著。除了其学术经历，他还为宝洁公司、美国电报电话公司和英国曼彻斯特国际机场等诸多机构提供培训、督导和顾问的专业服务。

Email：pucciogj@buffalostate. edu

http：//creativity. buffalostate. edu/faculty/gerard-j-puccio

胡慧思（Elisabeth Rudowicz），现在波美拉尼亚医科大学从事教学与 *xviii* 研究工作，曾任香港城市大学应用社会学系副教授，获波兰波兹南密茨凯维奇大学心理学硕士和哲学博士学位。其研究方向包括创造性思维及其测度、感知与表达的文化影响、创造力的发展以及教育低绩效，已经出版包括专著、文集章节、国际期刊、会议论文、研究报告及教学录影带 60 项成果。她是澳大利亚心理学会会员、香港心理学会副研究员和全球天才儿童委员会会员。

Email：ssliza@sci. pum. edu. pl

马克·伦科（Mark A. Runco），现任美国乔治亚大学（雅典）托兰斯创造力研究教授，获克莱蒙特研究生院（加利福尼亚）心理学硕士及博士学位，曾任加州大学富勒顿分校儿童和青少年研究的教授、挪威经济与商业管理学院的兼职教授，是《创造力研究期刊》和《商业创造力和创造性经济学》的创刊人，著有约 200 篇关于创造力的专著、文集章节和论文，曾任美国心理协会第十分会（心理和艺术）主席。他曾经获得斯宾塞基础研究基金和国际天才儿童协会为其颁发的早期学术奖。

Email：runco@uga. edu

https：//coe. uga. edu/directory/profiles/runco

伊恩·史密斯（Ian Smith），现任泰国东方大学客座教授，获澳大利亚悉尼大学学士、美国斯坦福大学艺术学硕士和教育心理学博士学位。曾在悉尼大学发展和学习学院讲授教育心理学和人类发展，任悉尼大学教育心理学系副教授、新加坡南洋理工大学国家教育学院副教授。其研究方向是儿童的自我概念发展、自律策略以及它们同教育成果的关系，已经发表 40 多篇期刊论文和文集章节，著有一本名为《人类发展和教育》（1992）的教科书。

http://rememberwhen.u3anet.org.au/?page_id＝236

苏启祯（Kay Cheng Soh），退休前曾是新加坡南洋理工大学国家教育学院心理研究系的高级研究员，现任新加坡 21 世纪大学联合会的评估顾问，获得英国曼彻斯特大学教育心理专业方向的教育学硕士学位、新加坡国立大学儿童双语教学方向的哲学博士学位。他曾是香港教育部和 *xix* 香港浸会大学的顾问，已经在国际上发表了关于青年人价值观、双语教学和创造力方面的相关论文。

http://eresources.nlb.gov.sg/printheritage/image.aspx? id ＝ cc38b4b9-a88d-4661-9679-db58da19caa9

陈爱月（Ai-Girl Tan），现任新加坡南洋理工大学国家教育学院心理研究系副教授，隶属于早期儿童和特殊需要教育学术组，获东京工业大学社会心理学硕士、德国慕尼黑大学心理学博士学位。她的主要研究方向包括创造力、问题解决、文化和心理学、跨文化教育。她出版的专著及合著包括：《创造力培育心理学》（2000）、《新加坡的心理学：一门新兴学科的问题》（2002）、《老师的创造力》（2004）、《创造力教育：一个积极的开端》（2007）、《创造力的自我效能和相关因素》（2013）、《跨学科创造力》（2014）等，并有多篇相关论文发表。

Email:aigirl.tan@nie.edu.sg

http://www.nie.edu.sg/profile/tan-ai-girl

吴静吉（Jing-Jyi Wu），台湾政治大学创新与创造力中心创造力讲座教授，曾任政治大学心理系主任、学术交流基金会（富布莱特基金）执行主任，获美国明尼苏达大学哲学博士。作为一位经验丰富的学者和艺术家，他善于把心理学理论融入人们的日常生活之中，其关于创造力的研究在中国已经受到了广泛的关注。

Email:jjwu@nccu.edu.tw

http://www.ccif.hk/ccif_media/pdf/bio_wu_jj_en.pdf

第一章　创造力：一次东西方之交汇

刘诚（Sing Lau）

许娜娜（Anna N. N. Hui）

吴恩泽（Grace Y. C. NG）

香港浸会大学儿童发展中心

1. 引言

创造力：当东方遇上西方。　　　　　　　　　　　　　　　　*1*

它们会在何时并以何种方式相遇？

在此次会议中，跨文化比较研究无疑在所难免，如果这些比较研究能在平等无偏见的情况下进行，必将会引发意义深远的反思和争论。

随着爱德华·赛义德（Edward Said）① 的去世和亚洲学者在媒体上发表文章，越来越多的人知晓了他的研究和著述。简言之，赛义德在他早期的一本名为《东方主义》（1978）的书中提出了论据来反驳西方（尤其是美国）对东方（尤其是中东）狭隘和陈词滥调的观点。他的研究还旨在让美国人意识到阿拉伯民族文化的多样性、丰富性和多变性。出生在巴勒斯坦的赛义德在埃及长大并在美国接受高等教育。就像他的背景一样，他的思维和研究也跨越学术和文化的界限。同样地，除了反驳西方塑造的关于中东的模式化形象，他的作品还警醒阿拉伯人认识到自己

_____

① 爱德华·赛义德（1935－2003），哥伦比亚大学英国文学与比较文学教授，当代重要的批评理论家，后殖民批评理论代表人物。

2 独有的特色，而不是安于接受西方人眼中的自己。

基于对赛义德的思考和研究的启示，当我们在讨论东西方创造力的时候，我们也应该提醒自己当心，不要掉入同样的陷阱。

事实上，在东西方（主要是华人社会和美国之间）大多数涉及跨文化的话题的讨论中，已经可以找到一些典型的成果和观点。首先，西方常常使用某些占主导的意识形态（比如儒学）和观念（比如集体主义）来描述亚洲文化和解释亚洲人的行为。其次，一系列与之相应的事实上的先入为主的概念、观念和假设也就常常出现（诸如孝顺、迷信权威、从众、集体主义、爱面子——而所有这些及类似的特质都被强调指出不利于创造力的培养）。

相反，我们不打算在对西方的创造力研究中采用同样的思路。比如，尽管美国是一个基督教占主导的国家，当我们在构建理论并解释美国人的行为及思维时，并没有使用占主导的或者其他某种单一的意识形态。文献实际上已经就西方人对亚洲人的看法提出了异议。在中国香港、中国大陆和新加坡，中国青年在价值导向上，他们的个人主义并不弱于他们的美国同龄人，而且他们也同样珍视想象力的价值（Lau，1992）。就教育目的来说，相关研究结果是相互混杂的：美国学生认为学校应该教会他们批判性思考和以家庭为先，香港学生则表明学校应该教会他们尊重权威和有创造性地面对挑战（Lau，Nicholl，Thorkildsen & Patashnick，2000）。在家长教育子女的作风上，对孩子的指导而言，研究则表明在香港（Lau & Cheung，1987）和美国（Chao & Sue，1996）的华人父母都奉行实用性的授权而不是对孩子进行完全控制。

3 总的来说，从上述对问题的阐释说明有时太容易反而不能仅凭借浅显的观念和先入为主的推论就去解释亚洲人的行为以及东西方的差异性比较。并且在大多数情况下，这些推论都不具有实证基础（Lau，1996），而本书的作者郑慕贤、托德·吕巴尔、奥施塔·基尔格斯多德和马克·伦科也提出了与之类似的观点。除了儒学，郑慕贤和其他研究者（Lau，1996）也强调道教和佛教的不同思考方式同样对中国和亚洲的文化有着巨大的影响，同时，西方国家的人在许多社会和政治活动中也热衷于集体主义。实际上，无论是个人的还是社会的追求，构建和保持良好的社会网络都是十分重要的。即使诉诸儒家思想，我们也应注意到孔子并不是一个墨守成规的人，他曾经反对几个帝王关于如何治国的主张，因此他的思想（也包括老子和庄子）也曾经被当时的皇帝弃之如敝屣。

让我们将华人作为一个亚洲群体来举例：当将"华人"这一文化标签用于解释中国人的创造力现象之前，Chang W. C.[①]（2000）已经批评地指出中国在民族/土著心理学研究中的六个错误路径。在第一种研究路径中，"华裔"这一客观的人口统计变量被理所应当地等同于与被文化主观认知相联系的信仰和价值观。在大多数的关于创造力和中国人的跨文化研究中，研究人员为了方便就把华裔等同于一类被文化主观认知的或者已经自我认同的中国人。其次，中国人和来自不同文化背景的人之间的相同点被归类为人类共同性元素，但由于采用非均数样本进行测度，一旦文化差异出现，则又似乎很难寻找出合理解释。对此，Chang W. C.（2000）指出应该以普通中国人为研究对象，通过测度并检验其日常生活来得出结论。

在第三种和第四种路径中，研究者一般通过在相同的实验条件下使用一套已经标准化的独立变量来研究不同文化背景的人的行为异同。Chang W. C. 就此进一步质问了实验室条件下观察所得的个体行为是否也在日常生活中具有普遍性。她还质疑了实验激励因素或相应方法能否使实验对象对不同文化产生相似的感知。因而她主张应该采用改进的文化 **4** 测量工具对中国人的日常生活进行观察。第五种路径则把文化理解成某些行为的起因，然而，正如通常的相关理论很少包括文化变量一样，这种路径并没有去探寻是哪个特定的文化信仰或者价值观造成的心理异同，也几乎没有解释文化是怎样影响人类行为的（Betancourt & Lopez，

---

① 本书中有部分华人名字被拉丁化后，译者和责任编辑经多方查证，无法确认其中文名称，只能这样处理。特此说明。

1993）。因此，任何一个基于心理学所建构的有效定义都应该根植于特定的文化环境。

2. 焦点和构造

本卷文集主要集中于三个方面内容。第一，基于特定的文化环境，重新审视已经被普遍接受的关于创造力属性的观点。第二，从文化的独特性出发，激发并培育关于创造力的新思想，提出截然不同甚至完全相反的研究结果和新的假设。第三，通过对过去全球化十年的分析，提出东西方在创造力发展方面所面临的新问题和难题。

创造力一直是心理学家、教育家和政策制定者极感兴趣的话题，本卷对创造力的回顾和延伸讨论对我们进一步认知其规律和发展将产生至关重要的作用。特别是在近几十年，东西方的学者已经越来越意识到跨文化研究的必要性，这一研究路径在本卷文集中也必然会予以呈现。读者应意识到对文化差异的创造性解释是多元的，或相容或矛盾，本卷已尽可能把现有的跨文化代表性研究成果、总体问题和相关争论收集到一起以飨读者。

本卷由三个部分构成。由于本文集是关于东西方的创造力研究，因此本卷几乎所有的章节都在不同程度上触及了文化及其对创造力的影响。第一部分的六章集中讨论创造力的概念和文化带来的影响（Runco；Lubart & Georgsdottir；Rudowicz；Ng & Smith；Leung, Au & Le-ung；Cheng）。马克·伦科以一个看似简单却很重要的文化概念展开了相关讨论。与之呼应，托德·吕巴尔、奥施塔·基尔格斯多德和胡慧思分析了东方文化对创造力的理解、误解以及在文化层面的感知差异；黄奕光和伊恩·史密斯对此提出了来自儒学的支持。梁觉等在他们的章节中提醒读者这样一个事实：即使大部分的关于创造力能力的研究证据都对亚洲人不利，但仍然存在与此相反的研究结果。而郑慕贤则指出，当我们在以亚洲为研究对象时，尤其是对中国文化对创造力影响研究，应借鉴诸如道教和佛教的理念及思维方式。郑慕贤还在她的论文中向读者进一步介绍了诸多不为西方世界了解的相关中文文献。

第二部分的四章则主要集中研究创造力教育和发展（Wu；Hennessey；Lin；Soh）。吴静吉强调了中国学生在创造力提升方面面临的阻碍并提出了一些解决途径；贝丝·亨尼西在她包括阿拉伯儿童的研究中表明：当考虑动机和发展激励因素时，创造力可以得到提高。林少峰和苏启祯表示通过对儿童的绘画作品的分析，是理解儿童艺术创造力和艺术感知力极为重要的渠道。同马克·伦科一样，苏启祯也提醒我们当在展开关于创造力的跨文化研究过程中，应当注意不要就像比较苹果和橙子的优劣一样仓促下定论。托德·吕巴尔和奥施塔·基尔格斯多德在他们所写章节的第一部分，提供了丰富的实验性证据来说明教育的创造力观念和与之相关的发展。

第三个部分的最后四个章节是关于实践中的创造力研究（Tan；Adachi & Chino；Maker；Puccio & González），主要聚焦于介绍提高创造力的不同方法和模式。陈爱月一开始就描述了新加坡的创造力研究和教育发展，她还展示了教师创造力模块的构建。安达真由美和茅野紫通过不同的活动展示了人们怎样在音乐创作中变得更加有创造性。琼·马克尔通过把创造力和智力相结合，提出了一个已在许多亚洲国家实行的提高问题解决能力的模式。杰勒德·普奇奥和戴维·冈萨雷斯集中研究了如何提高创造性解决问题的能力路径，他们的这一模式也在亚洲进行了实验。琼·马克尔和杰勒德·普奇奥通过现场实践研究愈加意识到教育者对提高亚洲儿童创造力的渴望和倾向。

6

⚫ 3. 东西方之交汇：何时？何种方式？

读者在本卷中将会看到来自中国大陆、中国台湾、中国香港、新加坡、澳大利亚、美国和其他一些东西方国家的学者在创造力方面做出的研究成果。这些针对创造力最前沿的研究尤其突出了跨文化的研究，作者们在阐释理论概念和研究发现、明确争议、揭示遗漏和误解的字里行间，均展现了他们出色的洞察力。

诚然，通读全书，读者不可避免会发现一些不足和进退两难的状态。第一，这是因为我们不可能涵盖所有与东西方创造力相关的理念、发展和教育内容。第二，东方与西方毕竟都是太宽泛的词语，因此我们只能讨论它们的普遍属性。在本书大多数章节中，东方主要是指以华人世界为主的亚洲国家，西方主要是以美国为代表。这个范围的确定主要是由于西方大多数涉及跨文化文献的沿用惯例，尽管如此，本书的作者也在将其他社会群体尽可能地囊括进来以突出代表性。第三，无论读者是对多元创造力跨文化差异的成果表示赞同与反对，还是作者本身对其他学者的质疑，都正契合了本书构建交流平台并推进未来研究的目的。

正如在此次创造力会议上所呈现的成果，东西方创造力之交流时机似乎还不太成熟。这至少有两个原因。首先，东方关于创造力的理论严重依附于西方的既有概念和理论（Lau，2003）。正如前面提到的，尽管尝试着去发掘东方概念，但是传统的意识形态框架（如儒学）、被西方打上的标签（如个人主义与集体主义）以及对这些观念的自我强迫接受，都阻碍了东方学者在理论构建上的突破。

7 尽管如此，在理论方面，我们已经看到一些东方学者从艺术和文学或者概略性的类似心理学的研究尝试中获得了进展（见郑慕贤所著章节）。比如，Li（1997）在对中国艺术和绘画分析的基础上提出了有趣和新颖的中国人创造性思维形成路径的概念化成果（读者可以在第二章、第四章和第五章找到对其研究的简要介绍）。

第二，对创造力的评估目前太过依附于西方的标准。正如牛卫华和斯滕伯格（2002）所说（在梁伟聪等所著的章节中也再次提到），如果采用西方的测量手段来对亚洲人的创造力进行测量，这将导致对东方人的不利。在已有东西方之间的创造力比较研究中，东方人的创造力评价得分常常更低，这实际并不公平。

最近，一些本土的测量工具已经得到了发展。比如，吴静吉和他的同事（陈彦甫、郭俊贤、林伟文、刘士豪、陈玉华）在一些非常简单的概念基础上发展了一套已广泛应用于台湾的测量标准（1998）。这套标准还同沃勒克-科根创造力测试一起在香港进行了应用，获得了很高的可信度和效度。但是，由于这一方法还没有被正式载入文献资料，因此它还没有被西方学者（某种程度上来说还有东方学者）接受。

由 Cheung，Tse 和 Tsang（2001）发展出的关于创造性写作能力的测度标准是另一个成功的尝试。如梁觉等学者所说，要让这样一个新的测量标准被广泛接受，两组对比的双测试设计最为理想。相信经过适当的修改，假以时日，这些测量标准必将在未来的跨文化研究中发挥作用。

总之，本文集为东西方的创造力研究提供了一个交流展示的平台。可以坚信，随着东方更多基于本土的创造性理论和评估工具的发展，以及更多东方学者逐渐意识到这样一个交流平台的必要构成，更加富有成果、更加完美的交流即将到来。

参考文献

Betancourt，H.，& Lopez，S. R.　（1993）. The study of culture, ethnicity, and race in American psychology. *American Psychologist*，48（6），629-637.

Chang，W. C.（2000）. In search of the Chinese in all the wrong places! *Journal of Psychology in Chinese Societies*，1（1），125-142.

Chao，R. K.，& Sue，S.　（1996）. Chinese parental influence and their children's school success: A paradox in the literature on parenting styles. In S. Lau（Ed.），*Growing up the Chinese way: Chinese child and adolescent development*（pp. 93-120）. Hong Kong: Chinese University Press.

Cheung，W. M.，Tse，S. K.，& Tsang，W. H. H.　（2001）. Development and validation of the Chinese creative writing scale for primary school students in Hong Kong. *Journal of Creative Behavior*，35（4），249-260.

Lau，S.　（1992）. Collectivism's individualism: Value preference, personal control, and the desire for freedom among Chinese in Mainland China, Hong Kong, and Singapore. *Personality and Individual Differences*，13，361-366.

8

Lau, S. (Ed.) (1996). *Growing up the Chinese way: Chinese child and adolescent development*. Hong Kong: Chinese University Press.

Lau, S. (2003). *The limit of creativity*. Paper presented at the seminar on "The Practice of Creativity", National Chengchi University, Taiwan, on March 21, 2003.

Lau, S., & Cheung, P. C. (1987). Relations between Chinese adolescents' perception of parental control and organization and their perception of parental warmth. *Developmental Psychology*, 23, 726-729.

Lau, S., Nicholls, J. G., Thorkildsen, T. A, & Patashnick, M. (2000). Chinese and American adolescents' perceptions of the purposes of education and beliefs about the world of work. *Social Behavior and Personality*, 28, 73-90.

Li, J. (1997). Creativity in horizontal and vertical domains. *Creativity Research Journal*, 10, 107-132.

Niu, W., & Sternberg, R. J. (2002). Contemporary studies on the concept of creativity: The East and the West. *Journal of Creative Behavior*, 36 (4), 269-288.

Said, E. (1978). *Orientalism*. London: Routledge & Kegan Paul.

吴静吉、陈甫彦、郭俊贤、林伟文、刘士豪、陈玉桦 (1998):《新编创造思考测试研究》[Development of a new creativity test for use with students in Taiwan],台北。

第二章　个体创造力与文化

马克·伦科（Mark Runco）

美国加利福尼亚州立大学富勒顿分校

美国挪威经济与工商管理学院

1. 引言

最常见的东西往往却最难解释，如英语单词"what"。每一个说英语 **9** 的人毫无疑问都会经常地用到这个单词，不论大人、小孩，还是将英语作为自己第二、第三语言的人，都会使用这个单词。无疑，"what"是英语中最常用的单词之一。与之相比，"oxymoron"（矛盾修饰法）这个单词则较少使用了。"矛盾修饰法"定义深奥而常被忽略，有时"漂亮的丑陋"的描绘并不被认为是一种矛盾修饰法，但是它的确隐含了一组矛盾。而所谓矛盾修饰法的定义正是：词语间的矛盾。但请注意，给"矛盾修饰法"下定义很容易，它的定义可以表示为一个短语：一种词语间的矛盾。而给"what"这种常用单词下定义却很困难。说英语的人在谈话或文章中使用这个单词倒是很容易，但用一个短语来定义这个单词就困难多了。实际上，《牛津英语词典》用了几页上千字来解释"what"的各种用法。仔细想想你在今天、本周或者一生中使用了多少次这个单词，然后现在请试着去给它下定义。

文化（这里指一种体验而不是这个词本身）也是一个普遍常见的东 **10** 西，每个个体都属于一种文化或者亚文化，就这个意义上来说，文化的定义似乎显而易见，它毕竟无所不在。然而同"what"一样，文化也难以定义，尤其要科学地给文化定义更是难上加难，至少对于那些赞同斯金纳（1956）的看法——好的科学可以预见和掌控——的人们来说是如此。因此，为了理解和解释某样东西，操作定义十分重要。然而，同单词"what"一样，我们难以找到操作性的术语来定义文化。

本章给出了"文化"的一个操作定义，但该定义并不是一个很大程度上的广义定义，部分原因是其来源基础是一个特定的创造力模式，该模式又衍生于个体创造力理论。该理论正是我在过去几年的研究成果。而本章首次提出的一些理论主要是从文化对个体创造力影响的视角来研究文化。本章回顾分析了所有创造性行为都基于个体创造力这一论断，在本章后半部分提出，内隐理论的研究有助于理解个体创造力和相关的文化差异。本章将呈现文化多种的不同特定表达，比如：包容、控制和惯例。家庭环境和教育环境在某些方面与文化息息相关，但本章并不是对文化和创造力相关文献的一个全面回顾，有幸的是，本文集将会全面均衡地对这一大的课题进行阐释。

2. 共同创造力与个体创造力

上述我已述及斯金纳（1956）关于客观性的益处的科学假定，也提到了找出对象操作定义的需求，以及科学研究成果应是一种知识并可被利用，无疑这些说法都是正确的，但是对客观性的强调可能有所夸大。事实上，对客观性的夸大在创造力研究中随处可见，这已经引起了诸多问题。

通常，创造力被放在严格的客观条件下研究。许多创造力定义都强调产出创造性产品，也许是因为这样很容易去评估实际的成效，从而易于保持客观。这些产品可包括艺术品、表演、出版物、发明、设计等。在创造力文献中被检验的产品实际上已经被社会判断认定为有价值，人们对这些产品通常存在某种共识。造成问题的部分原因是社会判断通常假定只有当某些权威群体或公众认为产品有用有创意时它们才具有创造性，这就导致创造者的能力常常被低估降级，而产品产生的过程和个人看法就被忽视了，至少没有被舆论共识的评价考虑进去。

本章对个体创造力的研究大部分是针对类似的社会"共识"（Runco，1995，1996）。个体创造力理论关注的焦点在于个体，尤其是其阐释力、判断力和目的。这些因素首先让个体能够对自己的经验构建出有创意的理解，无论是平淡无奇还是意义深刻的创意都来源于它。无疑，文化并不是创造力阐释内容唯一的影响因素，因为阐释力的改变功能和融合功能具有世界普适性。这些因素应与文化相关，至少与影响所有文化中创造性过程的步骤相关。然而，创造力的构成并不能对文化差异解释更多。

个体创造力的另一个组成部分"判断力"可以用来理解文化差异。判断力包括个体的选择、决定和判断，它们会从多方面影响创造的过程。它们影响着经探索并被认可的想法和构思路径，进一步决定个体的体验以及投资形式（如对培训和教育的投资），也决定采取何种共享的行为方式。与阐释力不同，判断力同文化关系紧密，正如伦科所说：

> 　　个体的选择往往反映了其价值观和对适当行为的看法。个体在社会化过程中被赋予了家族和文化价值观，而这包括个体何时并以何种方式表达自身创造力的基石。比如在传统的亚洲文化中，老师 **12** 通常受到社会极高的尊重，因此质疑教师并提出不同看法会被认为是不恰当的行为，这就可能会造成一个长期的严重问题：学生一年中有三百多天都是在教室里度过，尽管年复一年，他们却难以产生质疑教师的逻辑推理和意见的看法，因为这被认为是不正确的行为。

最开始产生影响的是家庭对个体的文化期望。家长根据自己的文化价值观教育孩子如何适应社会，以及在一定的文化环境里什么是恰当的，什么是不当的。正如 R. S. 艾伯特（1996）在就任美国心理协会第十分会主席时所说："家庭向所有成员解释文化，这意味着儿童一开始就被放在一个文化中，不管他是否愿意"。A. J. 克罗普利（1973）曾这样解释：

不管儿童的创造潜能是何种水平，他们发展的方向（趋同或相悖）都是由他们与家长的互动类型来决定的。反过来，家长对待孩子的方式与家长自己的成长环境密切相关，实际上，还与关于儿童行为规范的主流文化观念相关。如果主流文化严厉地反对某些行为，那么大多数家长都会禁止子女的这种行为，而对于主流文化赞同的行为，家长则通常会大加培养。（p. 62）

巴萨德（Min Basadur）（1994）提到亚洲的某些机构非常激励原创想法。比如，在日本许多机构中使用意见箱和类似设施以鼓励员工提出新想法和提案。实际上，这些具有巨大价值和潜力的新想法被称作"金蛋"（来自巴萨德的翻译）。

⊗ 3. 文化投资

不同的文化有着不同的价值观，并直接影响着创造力的发展和表达，*13* 而研究该过程的一个有用方法是心理经济学观点，D. L. 鲁本森和 M. A. 伦科（1992）就曾从该方法出发，指出美国并没有对学生的创造力给予充分的投入，并揭示了背后的原因，其中非常中肯的分析之一就是关于分配效率概念，其阐述如下：

尽管对创造潜能的投资与其他形式的人力资源投资性质相同，但两者之间却存在重要差异，尤其是与正规教育相比，对学生的创造潜能的投资存在明显不足。其原因是投资不仅决定于平均收益（边际收益期待值），还决定于受益差异的不同。即使两个不确定的项目有相同的预期收益，根据风险规避原则，在相同条件下，收益差异越大的越不适合投资。与正规教育相比，投资开发学生创造潜能的收益差异更大，这在很大程度上决定于劳动力市场评估和人力资源投资的回报途径。众所周知，文凭（如大学文凭）是对正规教育投资的证明，用人单位通常对具有文凭的职工工作能力有一个明确的期待值，但由于创造性潜能的投资结果具有更大的特异性，雇主通常难以评判。因此，尽管对这两种投资的期待相似，但由于对创造潜能投资结果的不确定性而降低了投入价值，最终减少了这方面的投资。（p. 138）

解释该观点的路径之一即需要充分认识到文化价值的重要性，如果教育在文化中扮演举足轻重的角色，那么，这也必将在人们的通常决策中得以反映。这不仅适用于理解个人怎样决定度过一生，诸如怎么安排时间和金钱，也适用于雇主准备雇用什么样的员工，当然也适用于理解个体的创造力、判断以及个体采用什么样的理念与行为的表达。

另外一种理解是，创造力投资，尤其是与传统教育投资相比，是一项回报难以预测的风险投资，因此，有多少雇主愿意放弃受正规教育的人而去雇用那些接受较少正规教育却拥有创造潜能的人？问题在于创造 **14** 力的原创性导致其表现难以预测。雇主或许也欣赏创造力和原创性，但是他也得考虑最终底线，规避投资风险。与一个创造性人才一起工作，你难以预测最后将得到什么，也许结果具有原创性，但是否具有价值仍未可知。因此，选择正规教育而非创造潜能其实就是选择了稳定，规避了风险。

同时还需注意心理经济学观点：创造力受到个体和社会因素的影响。正如鲁本森和伦科（1992）说的那样："创造性活动由个体产生，其数量和质量部分取决于个体的创造潜能。除了这固有的因素以外，个体的创造性活动还取决于外界对创造活动的需求。"（p. 139）很明显，文化价值决定了创造力市场、机遇、回报以及可利用的模式。在我的教育模式研究中，已经对最后一个模式进行了推断并做了总结（Runco，1992）。该模式建议，为了鼓励和支持学生的创造力，家长和教师至少可以做三件事：提供机会、给予正确的强化和已有创造性成就的示范。上述三项建议的目标相同，并适用于整个社会和文化的创造性。

🌐 4. 创造力支持

在不同文化和情形下对创造力进行支持存在着困难。除了其包含的风险，创造力对原创性的依赖还反映了另一个问题：创造性的事物都是原创的，但反过来却不一定成立！即原创的东西不一定具有创造性。创造力不仅需要原创性，还需要灵感和恰当的想法（Runco & Charles，1993）。这也再次说明了文化的重要性，因为文化决定了创造者认为什么样的理念才是恰当的。然而原创性带来的问题就更多了，原创的东西总是稀奇古怪，有时甚至离经叛道（Plucker & Runco，1999），在课堂上，原创的东西也许会出人意料且打乱教学计划。这些出乎意料的因素使创造力很难得到支持，尤其是教师想让 20 或 30 个学生共同完成一个任务的时候。

15　　诚然，诸多社会环境都需要包容力，例如，教育工作者应当包容学生出人意料的创造性想法。但包容力具有个性化，创造性的获得有时需要一点时间才能形成（Runco，1999b），因此需要耐心。创造性的东西也可能难以捉摸，更极端一点也许就是令人心烦意乱（Rothenberg，1997），因此个体也需容忍这些情绪。最后，也许能产生创造性产品仅仅是因为使用了特殊的战略路径（Runco，1999c），这其中可能也需要包容力，正如 J. 亚当斯（1986）所说，一些策略只有在特定的文化环境中才能形成。在西方文化中，多半难以支持延缓决断、轻视想法和问题，或者考虑不成熟和偏离理性的选项。所有的文化中都有禁忌，我们在考虑问题时会自动回避，但一些文化禁忌却又可能和原创力相关，显然，这就又回到了创造力是否违背常理的问题了。

🌐 5. 文化约束

文化又代表了一套长期限制创造性思维的因素。为了融入社会，个人需要遵循顺从某种文化的价值观，这种从众不可避免就会阻碍对创造力来说必不可少的原创性。当然，不同文化对创造力的限制程度会不同。我们每个人都会产生多种多样的想法和解决问题的路径，但在成长和接受教育的过程中，个体就会被告知哪些想法才是恰当的。一些限制因素（比如来自自然界的重力和身体体格）是全人类共同会面对的，但个体在其特定的文化中，对恰当的想法和行为却凝练出不同的理解。从很多方面来说这是有益的，但这也意味着个体只能产生遵循某种特定文化的引导的观点。个体在性别、人生阶段、社会经济地位等方面的因素差异又会进一步定义何为"适当"，这也同时会进一步限制思维。

进一步类推类比，和文化一样，电视也能影响创造性思维（Runco & Pezdek，1984；Sneed & Runco，1992）。在美国这是个令人担忧的问题，美国儿童每周平均要看 30 个小时的电视。由于观众都是在被动地收看电视，看电视的儿童不会进行自我审视，因此，即使是那些为儿童量**16**身定做的、确实有教育意义的电视节目也会产生消极影响。电视节目本应该提出问题，然后暂停一下让观众思考，这样做也许收效甚微；然而，电视节目却节奏紧张，没有空档，并且提供详细的图片、声音以及观众所需要的一切东西，这就让观众没有时间去推理思考、解决问题和产生原创力。电视节目制作人并不希望留下空闲和机会让观众去思考，因为这样观众很可能转台而去。因此，所有的电视节目都很可能会扼杀创造力的发展，这和其内容无关。一个电视节目的内容也许很好，但只要它本质是电视节目，它就依然会导致思维的被动。同理，所有的文化都强调从众（遵循文化价值观和对恰当的定义），从众心理是适应文化的固有因素，这就使得文化会阻碍创造性思维潜质。

正如 A. J. 克罗普利（1973）和 M. I. 斯坦（1953）所述，也正如 A. 阿维拉姆和 R. M. 米尔格拉姆（1977），以及 D. 约翰逊、M. A. 伦科、M. K. 雷纳（2003）的实证研究所证明，文化差异的确现实存在。下一章节将着重阐释父母和教师基于内隐理论的文化差异。

6. 内隐理论

约翰逊、伦科、雷纳（2003）认为：社会认同技术（Runco，1984，1989；Runco & Bahleda，1986）可用于研究创造力中的文化差异，研究目标是父母和教师的内隐理论（详见 Runco，Johnson & Bear，1993）。社会认同技术首先发展于临床试验（如 Runco & Schreibman，1983），它证明除了专业医师，父母和教师也能发现药物治疗的益处。伦科等（1993）将此方法进一步应用于研究创造力的内隐理论。约翰逊等（2003）这样定义内隐理论：

17
内隐理论，是个体持有和使用的某种特定思维和想法的汇集，它构成了期望。尽管这些理论没有外化表达和形式化，但它们依然存在，并且会被有意或无意地用于判断某种性格和行为——在这种情况下，就是将其用于判断富有创造力儿童的性格和行为。内隐理论也许就是儿童创造性行为和表现的评判标准。（p. 427）

此处引用的是约翰逊等（2003）的研究所得：

几乎毫无例外，印度和美国父母、教师使用相同的方法来判断某种性格特征是否具有创造性……这种研究是分别在同一文化及跨文化环境下对每项内容的创造与期望程度的比较后得出的。研究结果支持之前的结论……即美国父母和教师都积极地看待儿童的创造力，并不支持来自印度的认为社会不欢迎创造性儿童的结论（Raina，1975；Raina & Raina，1971；Singh，1987）。实际上，现有研究表明绝大多数的美印两国父母和教师都会认为具有创造力特征的儿童更受欢迎。然而这些研究观察的从属性的限制，使其得到的创造力和期待值评级背道而驰。正如之前提到的，来自父母、教师的内隐理论和评级标准的驱动不应当只受社会期待值的影响。研究观察指出：成人不仅能辨认出创造力的标志和禁忌方面，而且也能理解儿童的一些创造力特性也许并不受欢迎。（pp. 435—436）

上述引文的评注很重要。小心谨慎和循规蹈矩这两种性格特征的体现程度容易和创造性行为联系起来，比如，富有创造力的人是典型的不按常理出牌的人（Runco，2003），他们喜欢冒险而非小心行事，当他们在完成一些创造性工作时通常不因循守旧。诚然，没有一个人会一直展现某种性格特征而无变化。他们所处状态或者环境将会影响其性格特征（诸如小心谨慎、循规蹈矩），从某种意义上来说，这正是本章所要表达的观点——文化环境带来巨大的差异。

父母和教师引导着孩子们的社会化，而社会化（文化涵化）的一个功能就是向个体展示该文化认同过程中的恰当行为，这常常会减少个体 **18** 在社会中随心所欲的行为选择，进而会禁锢产生创造力所需要的自由思考，这尽管不会完全扼杀个体的自由思维和创造力，但其产生的阻碍也是显而易见的。当然，作为社会人，知道什么是恰当的行为的确具有极大的益处。但每个人都应该知道什么是恰当的行为，同时也该明白什么时候可以为自己作出决定。伦科（1996）把这称为后习俗行为，即知道什么是社会习俗典型与恰当的同时，仍然可以作出自己的决定。这既不是盲目的顺从也不是盲目的叛逆，而是在两者之间取得最佳平衡。

7. 结语

前文大部分关于创造力的讨论都直接涉及文化变量的影响，即学校和教育系统、家庭以及组织机构。个体当然在其创造过程中扮演了角色，且不仅只是单一的被动接受者角色。就像动态的发展一样，这是一种双向的过程：儿童常常影响环境，环境也影响儿童及其发展。

黄奕光（1999）在描述个体在创造性过程中的角色时专门强调了

"自我"。他阐述了东西方在自我认知方面的诸多显著差异，并着重强调了关于控制的作用，这和关于创造力后习俗行为的讨论有相似之处。他在其书中写道：传统的东方观点强调由环境产生的外部控制，认为谁去适应环境谁就会被环境接受。而西方观点则认为个体带来了外部变化，这种控制肇始于个体内在。黄奕光最初的研究兴趣似乎是艺术和美学，但他的想法已经超出了其研究领域而延伸到了关于创造性领域的工作，他的相关成果是个体创造力理论的补充，已在本章开头进行了概述。简言之，个体创造力理论阐释了某些人类共性（诸如理解力）和某些文化差异（诸如对恰当行为的界定）。

我在为黄奕光的专著所写的序言中指出了他认为东西方都对创造力研究作出了贡献的论证。以下是对该序言的总结：

19　　黄奕光的发现也许正是跨文化研究的关键点，即文化虽有差异但却不能也不该进行直接比较，任何比较都是不公平的，这就好比西方常说的把苹果和橘子进行比较。在此仅举一例，由于西方人拥有更多的自由，每个人都受到鼓励、奖励和期许，因此西方在实现创造力潜能上就有优势；比较起来，西方对个体因循守旧及相互协调的要求更少，人们倾向于更加自主。另一方面，东西方对待人类情绪的态度也不尽相同：东方更加包容和懂得如何控制情绪，这在创造力研究中非常重要，因为情绪在创造性工作中也具有举足轻重的作用。（Runco，1999a，p. x）

总之，创造力具有复杂性特点。我们不能仅着眼于认知潜力、情绪或者社会行为的单一视角进行创造力研究。希望本章讨论的个体创造力理论可以提供一个有用的视角去研究文化在创造性过程中的角色。同时，也希望本章所强调的创造过程的价值和判断能补充说明本文集中其他学者的观点看法。

参考文献

Adams, J. (1986). *Conceptual blockbusting*. New York: Norton.

Albert, R. S. (1996). What the study of eminence can teach us. *Creativity Research Journal*, 9, 307-315.

Aviram, A. , & Milgram, R. M. (1977). Dogmatism, locus of control, and creativity in children educated in the Soviet Union, the United States, and Israel. *Psychological Reports*, 40, 27-34.

Basadur, M. (1994). *Simplex: A flight to creativity*. Buffalo, NJ: Creative Education Foundation.

Cropley, A. J. (1973). Creativity and culture. *Educational Trends*, 1, 19-27.

Johnson, D. , Runco, M. A. , & Raina, M. K. (2003). Parents' and teachers' implicit theories of children's creativity: A cross-cultural perspective. *Creativity Research Journal*, 14, 427-438.

Ng, A. K. (1999). *Why Asians are less creative than Westerners*. Singapore: Prentice-Hall.

Plucker, J. , & Runco, M. A. (1999). Deviance and creativity. In M. A. Runco & Steven Pritzker (Eds.), *Encyclopedia of creativity* (pp. 541-545). San Diego, CA: Academic Press.

Raina, M. K. (1975). Parental perception about ideal child. *Journal of Marriage and the Family*, 37, 229-232.

Raina, T. N. , & Raina, M. K. (1971). Perception of teacher-educators in India about the ideal pupil. *Journal of Educational Research*, 64, 303-306.

Rothenberg, A. (1997). Creativity, mental health, and alcoholism. In M. A. Runco & R. Richards (Eds.), *Eminent creativity, everyday creativity, and health* (pp. 65-93). Norwood, NJ: Ablex.

Rubenson, D. L. , & Runco, M. A. (1992). The psychoeconomic approach to creativity. *New Ideas in Psychology*, 10, 131-147.

Runco, M. A. (in press). *Discretion is the better part of creativity: Personal creativity and implications for culture*. Critical Inquiry.

20

Runco, M. A. (1984). Teachers' judgments of creativity and social validation of divergent thinking tests. *Perceptual and Motor Skills*, 59, 711-717.

Runco, M. A. (1989). Parents' and teachers' ratings of the creativity of children. *Journal of Social Behavior and Personality*, 4, 73-83.

Runco, M. A. (1992). *Creativity as an educational objective for disadvantaged students*. Storrs, CT: National Research Center on the Gifted and Talented.

Runco, M. A. (1995). Insight for creativity, expression for impact. *Creativity Research Journal*, 8, 377-390.

Runco, M. A. (1996). Personal creativity: Definition and developmental issues. *New Directions for Child Development*, 72, 3-30.

Runco, M. A. (1999a). The intersection of creativity and culture: Foreword to Why Asians are less creative than Westerners. In A. K. Ng, *Why Asians are less creative than Westerners* (pp. ix-xi). Singapore: Prentice-Hall.

Runco, M. A. (1999b). Time and creativity. In M. A. Runco & S. Pritzker (Eds.), *Encyclopedia of Creativity* (pp. 659-663). San Diego, CA: Academic Press.

Runco, M. A. (1999c). Tactics and strategies for creativity. In M. A. Runco & Steven Pritzker (Eds.), *Encyclopedia of creativity* (pp. 611-616). San Diego, CA: Academic Press.

Runco, M. A. (2003). *Creativity and contrarianism*. Submitted for publication.

Runco, M. A., & Bahleda, M. D. (1986). Implicit theories of artistic, scientific, and everyday creativity. *Journal of Creative Behavior*, 20, 93-98.

Runco, M. A., & Charles, R. (1993). Judgments of originality and appropriateness as predictors of creativity. *Personality and Individual Differences*, 15, 537-546.

Runco, M. A., Johnson, D. J., & Bear, P. K. (1993). Parents' and teachers' implicit theories of children's creativity. *Child Study Journal*, 23, 91-113.

Runco, M. A., & Pezdek, K. (1984). The effect of radio and television on children's creativity. *Human Communications Research*, 11, 109-120.

21 Runco, M. A., & Schreibman, L. (1983). Parental judgments of behavior therapy efficacy with autistic children: A social validation. *Journal of Autism and Developmental Disabilities*, 13, 237-248.

Singh, R. P. (1987). Parental perception about creative children. *Creative Child and Adult Quarterly*, 12, 39-42.

Skinner, B. F. (1956). A case study in the scientific method. *American Psychologist*, 11, 211-233.

Sneed, C, & Runco, M. A. (1992). The beliefs adults and children hold about television and video games. *Journal of Psychology*, 126, 273-284.

Stein, M. I. (1953). Creativity and culture. *Journal of Psychology*, 36, 31-322.

第三章 创造力：发展和跨文化问题

托德·吕巴尔（Todd I. Lubart）

奥施塔·基尔格斯多德（Asta Georgsdottir）

法国巴黎第五大学认知与发展实验室

23　　在本章，我们将使用一种多变量方法去研究创造力的发展及其跨文化差异。我们假设文化通过影响儿童的认知发展、个性发展及其成长环境而以不同方式塑造创造力的发展。本章一开始将回顾关于儿童创造力发展的最新研究，接着通过创造力的不同定义、对创造性活动的不同关注点、创造力在其他领域的运用情况来分析文化是怎么样塑造创造力的。在最后进一步研究文化在发展中是怎么样相互影响，又是如何一起塑造出东西方不同的创造力。我们的结论认为：为了发扬优势，打破各文化的局限进而更好地培养儿童的创造力，创造力训练必须充分考虑到不同文化差异给创造力带来的激励或者阻碍因素。

1. 引言

　　J. P. 吉尔福德（1950）在就任美国心理协会主席时发表的一篇就
24 职演讲，使心理学和教育学领域的创造力话题开始受到了越来越多的关注。创造力代表了人类活动的一个重要方面，它几乎同所有的活动（比如艺术、科学、经济、宗教、日常生活）都潜在相关，这一说法已经得到了广泛的认可。同大部分的科学研究路径一样，创造力的科学问题已经通过分治策略得到了发展。创造力这一话题已被分为更易处理的几块。

比如，其中一个很有名的划分是 M. 罗兹（1961）提出的创造力的"4P"理论划分，即创造力产品（Product）、创造性人才（Person）、创造性过程（Process）、创造性环境——压力（Press）。另外一条主要研究路径是在一个心理学的分支领域研究创造力，因此有认知法、社会心理学法、发展法、跨文化法、心理分析法等研究路径。近二十年来，一些作者已经使用不同方法提出了更概括的创造力概念，这有助于把创造力拼图的不同片段拼凑起来。这个研究路线的典型例子就是多变量法，此方法提出创造力依靠认知、意动和环境因素，而这些因素又相互影响，合为一体（Amabile，1983，1996；Lubart，1999；Sternberg & Lubart，1995）。

根据这种观点，低创造力水平者（无创造性的个体）和高创造力水平的杰出代表（比如孔子、陀思妥耶夫斯基、爱因斯坦、弗洛伊德、甘地）之间是连续变化的，不同的认知、意动和环境因素会导致个体创造力的差异。相关的实证研究结果为该多变量研究提供了支持（Conti，Coon，& Amabile，1996；Lubart & Sternberg，1995）。最近还有学者提出了其他的综合法，比如创造力系统研究法（Csikszentmihalyi，1988）。案例分析（Gardner，1993）显示，个体和环境主变量的融合与个人出色的创造力关系密切。

下面我们将进一步分析创造力的综合研究，我们认为多变量研究将成为创造力发展与跨文化研究的重要基石。本章包含三个部分。第一，我们将回顾儿童创造力的总体研究进展，在多变量法看来认知因素、个 **25** 性激励因素和儿童所处环境对培养其创造力至关重要。第二，我们将着眼于文化对创造力的影响途径进行讨论。特别要指出的是，创造力的定义、创造力相关行为的价值评估和创造力的研究优势领域都随着不同文化而有所差异，而价值评估又影响着创造力的产出数量。第三，我们还探究了创造力的跨文化差异怎么样同其发展相吻合。我们提出创造力定义的差异成为影响我们的认知发展因素，尤其是原创力的价值评估对个性激励因素所带来的影响，而环境因素又确定了创造力得以实现的领域。总之，我们将提出对发展和跨文化相结合的研究方法的阐述。

2. 发展问题

2.1 什么是创造力

在关于创造力发展的著作中，大多数的作者都将创造力定义为在给定限制范围内产生新颖和原创作品的能力（Lubart，1994），这里的作品是指各种类型的想法和产品。该作品必须是新颖的，即它不能是已有物品的复制或者模仿。

该作品具有多大新颖性，这要看是只对于其创造者来说是原创的（即重新发明的概念，这存在于更大的社会环境里），还是对一定社会群体来说是原创的，抑或是对全人类来说是原创的。此概念的第二个组成部分是"给定限制范围"。创造性思想之所以区别于同样具有原创性的奇思怪想就在于创造性思想考虑了环境因素，即限制因素。这两个组成部分，即新颖性和限制因素的满足所占的分量也不尽相同，这决定于其所在的领域，比如艺术、科学、文学或者工程与设计。

儿童的创造力的测定常常通过发散性思维测试，对类似图画或者故
26 事等特定作品的评估，或者是父母或者老师的评价来完成（Lubart，1994；Sternberg & Lubart，1992）。创造力的发散性思维测试，比如创造性思维托兰斯测试（Torrance Tests）或由沃勒克和科根（Wallach & Kogan）提出的创造力测试，测试要求儿童尽可能地产生原创性想法（对物体的使用、问题、结果、图片命名），这些测试涉及外部刺激（Torrance，1974；Wallach & Kogan，1965）。

这种刺激也许是一种假设的情况（比如系着云的绳子）、一幅画（比如画着在往水里看的男孩）、一个物体（比如一个盒子、一枚回形针）或者其他东西。这些测试常常都有时间限制（每个任务在 5—10 分钟之内完成）。发散性思维测试可提供三个参数：流畅度，即产生了多少想法；灵活度，即这些想法是从多少种不同种类的事物中产生的；想法的原创

度（详见 Mouchiroud & Lubart，2001）。

一些发散性思维测试还考虑了想法的复杂性或者在想法产生过程中包含的细节。除了发散性思维测试，还可使用综合任务，在该任务中，儿童必须产生一个复杂的想法，比如一则短篇故事、一幅画、一帧剪贴画或者一首音乐作品。接着这些产品就由成人来评估其创造性。最后，由父母和老师点出哪些孩子在学校或者家里展现出了创造性思维，该方法也可用来测定创造力。当然，以上三种创造力测定方法都有其优缺点（Lubart，1994）。

2.2 认知和发展

对于创造力来说，有几种智力至关重要。这些智力包括：选择性编码能力，即能够注意到环境中相关刺激的能力；选择性对比能力，该能力能激发类比式和隐喻式思维；选择性综合能力，该能力能帮助从互不相关的元素中概括总结出复杂的想法；发散性思维，该能力可帮助在面对死结时产生多种其他解决路径。这些能力随着年龄的增长而提高。通过最近的研究，我们发明了测量这些能力的特定方法，还测试了其发展程度。例如，我们利用视觉刺激设计了对认知变化的敏感度测验，这同选择性编码能力有关。在此测验中，一名儿童将会看到一系列的图像，这些图像每次都有微小的差异（比如，一张狮子的脸会慢慢变成一张猴子的脸）。该儿童需要指出图像显示的是什么，如果他发现图像上的物体 **27** 或者动物与最初的呈现出现差异，我们便开始评分。该测验与儿童在各种任务中的创造力紧密相关，比如厄本－杰拉姆绘画测试（Georgsdottir，Jacquet，Pacteau，& Lubart，2000；Lubart，Jacquet，Pacteau，& Ze-nasni，2000）。

认知能力的发展，尤其是与创造性思维相关的认知能力，不是独立于其他认知能力的，比如发散性思维的发展以及逻辑推理能力的发展，注意到这点非常重要。实际上，一些研究表明，当与创造性思维相对立的认知思维开始工作时，创造性思维将会出现暂时的衰退。研究人员对

8—12岁的儿童进行了一次半纵向研究，来检验儿童在创造性思维托兰斯测试的语言分测验和讲故事任务上的表现是怎么样随着年龄的改变而改变的。研究人员发现在某些测试中，尤其是在要求发现熟悉物体（比如箱子和绳子）的特殊用法的测试中，9—10岁的儿童会出现暂时的创造力衰退。有趣的是，通过使用改良版皮亚杰测试，我们发现超过9岁的儿童某些逻辑思维的模式已完全操作化（Lubart & Lautrey，1995）。

其他两项关于8—10岁儿童的实证研究则关注于创造性思维的灵活性及其与认知发展的关系（Georgsdottir，Ameel，& Lubart，2002）。第一项研究表明认知灵活性在9岁左右有所下降而将在10岁左右开始上升，但逻辑思维则在9岁左右开始发展。在此研究中，研究人员要求儿童对同样的物体进行不同方式的分类，这反映的是选择性综合能力，我们用这样的重复分类任务来测试儿童的认知灵活性。而在迫选分类任务中，逻辑思维反映的是儿童将物体根据类别而不是图式进行分类的趋势。如对于"sled（雪橇）—ski（滑雪）—snow（雪）"这样的项目，一个类别分类的例子是"sled（雪橇）—ski（滑雪）"，而图式分类的例子则是"sled（雪橇）—snow（雪）"。

第二项研究中，研究人员使用了两种不同的方法去测试认知灵活性，目的是发现灵活性思维自发性和适应性两个方面。我们使用自由联想测试来检测自发的灵活性，在该测试中，研究人员要求儿童对"飞机"这个词语发挥联想，说出他们所有能想到的东西。

答案中不同概念范畴的数量表明了自发灵活性，即他们会或多或少地产生迥异的想法而他们却不自知。研究人员使用东克尔蜡烛测试（Dunker，1945）来检测适应灵活性，该测试提供的材料只有一盒火柴、一盒大头针和一些蜡烛，要求是把蜡烛放到墙上而不能把蜡油滴到地板上。

该测试所展现的灵活性就是打破盒子只能用来装东西的固有思维模式。其解决办法是清空任意一个盒子，然后用大头针把它固定到墙上，最后把蜡烛放在盒子上面。在此研究中，研究人员使用逻辑蕴含测试来检测逻辑思维（Light，Blaye，Gilly，& Girotto，1989）。在该测试中，儿童将会看到两张图卡，一张正面是花，一张正面是蘑菇，两张图卡都是正面朝下放在一个中心是绿色的紫色纸板上，规则是蘑菇的图卡不能放在中心，设定的问题就是：只需翻开哪张图卡就可明确摆放规则是否被破坏？答案是：只需翻开放于中心位置的图卡即可。

　　研究结果证实了第一例研究的结论。我们发现儿童的自发灵活性和适应灵活性的发展在8－9岁时都会出现暂停，接着在9－10岁又恢复发展。然而逻辑思维在8－9岁却发展迅速，而10岁时则似乎会有所停滞。

　　综合地来看，这些研究表明创造性思维，尤其是发散性思维和灵活性的认知发展与其他认知能力的发展有时以相互交替的方式相互联系。这些研究结果与A. 卡米洛夫-史密斯（1994）的发展模型相契合，她在该模型中提出新技能的习得将会导致创造能力表现的暂时倒退，但不久以后创造能力又会得到恢复。一旦新的思考方法得到巩固，新的知识得到更加灵活的应用，那么创造能力表现也会有所恢复。

　　除了基本的信息处理技能以外，知识的获得也十分重要，因为知识是产生创造性思维的原材料。儿童似乎并不能像成人那样从一开始就具有创造性，这就是部分源于他们的知识水平有限。

29

　　举个例子，非常小的孩子，比如两岁大才刚刚开始学习说话的孩子，他们也许说出些稀奇古怪的话，但实际他们并不懂他们说的是什么意思。而成人为了创作现代诗歌来抒发感想会有意地打破语言形式，这两者的创造力是一样的吗？知识为产生创造力提供了一个平台。同样的道理，艾萨克·牛顿就曾提过他的成就是必然的，这很大程度上是因为他是站在巨人肩膀上，这里的巨人就是其领域的前辈们。

　　我们提到的知识，既包括涉及多个领域的大量事实、理论和个人经验，还包括理解与任务相关的限制因素和其他内在影响因素的能力，因为这些因素会影响问题的解决。要想将创造性想法和那些诡异的想法区别开来的话，发现限制因素的能力就尤其重要。有研究表明，儿童和成人的评价性思考能力与创造力密切相关（Runco，1992），而前者是基于个体在某个领域的知识储备之上。当然，就像很多事情一样物极必反，再好的东西一旦过度就可能产生危害；获得关于某个主题大量知识的消极一面就会导致思维的僵化。

总而言之，与创造力相关的认知能力随着年龄的增加而发展，其发展还与其他处于发展中的能力息息相关。发散思维在9—10岁出现暂时下降，而逻辑思维在同样的年龄段则出现迅猛增长。知识也随着年龄增长而逐渐积累，并且从某种角度来说，如果能得到灵活使用，知识可帮助创造力的发展。

2.3 意动与发展

创造力绝不只是一个单纯的认知现象。某些性格特质对儿童期培育原创性思维尤其重要，诸如冒险精神、开放的性格、个人主义、毅力和歧义容忍度，这些特质都对创造力有影响（Sternberg & Lubart，1995）。

30 M. M. 克利福德（1988）曾在学校里测试过儿童的冒险精神对失败的容忍力影响。根据研究者提供的问题，她要求各个年级的儿童（8—12岁）解决他们自己选择的某个问题，这些问题与这些儿童的平均认知水平是匹配的，涉及口头交流、数学以及其他理论领域。研究结果有些令人吃惊。四年级孩子挑选的问题比他们这个年龄的能力水平低了大概六个月，五年级孩子挑选的问题则低了平均一年，而六年级的差距则达到了一年半。这表明儿童的冒险精神随着年龄的增长而下降，这对于在学校里拿到好分数来说是聪明的做法。

美国的研究最先得出这一结果，接着中国大陆（Clifford, Lan, Chou, & Qi, 1989）、中国台湾（Clifford & Chou, 1991）以及我们自己在法国的研究都得出了相同的结果（尽管我们的测试稍作了修改）。这可以算是个令人不安的结果，因为创造性思维包括了冒险精神、违背传统标准、敢于接受失败以及敢于受到来自同龄人、老师或者父母的负面评价。在对成人的研究中，我们发现在风险预期领域敢于担当的人更容易出现创造性的产出。

上述研究促使了我们提出的创造力投资路径的演化（Sternberg & Lubart，1995）。根据这种观点，可以认为许多人之所以不具备创造力，是因为他们不愿追求未知的和价值不大的某项行为，即他们不愿意"低价买进"。这里所谓"低价买进"就是指把精力和资源投资到新的、有风险或者价值不大的地方，然而这种"低值"投入的一部分却在最后被证明是有价值的事情。因为创造力，至少一部分就是生活的哲学，并从童年的经历中习得。

对新的体验持开放态度是又一个关于创造力的相关特质。在对8—10岁儿童的实证研究中，我们要求儿童说出纸箱的特殊用处（该测试选自创造性思维大五人格量表［big-five personality inventory］的托兰斯测试）以测试儿童对其体验的开放程度。（Little & Winner，1998）我们发现了对体验持开放态度与创造力之间存在积极的影响关系，但这种现象 *31* 仅存在于10岁的儿童组（Georgsdottir & Lubart，2002）。也许在成人人群中发现的开放态度与其创造力之间的关系只有当认知发展到一定的水平时才会出现。

除了性格特质，动机变量对于创造力也十分重要。动机是指驱使个体去从事某种事情的动力。动机分为内在动机和外在动机。内在动机包括好奇心和通过视觉和语言表达个人内心想法时的愉悦，而外在动机包括来自同龄人和教师的社会认可。在由角色建模、训练或者回报来控制动机的研究中，我们发现了儿童行为的动机，无论内在还是外在，都基于他们所处环境获得的体验，并且随着时间的推移而发展。同时，尽管外在动机也可以在一定情况下对创造力有所贡献，但研究人员认为内在动机更有益于创造力（Amabile，1996）。

总之，包括冒险精神和开放态度在内的性格特质对创造力的发展存在影响，同时创造性工作的动机是该工作应得回报和价值的共同作用结果。

2.4 环境与发展

学术界已经指出儿童所处的自然和社会环境是影响其创造力发展的

主要因素之一。在本节，我们将讨论家庭、学校以及社会环境的影响。家庭环境既为儿童的创造力提供认知支持（比如智力上的刺激）和情感支持（比如心理上的安全感），又为个体的成长提供环境氛围（Harrington，Block，& Block，1987）。举个例子，有些家庭为孩子提供了诸如书籍、杂志和文化活动的刺激环境，这些家庭更易于培养创造性思维（Simonton，1984）。卡尔·罗杰斯（1954）曾说过一个温暖安全的家庭是创造性工作产生的基础。由此，一些学者进一步研究了家庭环境的社会认知维度，即日常生活中的"家庭规则结构"导致的创造力影响。

32   采用皮亚杰理论和传统心理测试方法进行智力测验，J. 洛特雷（1980）及其团队的研究结果表明有些家庭虽然建立了规章制度去指导儿童的行为，但是在某些情况下这些制度会被修改。这些家庭既确立了结构又对结构进行适当修改，这实际就有利于儿童认知的发展。这些规则"柔性"的家庭就与那些规则死板的或者缺少规则的家庭给儿童的创造力影响成效形成了对比。在对 7—12 岁的巴黎儿童的一系列研究中，我们测试了家庭规则系统中的差异是怎么与创造力发生联系的（Lubart & Lautrey，1998）。研究中我们要求儿童完成托兰斯测试的任务，家长则填写关于家庭生活的问卷。给家长的问卷共有 20 个问题，目的是测试其家庭规则系统是属于死板型、灵活型还是松散型。该问卷还可评估家庭人口情况和社会经济地位。其中有一个简单的问题：

> 当你的孩子在家里玩耍，那么：
>
> （a）他只能在你规定的区域内玩耍。（死板型规则）
>
> （b）虽然你规定了玩耍区域，但是在一定情况下，他可以在该区域外玩耍。（灵活型规则）
>
> （c）他想在哪里玩就在哪里玩。（缺少规则）

我们用了两种分数来描述家庭环境的特点：（1）连续变量，即问卷的得分表明规则结构的灵活度；（2）分类变量，即把每个家庭分类为灵活型规则占主导和死板型规则占主导。我们发现灵活型问卷的得分同儿童的创造力是正相关关系（依不同的抽样及创造性任务而定，相关系数的范围从 0.12（n. s.）到 0.46，$p < 0.01$）。对照组的分析结果确定了这种相关趋势，表明了死板型家庭规则占主导的儿童比灵活型家庭规则占主导的儿童更缺乏创造力。关于社会经济地位的分析得出了三个结论。第一，创造力表现与社会经济地位相关，社会经济地位越高，表现越好。第二，家庭规则结构与社会经济地位相关，高层次的社会经济地位意味 **33** 着灵活型规则，低层次的社会经济地位意味着死板型规则。第三，也是最重要的一点，灵活型家庭规则与创造力表现之间的积极关系出现在每一个层次的社会经济地位。因此，我们的研究表明家庭规则的灵活性同儿童的创造力表现是正相关关系，该表现是根据儿童产生的思维想法来评估的。这个结果似乎涵盖了所有层次的社会经济地位的研究对象，并且不随着与智力相关的变量的改变而改变。

　　总而言之，研究结果说明了家庭规则结构是影响儿童创造力发展的因素之一，其对创造力表现有着持续的影响。大多数情况下，除了家庭环境，学校环境在创造力的发展过程中也扮演着重要角色。第一，学校是儿童获得认知能力和知识的场所，学校通常强调聚合性的求同思维，教师会建议学生去发现问题的"正确"答案。然而，有时候教师又会鼓励学生进行发散思维，去探索那些模棱两可的问题。在获得知识方面，信息常常被分割开来传授，强调的重点是学生能否记住和回忆起学到的知识。但是，一些课程强调的却是知识动态的具有具体情况具体分析的属性，要求以多种方式应用知识并建立不同领域之间的联系。

　　第二，教师在课堂上赞扬抑或贬低创造性想法的个人表达也会对儿童起到一个角色示范的影响作用。人们对教师是怎么样定义理想学生进行过研究，这些研究认为老师对某种个性的赞赏对于个人的社交能力十分重要但对其创造力却并没有特别的关系。举个例子，Verkasalo，Tuomivaara 和 Lindeman（1996）对 124 位芬兰的教师进行了研究，发现他们认为理想学生应具备的性格特质有诚实、心胸宽广、自尊自重、看重家庭安全感、珍惜友情和生命的意义。对 127 位尼日利亚教师的研究则表明他们认为理想学生应具备的性格是勤奋刻苦、真心诚意、顺从听话、彬彬有礼、善解人意、自信和健康向上（Ohuche，1987）。其他的研究表明教师喜欢的是安静听话，而不是思维活跃的学生，因为后者可能会质疑教师的权威性。实际上，研究教师对课堂上的创造性行为的态度至关重要，因为教师在课堂上处于一个绝对领导位置，他可以刺激或者**34** 扼杀创造力。克罗普利（1997）总结了在课堂上注重培养创造力的教师的一些共同点，即鼓励独立学习，使用合作性教学模式，激发学生去学习客观事实，为发散思维提供一个鼓励灵活的思维，直到学生进行了充分思考后才对其创意进行评价，提倡学生对其想法进行自我评价，严肃认真地考虑学生的问题和建议，为学生在各种条件下学习各种材料提供机会，帮助学生应对挫折和失败，建立其追寻新想法的勇气的坚实基础环境。

第三，学校决定了儿童学习生活的结构，并为儿童将来适应社会提供了一个重要适应环境。研究人员通过托兰斯创造性思维测试观察到儿童在 6 岁和 13 岁时其创造性发散思维会出现暂时的衰退，托兰斯（1962，1968）和其研究团队认为学校相关环境可以解释这种衰退。究其原因，特别要指出的是，大多数儿童进入正式的学校教育就恰好是在 6 岁左右，他们将面对一个结构化的环境，在这里他们需要去学习掌握许多新的规则以及完成结构化的学习活动。因此，创造力毫无意外地受到影响。据观察，平均创造力发展弧线常常在 13 岁左右出现第二个下滑。多数情况下，这个年龄恰好是从小学过渡到中学的年龄，毫无疑问地，儿童需要一段时间去适应这种过渡。同时，13 岁还正好是青春期，这段时期突出的特点是来自同龄人的压力和自我认同的发展。除了本地和学校环境的影响，宏观的社会环境也在许多方面影响着创造力发展。举个例子，音乐会、艺术展、博物馆和各种主题的电视节目，这些所有的文化活动都会影响儿童的创造力发展。

历史测量学研究表明如果某个领域出现了杰出榜样（比如伟大的科学家或者作家），那么其后两代人中将可能会在相同领域作出富有创造性的伟业。如果一个城市或者国家同其他文化中心的地理位置相邻，那么它们彼此之间就可能会互相刺激产生某种理念和想法，这也同样影响着创造力的发展。

总的来说，环境都影响着创造力，这种影响是通过家庭、学校，或 **35**者更广泛的社会层面来实现的。灵活型家庭规则比死板型更能培养创造力。教师传授知识的方法和对待学生的态度会鼓励或者阻碍创造力，因此学校教育对创造力发展也十分重要。从更广泛的环境层面上来说，接触创造性工作和榜样模范的机会也同样有利于培养创造力。在接下来的部分，我们将会详细阐述文化是如何影响创造力的。

3. 跨文化议题

文化是指特定人群与其社会和自然环境进行互动的一个共享的认知、行为、风俗习惯、价值观、规章制度以及象征符号系统（Reber，1985；Triandis，1996）。文化是一代又一代人形成并传下来的，它是动态的，并且可随着时间发展演变。跨文化分析表明创造力的定义、创造性活动的水平以及创造力发展的领域随着文化的不同而有所差异。

3.1 定义

本章前面提到的创造力的定义，即创造力是产生新颖和合适的产品的能力，这个定义在相关文献中占据主流位置，被认为是"西方"观点。根据这种观点，创造力的一个重要的特点就是与可观察的对象（产品）相关。该对象可以由一组合适的人群来进行评价，这群人可以是普通平民也可以是专家学者（Amabile，1983）。发散性思维测试要求产出想法，研究人员将会根据其流畅程度进行评分，根据其灵活度进行分类，或者根据这些想法是否已被其他人产出而进行原创性评分。这种强调产出产品的创造力观点似乎很符合西方关于创造的看法，即朝着一个新观点直线前进（see von Franz，1995）。比如，在《圣经》的《创世记》中曾写

36 道，这个世界的创造一共用了六天，每一天的辛苦工作换来的是看得见的进步，比如大地的形成、动物的出现等（Mason，1988；Wonder & Blake，1992）。创世的过程有明确的开始，其结果是产出了一个有形的产品，即世界，这点让神圣的创世者很满意。与西方创造力观点不同的是另外一种传统的东方观点。这里需要注意的是在东西方各自的阵营内部仍然存在着跨国差异，比如同属于东方阵营的中国、日本和韩国。东方创造力观点似乎注重发现过程的真实性多于创造性产品。人们通常从人的满意度、与一种原始领域的联系、内心世界或者终极实在的表达的角度去探讨创造力（Chu，1970；Mathur，1982；Raina，2002）。冥想同创造力密切相关，因为冥想帮助人去看到自己、物体或者事件的真正本质（Chu，1970；Onda，1962）。

为了阐明这一观点，印度对传统画家进行了一次人类学领域的研究，该研究发现富有创造力的画家能够与其"自己内心深处的精神世界进行交流……并努力将其表达出来……通过对比差异、冥想和自我实现与之融为一体。实际上，这些艺术家其实是去再创造了或者说是激活了已经存在于他们潜意识之中的东西"（Maduro，1976，p. 135）。东方创造力观点认为创造是"一个进行中的过程，其不断地发展，延伸"（Sinclair，1971，p. 83）。东方创造力观点有时被描述为重新建构一个整体，重新诠释传统观点，即发现一个新的出发点，而不是完全地背离传统（Kristeller，1983）。因此，创造力观点与自然的生产和更新过程联系到了一起（Niu & Sternberg，2002）。最近研究人员在西方和亚洲社会（中国大陆、中国香港、日本、韩国、新加坡、中国台湾）进行了人们对创造力看法的研究，该研究的每个案例都出现了人们关于新颖、原创思维的观点（Lim & Plucker，2001；Niu & Sternberg，2001；Rudowicz & Yue，2000；Soh，1999；Tan，2000）。然而，"新颖"这一概念在不同文化中是否意义相同？这点备受争议。

37 根据 R. J. 斯滕伯格、J. C. 考夫曼和 J. E. 普雷茨（2002）关于创造性贡献的著作观点：如果一个想法（a）以一种全新的方式阐述一个已知的想法，（b）按照这个想法现有的轨迹将其向前推进，（c）朝着一个新的方向推进，或者（d）将一个领域内的不同发展趋势整合起来，那么这个想法就可以称作是新颖的想法。某些新颖性的形式（b，c）似乎适合西方创造力观点，然而其他的形式（a，d）又符合东方的观点。同样地，金力（1997）将"纵向"创造性领域与"横向"创造性领域进行了对比。"纵向"创造性领域包括中国毛笔画，其新颖性的基础是一些基本元素。"横向"创造性领域包括西方现代画，其新颖性几乎可表现于作品的每个方面。此后，牛卫华和斯滕伯格（2002）进一步比较了关于东西方创造性人才内隐理论的研究，他们发现两种文化关于创造力的观点存在许多相同之处，比如：原创性的想象力、智力、独立和旺盛的精力。然而，东西方的观点并不完全一致。东方创造力观点并不像西方观点那样强调幽默感和对美的敏感性，其注重的是创造力的社会和道德方面。

3.2 文化背景与创造行动的数量

总的来说，文化特征，比如个人主义或集体主义的倾向性，以及对统一或传统价值观的强调都会刺激或者阻碍创造力（Williams, Saiz, FormyDuval, Munick, Fogle, Adom, Haque, Neto, & Yu, 1995）。举个例子，强调个人主义的文化，比如北美和欧洲国家就认为自我是一个独立自治的个体。然而强调集体主义的文化，如中国大陆和中国台湾的文化就认为个体属于一个社会环境（比如家庭），因此被要求遵守规则，履行其义务（Sodowsky, Maguire, Johnson, Ngumba, & Kohles, 1994；Triandis, 1996）。根据特里安迪斯、麦卡斯克、贝当古、纯子（1993）等人的观点，个人主义的文化注重独立和自我依赖，这些因素都有利于创造力，然而集体主义则强调顺从、合作、义务和对组内权威的接受。最近，黄奕光（2001a）提出个人主义与集体主义维度在很大程度**38**上可以解释西方人和亚洲人在创造性活动水平上存在的差异。他认为尤其是与创造力相关的有目标的动机与个人主义关系密切（Ng, 2001a, 2001b）。然而，在当今急速变化的东方社会比如中华人民共和国，这类文化强调的重点也处于变化之中。在个体层面而不是文化层面的研究中，个体意识，即个体将自己与他人进行区分的倾向性被认为与创造性活动和行为相关（比如提出相对于大多数看法来说新颖的意见）（Maslach，1974；Sternberg & Lubart，1995；Whitney，Sagrestano，& Maslach，1994）。同样地，伯恩斯和布雷迪（1992）发现美国学生和马来西亚的学生在表达他们对独特性的需要和希望自己鹤立鸡群的渴望上都不尽相同，而这些特质又与"罕见"想法和新颖产品的使用以及非同寻常的想法或行为的展开密切相关。除了个人主义与集体主义维度，不同文化对一致和传统的重视程度也存在着差异（Mann，1980）。一些文化比其他文化更容易接受偏离标准规范的想法和行为（至少在某些领域）。比如，据西尔弗（1981）称，阿散蒂的"木雕艺人往往会避免公开批评他们的同行，总的来说，凡是新的尝试他们都会给予赞赏，因为他们认为创新可能会被大众认可，即使是失败了那也是无伤大雅的"（Silver，1981，p. 105）。当然，不同文化的许可宽容的程度也存在着差异（Berry，Poortinga，Segall，& Dasen，1992）。Ho 和 Lee（1974）提出传统中国家庭的特点是专制、顺从和注重传统的行为模式，然而这些特点都与创造力背道而驰。一些跨文化研究表明了从众、教条主义或开明的程度与创造力的联系（Aviram & Milgram，1977；Marino，1971；Straus & Straus，1968），而前文提到的对传统印度画家的研究也证明了对传统的遵从和创造力之间存在的联系（Maduro，1976）。对这些画家的采访表明了对传统的遵从程度是由他们所处的阶级状态决定的，而这种遵从又在意识层面上对创造力产生影响。比如在印度属于 Adi Gaur 阶层的画家遵守婆罗门的传
39 统、约束和正统风俗；Jangira 阶层信奉 Vishvakarma 为至高无上的造物主，这个阶层的画家在其作品中展现出更好的灵活性和包容度。在印度艺术圈内部所公认的具有创造力的画家中，70%都属于 Jangira 阶层，尽管在这个艺术圈里 Adi Gaur 的人数是 Jangira 的两倍。除了对从众和传统的重视程度，诸多其他的文化特点也会影响创造力。比如，人们的毅力、对模糊不清的包容度以及冒险精神等特质对创造力来说至关重要，而不

同的文化在这些方面上都存在着差异（Berry et al., 1992；Blinco, 1992；McDaniels & Gregory, 1991）。并且，文化还决定着人们的观念和态度，而人们的观念和态度则能够培养或者阻碍创造力。比如，克里普纳（1967）和亚当斯（1986）就认为一些观念会阻碍创造力。这些观念包括："想象力和反思是在浪费时间"、"只有孩子才玩耍"、"总有一个正确答案"、"推理、逻辑、数字、使用和成功是好的；直觉、情感、质化思维和失败是坏的"（Adams, 1986, pp. 53-64；Krippner, 1967, pp. 144-156）。当然，在一个特定文化所包含的元素中，一些会孕育创造力而另一些则会扼杀创造力。总的来说，文化将影响创造力的产出数量，导致这种影响的途径有：文化对个体（相对于集体利益来说）的强调、对背离常规（相对于一致来说）的容忍度以及对创造力有利的文化价值和观念的宽容，显然，同一文化的各种亚文化之间在这些方面上也同样存在着差异。

3.3　文化对创造力的表达

除了创造力的概念，文化也影响着创造力的表达方式，比如其惯用的形式和表达的领域。至于文化激励或阻碍创造力，这视具体情况和话题而定。举个例子，Mar'i 和 Karayanni（1983）发现阿拉伯的学生对于"如果驴和其他帮助我们耕地的动物没有了，那么会发生什么？"的回答详尽且新颖。然而，对于"如果做礼拜的地方没有了会发生什么？"这种宗教性质的问题，他们则多半敷衍甚至是直接拒绝予以回答。非洲有一支民族叫阿散蒂，该族的艺人在雕刻非宗教作品时可随意发挥创造力，*40* 而在创作描述宗教主题的作品时，创造力则不被鼓励（Silver, 1981）。对于传统的印度画家来说，Shri Nathji 神像或其他宗教主题是布艺画最重要的题材。尽管主要题材的描绘不允许更改，但是创造力可以在描绘次要主题时发挥作用，比如风景画就允许风格上存在很大程度的差异。此外，为年历创作的绘画是印度画师的第三种题材，这种题材被视作是绘画的一种休闲形式而最富有创造力（Maduro, 1976）。综合这些对创造力进行选择的例子，我们可以看出，某一题材所允许的创造力水平与这一题材的文化内涵成反比。也就是说，对于那些宗教性质或者在某些方面与神有关的题材，人们不愿进行改变，而对于那些从文化角度来说不那么严肃的题材，人们则期待创新。路德维希（1992）利用玛格丽特·米德对巴厘岛的研究来阐述了此说法。在巴厘岛，"越是严肃的艺术形式，比如神像的创作或者仪式性的舞蹈就越不允许改变，越是随意的艺术形式，比如灶神的雕刻、戏剧里小丑的表演、乐器演奏或者编织容器等，创新就越是可以随意发挥"（p. 456）。总的来说，尽管关于社会组织、经济和宗教的主题可以允许创造，但是却并不常见，因为这些题材都涉及保持文化模式（Bascom，1969）。在某些文化领域里，创造力的表达会进一步地具体化。比如，在巴厘岛，音乐被看作是宗教仪式中的一种群体行为。群体中的音乐家可能风格迥异。而独立的音乐家在创造力方面由于文化的需要被限定，进而成为同辈人中默默无名的一员（Colligan，1983；Gaines & Price-Williams，1990）。这种创造力的表达效果来自文化在个人主义-集体主义维度上的位置。在一些特定社会，由于宗教在保持社会秩序上扮演一定角色，所以集体主义可以通过维持宗教艺术的现状来表达。来自巴布亚新几内亚的库路里的例子说明了音乐创造力在另一方面对社会结构的依赖。此案例根据性别分组来进行研究。男性

41 和女性在音乐方面都具有创造性，但类型存在不同。女性更喜欢表达歌手个人情感的歌曲，比如爱人逝去的痛苦的歌曲，而男性则喜欢能激起听众共同情绪反应（放声大哭甚至袭击歌手）的歌曲（Brenneis，1990）。

　　总之，文化通过对同一主题不同理解的容忍度来激励或限制创造力。一些主题，比如宗教，是保持文化模式的重要因素，这类主题相对于通俗的主题来说，对个体创造力的表达容忍度较低。

🌐 4. 综合发展观点与跨文化观点

　　在本节，我们将探讨跨文化差异是如何影响一代代传承下来的创造

力的发展。紧接上一节的分析，我们将研究创造力的定义、儿童的创造力如何在其童年时期产生、不同文化培养出的创造性活动程度及不同将创造力引入特定活动的方式。

4.1　发展过程中文化对创造力的定义

首先，儿童通过其社会环境习得创造力。一旦家长或者老师对孩子称赞其某个想法、图画作品、故事或者任何具有创造性的行为，无形中儿童就会对创造力产生一个内隐概念。同样重要的还有文化中明显的创造力典型示范效应（Simonton，1984，1996）。无论过去还是现在，在创造力的典型案例中，艺术家、作家、科学家、发明家、商人、音乐家等通常都会在媒体、博览会或者学校某个项目中受到特别的注意。鉴于不同文化环境对创造力的定义不尽相同，因此我们可以推测由家长、老师以及公众认可的案例得出的创造力例子实际也会存在差异。

其次，创造力表现出的与传统的背离，或者恰恰相反，展现出来的对文化传统的传承和更新往往在儿童发展期间得以表达。根据西方创造 *42* 力观点，儿童不需要储备许多知识也可以具有创造力，因为创造力就是去发现去摆脱已有的东西的束缚。实际上，知识可能会限制想象力，因为这会引导儿童去重复已有的想法（Soh，1999），因此，年纪很小的儿童也可以具有创造力。学校将学生的脑子里塞满那些束缚信息去规范其思维，反而让大部分儿童失去了创造力。这种对于创造力的态度通过这样一种信念反映出来，即认为儿童在产出一个创造性想法时甚至没有意识到这个想法是新颖独特的。举个例子来说，一个孩子以一种新颖的方式将一些单词组合起来表达其想法，因为他并不知道常用的说法是什么，这种行为在西方的观点里就是语言上的创造力。

相反，东方观点则赞同初步掌握已有想法，因为有了初步的掌握才能对已有想法进行提炼、延展和再加工（Gardner，1997）。对于创造力来说，教育是必要的第一步。此观点认为类似临摹名作（比如绘画作品）的练习可以帮助发展创造力。因此，在有能力产出新想法之前，儿童必须首先掌握大量的现有知识。按照这一观点,苏启祯(2001)根据将儿童的艺术作品同成人艺术家的作品相比较的结果得出儿童也许能够在没有知识贮备的情况下自发地产出新颖的作品,但这算不上是创造力。并且,人们认为日本的"悟"[①],即瞬间对真谛的领悟(类似于西方的"灵感"),需要长时间的准备工作、不断的练习、坚持和特定领域专业知识的积累获得(Torrance,1980)。最后,新加坡的老师一部分接受的是传统的中国教育思想,而另一部分则是西方教育观,对他们教育观的一个对比研究显示前者比后者更坚持基础技能应该先于创造力(Soh,1999)。

总的来说,文化通过家庭影响、学校教育或者模范典型等多种方式来影响儿童对创造力的定义。每个文化对创造力的定义也影响着儿童创造出的产品是否能够被称作创造性产品。

43　4.2　文化在发展中影响创造力产出数量的方式

儿童创造性行为倾向的发展受到文化变量的影响,这些变量包括家庭和学校要求的从众程度、在学校里遭遇失败的后果,以及对良好表现的强化(内在或外在的奖励)。与创造力有关的性格特点和动机对创造力和原创性至关重要,而这些特点和动机会随着时间的推移而改变。关于这点,对父母的价值观和行为的跨文化对比研究表明,欧美父母、华裔美籍父母和中国台湾父母在几个关键点上有所不同:中国台湾和华裔美籍父母比欧美父母更看重学龄前儿童的礼貌、冷静、整洁、集中状态和精确度(Jose,Huntsinger,Huntsinger,& Liaw,2000)。前两者更倾向于通过指导性行为来进行更多地控制儿童以及更强调儿童的学习成绩。原则上来讲,这些不同的家长作风会影响儿童创造性行为的倾向。根据这些结论,胡慧思和岳晓东(2000)研究了中国北京、广州、台北和香港的大学生关于创造力的看法。尽管这四组学生存在着一些差异,但是公认的一个创造性人才应具备的重要特质(比如原创性的想法、创新力、

---

① 译者:这实际上也指的是中国禅宗中的"顿悟"。

想象和自我意识）对于一个中国人来说相对价值较低。

同样与个人主义和从众思想有关，E. P. 托兰斯（1973）进行了一次有趣的实验，他让来自不同文化背景的儿童为故事编结局，故事的主角都是背离常规的形象，比如，一头不会咆哮的狮子，一个想当护士的男孩。大体而言，美国孩子都想"治愈"这些主角，比如说服狮子咆哮或者劝男孩选择其他的职业。法国孩子编的故事则是主角接受了与众不同的现实。希腊孩子故事的重点在于理解主角的不同之处。最近对韩 **44** 人创造力观点的研究表明他们在内隐理论里出现了反常规者，即"孤独创造者"。他们描述这种反常规的语言大部分都呈现消极性，比如："无视他人看法"、"团队协作时制造冲突"、"异常"、"粗鲁"（Lim & Plucker，2001）；由于这些对创造性人才的描述同韩国社会重视的社会责任相背离，因此创造力的发展可能受到负面影响。

至于冒险精神，克利福德等人（1989）对美国和中国 8－11 岁的儿童进行了研究。首先，他们观察到，总体而言，两个文化的学生对失败的容忍度都随着学龄的增长而降低。然后，他们注意到，平均来说，相对于中国学生，美国学生更具有学术冒险精神。其次，就中国北京学生而言，父母是生意人的孩子比公务员家庭的孩子更具有冒险精神。导致这些结果的原因也许是不同文化背景下家长和老师对待学业失败的不同反应。还有一个重要差异就是在中国，孩子为了进入中学必须在小学六年级结束时参加竞争性考试，这在美国是没有的。公务员家庭的孩子尤其担心这种考试。

值得注意的是文化对变量（比如冒险精神）的影响十分复杂。E. U. 韦伯、奚恺元与 J. 索科洛夫斯卡（1998）研究了美国和中国常用的与冒险相关的谚语。与学业上冒险精神的文化趋势不同，美国谚语在经济领域显示出的冒险精神比中国的更消极。这一结果可由"缓冲"效应解读。因为家庭和社会集体可以缓冲经济上的失败，所以中国文化的集体主义就能够减少经济冒险导致的消极影响。该研究表明创造力相关因素（比如冒险精神）要视具体领域而定，其发展同诸多与之共存的并且同样处于发展中的人格维度关系密切。

45   除了文化对创造力发展的长期、隐性的影响，出于政治和经济原因的考虑，政府有时会刺激某一特定领域的创造力。比如，在苏联发射人造卫星以后，美国许多政治家和教育家便呼吁实施各种计划来加强学生的科学创造力，以此增强国家竞争力。最近，华人社会（中国大陆、中国香港、新加坡和中国台湾）的政府和私营企业都在强调发展创造力的重要性（Wu，2001）。比如，自20世纪80年代以来，新加坡就颁布了一系列旨在培养学生创造性思维和老师敏感性的教育计划。新加坡总理的讲话（1996—1999）也强调了提高创造力的必要性。自1999年以来，提高创造力的能力就成了考察实习教师的部分标准（Tan，2000）。然而，教育政策不一定总是符合整体的政治目标。Wu（2001）认为中国教育界许多人仍然强调权威、考试结果和标准答案、"乖宝宝"行为规范、知识的记忆以及学习的严肃性。Tan（2001）提出，尽管创造性思维受到了重视，但是由于新加坡的小学深受甄别考试（四年级10岁的孩子和六年级12岁的孩子参加的考试）的影响，其依然强调结构化的问题、教材和记忆。

总之，文化可以通过几种方法来刺激或阻碍儿童创造力的发展。不同文化里，家长和老师对创造性人格特征的重视程度也不尽相同。这种态度会传给儿童，使其对创造力产生积极或消极的想法。不同文化的冒险精神和包容程度也存在差异，但是这些差异要视每个文化的具体情况和具体领域而定。

4.3　发展过程中文化对创造力的引导

至少有三种方法可以让儿童认识到创造力与一些特定的活动有关。第一，家长和学校应在某些领域提供更多的机会让其创造力得到发展。举个例子，相较于音乐创作和即兴演奏，许多学校更重视图案表达的活

46 动，比如绘画，而舞蹈方面的创造力受到的重视则更少。在科学类的课堂上，教师鼓励学生提问质疑，然而宗教领域则更喜欢接受的态度。研

究表明不同社会对休闲活动的喜好也不同：比如，S. E. 贝蒂、Jeon.、G. 阿尔鲍姆和 B. 墨菲（1994）发现，相较于美国和新西兰，法国和丹麦的年轻人对审美的休闲活动（比如阅读）更感兴趣，而在体育活动方面这种趋势则恰恰相反。

　　第二，我们可以通过模仿社会现有的杰出楷模来提高创造力。某些领域的楷模比另外领域的更明显，比如富有创造力的艺术家、科学家和企业家比富有创造力的政治家、教育家和经济学家更容易接近。在一个文化中，某些领域的创造力比其他领域更受到重视，这样就使得儿童认为只有前者的作品才富有创造性，而忽视后者的创造性产品。举个例子，在孟加拉，人们非常看重文学、音乐、神秘主义、形而上学、建筑、雕塑和绘画等领域的创造性行为，而科学和数学领域的创造力则受到较少重视。根据 A. T. M. 阿尼斯扎曼（1981）的解释，造成这种差异是因为在孟加拉创造力与社会地位紧密相关。文学上的创造力在高层社会阶级是一种普遍行为，该阶级把其他艺术形式贬低为低层社会阶级的行为。这就造成了这样一种情况：判断一种艺术是否有价值的艺术形式是根据其天生在社会中的性质而不是该艺术后天实际的优异表现。就技术发展而言，生产的新方法有益于大多数属于工薪阶层的农民和手工艺人减少劳动强度，但是他们不得不将更多剩余的产量交给统治阶层，这种情况却又不利于提高生产量。该社会制度的结果就形成了创造力就意味着精英阶层的活动的社会认知，因而贬低了其他社会阶层的创造性活动。胡慧思和岳晓东（2000）认为，中国大陆和中国香港的对比研究显示了两者在创造力的特定领域上存在着差异。在中国大陆，与创造力相关的书籍、工作坊和教育性质的材料都更重视科技上的创造力，而中国香港则更强调商业和经济上的创造力。

　　第三，社会活动或者竞赛，比如思维奥赛，无论是当地、全国或者 **47** 国际水平的竞赛，都旨在增加某些特定领域的创造性活动。这些竞赛常常看重科学、音乐和艺术的创造力，这为儿童接收材料、指导、监督、动机以及获得社会对其努力的肯定提供了一个有组织的环境。

总而言之，在某些领域文化对创造力的激励比其他领域更胜一筹。我们需要认识到：首先，文化为不同领域的创造性活动提供的机会有多有少。其次，文化决定了楷模示范效应在某些领域更明显。最后，旨在激发创造力的社会活动类型也有所差异，这取决于每个文化看重的是哪些创造力活动领域。

5. 总结

创造力文化差异的实现途径是环境压力间接影响认知发展和意动（人格—动机）发展，或者直接影响儿童活动抑或楷模示范效应产生作用。因此，教育的影响对于创造力发展来说至关重要。教育包括以下两个方面：（a）为学生提供活动和学习经验；（b）对家长和教师就创造力的意义和如何培养或阻碍创造力进行教育。另外，政府领导人也会通过其政策来促进或阻碍创造力。比如资助某些特定领域（艺术领域或者科学领域）、直接加大教育投资，提高儿童的创造性思维能力、培养多样性和个人主义或一致思想。由于创造力至少部分上是一个受文化影响的心理构造，因此每个文化环境里旨在培养本土创造力的教育计划都不尽相同。我们认为通过学习活动可以最好地发展创造力，尤其是在儿童期，这些活动是根据文化环境而定制的，并且能够增强该文化内长期滞后但对创造力来说十分重要的能力和性格特征（详见 Tan，2000）。根据这种观点，由于儿童现有认知和情感结构的需要存在差异，所以同样的创造力训练计划并不适用于每一种文化。举个例子，东方文化应减少教育系统里对顺从的强调，然而在西方，处理问题的逻辑方法是以直觉为代价，因此应减弱对前者的强调。深刻地了解创造力发展的环境背景以及每种文化阻碍或者培养创造力的因素，这对于每种文化依靠其已有资源去发展创造力来说至关重要。

参考文献

Adams, J. L. (1986). *Conceptual blockbusting: A guide to better ideas* (3rd ed.).

New York: Addison-Wesley. (Original work published in 1974).

Amabile, T. M. (1983). *The social psychology of creativity*. New York: Springer. Verlag. Amabile, T. M. (1996). *Creativity in context*. Boulder, CO: Westview.

Anisuzzaman, A. T. M. (1981). Social aspects of endogenous intellectual creativity: A perspective for Bangladesh. In A. Abdel-Malek & A. N. Pandeya (Eds.), *Intellectual creativity in endogenous culture* (pp. 301-339). Kyoto: The United Nations University.

Aviram, A., & Milgram, R. M. (1977). Dogmatism, locus of control, and creativity in children educated in the Soviet Union, the United States, and Israel. *Psychological Reports*, 40 (1), 27-34.

Bascom, W. (1969). Creativity and style in African art. In D. R Biebuyck (Ed.), *Tradition and creativity in tribal art*. Berkeley, CA: University of California Press.

Beatty, S. E., Jeon, J. -O., Albaum, G., & Murphy, B. (1994). A cross-national study of leisure activities. *Journal of Cross-Cultural Psychology*, 25 (3), 409-442.

Berry, J. W., Poortinga, Y. H., Segall, M. H., & Dasen, P. R. (1992). *Cross-cultural psychology: Research and applications*. New York: Cambridge University Press.

Blinco, P. M. (1992). A cross-cultural study of task persistence of young children in Japan and the United States. *Journal of Cross-Cultural Psychology*, 22 (3), 407-415.

Brenneis, D. (1990). Musical imaginations: Comparative perspectives on musical crea- **49** tivity. In M. A. Runco (Ed.), *Theories of creativity* (pp. 170-189). Norwood, NJ: Ablex.

Burns, D. J., & Brady, J. (1992). A cross-cultural comparison of the need for u-niqueness in Malaysia and the United States. *Journal of Social Psychology*, 132 (A), 487-495.

Chu, Y. -K. (1970). Oriental views on creativity. In A. Angoff & B. Shapiro (Eds.), *Psi factors in creativity*. New York: Parapsychology Foundation.

Clifford, M. M. (1988). Failure tolerance and academic risk-taking in ten- to twelve-year-old students. *British Journal of Educational Psychology*, 58 (1), 15-27.

Clifford, M. M. , & Chou, F. C. (1991). Effects of Payoff and task context on academic risk taking. *Journal of Educational Psychology*, 83 (4), 499-507.

Clifford, M. M. , Lan, W. Y. , Chou, F. C, & Qi, Y. (1989). Academic risk-taking: Developmental and cross-cultural observations. *Journal of Experimental Education*, 57 (4), 321-338.

Colligan, J. (1983). Musical creativity and social rules in four cultures. *Creative Child and Adult Quarterly*, 8 (1), 39-47.

Conti, R. , Coon, H. , & Amabile, T. M (1996). Evidence to support the componential model of creativity: Secondary analyses of three studies. *Creativity Research Journal*, 9 (4), 385-389.

Cropley, A. J. (1997). Fostering creativity in the classroom: General principles. In M. Q. Runco (Ed.), *The creativity research handbook* (Vol. 1, pp. 83-114). Cresskill, NJ: Hampton Press.

Csikszentmihalyi, M. (1988). Society, culture, and person: A systems view of creativity. In R. J. Sternberg (Ed.), *The nature of creativity* (pp. 325-339). New York: Cambridge University Press.

Duncker, K. (1945). On Problem Solving. *Psychological Monographs*, 58 (Whole No. 270). Washington, DC: American Psycnological Association.

Gaines, R. , & Price-Williams, D. (1990). Dreams and imaginative processes in American and Balinese artists. *Psychiatric Journal of the University of Ottawa*, 15 (2), 107-110.

Gardner, H. (1993). *Creating minds*. New York, NY: Basic Books.

Gardner, H. (1997). The key in the key slot: Creativity in a Chinese key. *Journal of Cognitive Education*, 6, 15-36.

50 Georgsdottir, A. S. , Ameel, E. , & Lubart, T. I. (2002). *Cognitive flexibility and logical reasoning in school aged children*. Paper presented at the XVIIth Biennial Meeting of the International Society for the Study of Behavioural Development (ISSBD), Ottawa, Canada.

Georgsdottir, A. S. , Jacquet, A. Y. , Pacteau, C. , & Lubart, T. (2000). *La flexibilité cognitive: Une exemple de variabilité intra-individuelle liée à la créativité* [*Cognitive flexibility: An example of intra-individual variability linked to creativity*]. Paper presented at Colloque "invariants and variabilité dans les sciences cognitives" ["Invariants and variability in cognitive science" conference], Paris, France.

Georgsdottir, A. S. , & Lubart, T. I. (2002). *Personality traits related to flexibility and creativity in children and adolescents*. Paper presented at the 11th European Conference on Personality (ECP11), Jena, Germany.

Guilford, J. P. (1950). Creativity. *American Psychologist*, 5, 444-454.

Harrington, D. M. , Block, J. H. , & Block, J. (1987). Testing aspects of Carl Rogers's theory of creative environments: Child rearing antecedents of creative potential in young adolescents. *Journal of Personality and Social Psychology*, 4, 851-856.

Jose, P. E. , Huntsinger, C. S. , Huntsinger, P. R. , & Liaw, F. R. (2000). Parental values and practices relevant to young children's social development in Taiwan and the United States. *Journal of Cross-cultural Psychology*, 31 (6), 677-702.

Karmiloff-Smith, A. (1994). Précis of beyond modularity: A developmental perspective on cognitive science. *Behavioral and Brain Sciences*, 17, 693.745.

Krippner, S. (1967). The 10 commandments that block creativity. *Gifted Child Quarterly*, 11 (3), 144-156.

Kristeller, P. O. (1983). "Creativity" and "tradition". *Journal of the History of Ideas*, 44, 105-114.

Lautrey, J. (1980). Classe sociale, milieu familial, intelligence [*Social class, family setting, intelligence*]. Paris: Presses Universitaires de France.

Li, J. (1997). Creativity in horizontal and vertical domains. *Creativity Research Journal*, 10, 107-132.

Light, P. , Blaye, A. , Gilly, M. , & Girotto, V. (1989). Pragmatic schemas and logical reasoning in 6- to 8-year-old children. *Cognitive Development*, 4, 49-64.

Lim, W., & Plucker, J. A. (2001). Creativity through a lens of social responsibility: Implicit theories of creativity with Korean Samples. *Journal of Creative Behavior*, 35 (2), 115-130.

Little, T. D., & Wanner, B. (1998). *Big-5 Personality inventory for Children (B5P-C)*. Berlin: Max Planch Institute for Psychology.

Lubart, T. I. (1994). Creativity. In R. J. Sternberg (Ed.), *Thinking and problem solving* (pp. 289-332). New York: Academic Press.

51 Lubart, T. I. (1999). Componential models of creativity. In M. A. Runco & S. Pritzer (Eds.), *Encyclopedia of creativity* (pp. 295-300). New York: Academic Press.

Lubart, T. I., Jacquet, A. -Y, Pacteau, C, & Zenasni, F. (2000). *Creativity in children's drawings and links with flexible thinking*. Paper presented at the XXVIIth International Congress of Psychology, Stockholm, Sweden.

Lubart, T. I., & Lautrey, J. (1995). *Relationships between creative development and cognitive development*. Paper presented at the Seventh European Conference on Developmental Psychology, Krakow, Poland.

Lubart, T. I., & Lautrey, J. (1998). *Family environment and creativity*. Paper presented at the XVth Biennial Meeting of the International Society for the Study of Behavioral Development (ISSBD), Bern, Switzerland.

Lubart, T. I., & Sternberg, R. J. (1995). An investment approach to creativity: Theory and data. In S. M. Smith, T. B. Ward, & R. A Finke (Eds.), *The creative cognition approach* (pp. 271-302). Cambridge, MA: MIT Press.

Ludwig, A. M. (1992). Culture and creativity. *American Journal of Psychotherapy*, 46 (3), 454-469.

Maduro, R. (1976). *Artistic creativity in a Brahmin painter community*, Research Monograph 14. Berkeley, CA: Center for South and Southeast Asia Studies, University of Caliornia.

Mann, L. (1980). Cross-cultural studies of small groups. In H. C. Triandis & R. W. Brislin (Eds.), *Handbook of cross-cultural psychology* (Vol. 5): *Social psychology* (pp. 155-210). Boston: Allyn and Bacon.

Mar'i S. K. , & Karayanni, M. （1983）. Creativity in Arab culture: To decades of research. *Journal of Creative Behavior*, 16 （A）, 227-238.

Marino, C. （1971）. Cross-national comparisons of Catholic-Protestant creativity differences. *British Journal of Social and Clinical Psychology*, 10, 132-137.

Maslach, C. （1974）. Social and personal bases of individuation. *Journal of Personality and Social Psychology*, 29 （3）, 411-425.

Mason, J. H. （1988）. The character of creativity: Two traditions. *History of European Ideas*, 9 （6）, 697-715.

Mathur, S. G. （1982）. Cross-cultural implications of creativity. *Indian Psychological Review*, 22 （1）, 12-19.

McCrae, R. R. （1987）. Creativity, divergent thinking and openness to experience. *Journal of Personality and Social Psychology*, 54, 1258-1265.

McDaniels, T. L. , & Gregory, R. S. （1991）. A framework for structuring cross-cultural research in risk and decision taking. *Journal of Cross-Cultural Psychology*, 22 （1）, 103-128.

Mouchiroud, C, & Lubart, T. I. （2001）. Children's original thinking: An empirical examination of alternative measures. *Journal of Genetic Psychology*, 162 （4）, 382-401. **52**

Ng, A. K. （2001a）. *Cultural influences on task-oriented/creative behaviour and ego-oriented/conforming behaviour: Two theoretical models.* Paper presented at the Second International Symposium on Child Development, Hong Kong, on June 26-28, 2001.

Ng, A. K. （2001b）. *Why Asians are less creative than Westerners.* Singapore: Prentice-Hall.

Niu, W. , & Sternberg, R. J. （2001）. Cultural influences on artistic creativity and its evaluation. *International Journal of Psychology*, 36 （4）, 225-241.

Niu, W. , & Sternberg, R. J. （2002）. Contemporary studies on the concept of creativity: The east and the west. *Journal of Creative Behavior*, 36 （4）, 269-288.

Ohuche, N. M. （1987）. The ideal pupil as perceived by Nigerian （Igbo） teachers and Torrence's creative personality. *Indian Journal of Applied Psychology*, 24

(2), 80-86.

Onda, A. (1962). Zen and creativity. *Psychologia*, 5, 13-20.

Raina, M. K. (2002). *"I shall be many"*: *The garland making perspective on crea-tivity and cultural diversity*. Paper presented at the Intrnational Conference on Creativity and Cultural Diversity, Brighton, UK, September 15-19.

Reber, A. S. (1985). The Penguin dictionary of psychology. New York: Penguin.

Rhodes, M. (1961). An analysis of creativity. *Phi Delta Kappan*, 42, 305-310.

Rogers, C. R. (1954). Toward a theory of creativity. *ETC: A Review of General Semantics*, 11, 249-260.

Rudowicz, E., & Yue, X. D. (2000). Concepts of creativity: Similarities and differences among Mainland, Hong Kong and Taiwanese Chinese. *Journal of Creative Behavior*, 34 (3), 175-192.

Runco, M. A. (1992). The evaluative, valuative and divergent thinking of children. *Journal of Creative Behavior*, 25, 311-319.

Silver, H. R. (1981). Calculating risks: The socioeconomic foundations of aesthetic innovation in an Ashanti carving community. *Ethnology*, 20, 101-114.

Simonton, D. K. (1975). Sociocultural context of individual creativity: A transhis-torical time series analysis. *Journal of Personality and Social Psychology*, 32, 1119-1133.

Simonton, D. K. (1984). *Genius, creativity, and leadership*. Cambridge, MA: Harvard University Press.

53 Simonton, D. K. (1996). Individual genius and cultural configurations: The case of Japanese civilisation. *Journal of Cross-Cultural Psychology*, 27, 354-375.

Sinclair, E. C. (1971). Towards a typology of cultural attitudes concerning creativi-ty. Western *Canadian Journal of Anthropology*, 2 (3), 82-89.

Sodowsky, G. R., Maguire, K., Johnson, P., Ngumba, W., & Kohles, R. (1994). World views of white American, mainland Chinese, Taiwanese, and Af-rican students: An investigation into between-group differences. *Journal of Cross-cultural Psychology*, 25 (3), 309-324.

Soh, K. C. (1999). East-West difference in views on creativity: Is Howard Gardner correct? Yes, and no. *Journal of Creative Behavior*, 33 (2), 112-125.

Soh, K. C. (2001). *Blue apples and purple oranges: When children paint like Picasso*. Paper presented at the Second International Symposium on Child Development, Hong Kong, on June 26-28, 2001.

Sternberg, R. J., Kaufman, J. C, & Pretz, J. E. (2002). *The creativity conundrum: A propulsion model of kinds of creative contributions*. New York, NY: Psychology Press.

Sternberg, R. J., & Lubart, T. I. (1992). Creativity: Its nature and assessment. *School Psychology International*, 13 (3), 243-253.

Sternberg, R. J., & Lubart, T. I. (1995). *Defying the crowd: Cultivating creativity in a culture of conformity*. New York: Free Press.

Straus, J. H., & Straus, M. A. (1968). Family roles and sex differences in creativity of children in Bombay and Minneapolis. *Journal of Marriage and Family*, 30, 46-53.

Tan, A. G. (2000). A review on the study of creativity in Singapore. *Journal of Creative Behavior*, 34 (4), 259-284.

Tan, A. G. (2001). Singaporean teachers' perception of activities useful for fostering creativity. *Journal of Creative Behavior*, 35 (2), 131-148.

Torrance, E. P. (1962). Cultural discontinuities and the development of originality of thinking. *Exceptional Children*, 29, 1-12.

Torrance, E. P. (1968). A longitudinal examination of the fourth-grade slump in creativity. *Gifted Child Quarterly*, 13 (3), 155-158.

Torrance, E. P. (1973). Cross-cultural studies of creative development in seven selected societies. *Educational Trends*, 8, 28-38.

Torrance, E. P. (1974). *Torrance tests of creative thinking: Norms-technical manual*. Lexington, MA: Ginn and Company.

Torrance, E. P. (1980). Lessons about giftedness and creativity from a nation of 115 million overachievers. *Gifted Child Quarterly*, 24 (1), 10-14.

Triandis, H. C. (1996). The psychological measurement of cultural syndromes. *American Psychologist*, 51 (4), 407-415.

54

Triandis, H. C, McCusker, C, Betancourt, H., Sumiko, I., Leung, K., Salazar, J. M., Setiadi, B., Sinha, J. B. P., Tozard, H. & Zaleski, Z. (1993). An etic-emic analysis of individualism and collectivism. *Journal of Cross-Cultural Psychology*, 24 (3), 366-383.

Verkasalo, M., Tuomivaara, P., & Lindeman, M. (1996). 15-year-old pupils' and their teachers' values, and their beliefs about the values of an ideal pupil. *Educational Psychology*, 16 (1), 35-47.

von Franz, M. L. (1995). *Creation myths* (Rev. ed.). Boston: Shambhala.

Wallach, M. and Kogan, N. (1965). *Modes of thinking in young children.* New York: Holt, Rinehart and Winston.

Weber, E. U., Hsee, C. K., & Sokolowska, J. (1998). What folklore tells us about risk and risk taking: Cross-cultural comparisons of American, German, and Chinese proverbs. *Organizational Behavior and Human Decision Processes*, 75 (2), 170-186.

Whitney, K., Sagrestano, L. M., & Maslach, C. (1994). Establishing the social impact of individuation. *Journal of Personality and Social Psychology*, 66 (6), 1140-1153.

Williams, J. E., Saiz, J. L., FormyDuval, D. L., Munick, M. L., Fogle, E. E, Adorn, A., Haque, A., Neto, R, & Yu, J. (1995). Cross-cultural variation in the importance of psychological characteristics: A seven-country study. *International Journal of Psychology*, 30 (5), 529-550.

Wonder, J., & Blake, J. (1992). Creativity East and West: Intuition vs. logic? *Journal of Creative Behavior*, 26 (3), 172-185.

Wu, J. J. (2001). *Enticing the crouching tiger and awakening the hidden dragon: Recognizing and nurturing creativity in Chinese students.* Paper presented at the Second International Symposium on Child Development, Hong Kong, on June 26-28, 2001.

第四章　中国人的创造力：超越西方的视野

胡慧思（Elisabeth Rudowicz）

香港城市大学应用社会科学系

🌐 1. 引言

　　无论何种社会、何种文化、何种时期，创造力都是人类在所有领域 **55** 获得进步的动力。作为全世界最古老的文明之一，中国文明因其哲学思想和发明（如纸、印刷术、地震仪、指南针、火药、丝绸等）而蜚声全球。除了这些过去的辉煌，当代中国对创造力也已进行了大量的研究和思考。中国在创造力概念化的研究过程中，有哪些能与西方分享？中国人的信念、价值观、社会活动与创造力发展之间能协调并存吗？中国人怎么评价创造力？

　　尽管有这些问题和猜想，但是几乎没有中国人运用实证研究来探索创造力。本章旨在回顾和综述该研究领域中已有的文献信息，相关资料将按照以下五个部分进行梳理：（a）作为个体和社会现象的创造力；（b）创造力的概念化过程；（c）创造力的价值和表达的领域；（d）社会活动和创造力的发展；（e）创造力发展的水平。

　　首先，我们需要阐明"华人"并不代表一个同质群体，华人社会也 **56** 不是一个静止不变的社会。居住在中国大陆、中国香港、中国台湾或者新加坡的大部分华人有着深厚的种族渊源、相同的文化根源和相似的社会习俗。但是，由于他们在历史和社会政治方面存在巨大差异，我们不能将其看成统一的整体。想要全面了解中国和中国人是极其困难的，这包括其悠久的历史、发明、独特的艺术、文学、诗歌以及他们对传统的极大尊重，等等。并且，随着世界经济文化的全球化进程加快以及中国同世界的融合，我们必须认识到，虽然"传统不易消失"（Y. H. Wu，1996，p. 16），在中国"过去的东西依旧明显"（Gardner，1989，p. 154），但是现代中国人的思维已不再由传统儒家思想占主导。因此建议广大读者在研读本章呈现的资料时，不要忽略中国历史、哲学和文化的复杂性、多样性，同时还应注意到当代中国现代化、全球化以及东西方相融合的发展趋势。

✪ 2. 创造力：个体和社会现象

长久以来，西方的非专业人士和心理学家都倾向于把创造力归因于个体性格而不是社会因素。因此，创造力研究主要集中于探索创造性个体的性格特征（Barron & Harrington，1981；Helsen，1996）、认知过程（Schooler & Melcher，1995；Sternberg，1998）和人的毕生发展（Gardner，1993；Simonton，1990，1991）等方面。这些研究方法有一个突出的共同特点，即是深度剖析一个创造性个体是如何形成的。这种把创造力归因于个人因素的观点在非西方社会并不常见，这些社会认为产生创造力的原因是精神或社会力量（Ludwig，1995）。

这种从个体出发的研究方法在西方已盛行 30 多年，A. 蒙托里和 R. E. 珀泽（1995）认为该方法阻碍了对创造力进程社会性质的探索。直到20 世纪 80 年代末到 90 年代初才明确地出现了创造力社会心理学。这种 **57** 新型框架成了创造力研究的重要突破口，使得研究人员着手从历史、社会文化因素去研究创造力表现。纵观人类文明的发展历史，这些因素有力地决定了"表现的内容是什么，由谁来表现，如何表现，该表现有何功能"以及"何种人才能担当起创造性角色"（Ludwig，1995，p. 413）。因此，这种基于社会学视角的创造力研究需要更多跨学科的、系统的、生态的以及具有文化敏感性的方法。

T. M. 阿马比尔（1990）、M. 奇克森特米哈伊（1988，1996，1999）、D. K. 西蒙顿（1996，1998）和 D. 哈林顿（1990）已经广泛地研究了创造力的社会性与互动性。现在人们已经普遍意识到，关于创造力的讨论需要在一定历史和社会文化背景下展开。W. A. 泰里夫（1995）曾使用一种民族心理学的方法去研究不同历史和文化时期创造力的发展，他认为某个特定社会是否存在长时期权力的分割对个体和社会层面的创造力都存在深远影响。如果一个社会由一个专制统一的政权长时期统治，那么该社会的个体和整体文明就会具有"孤立者（insulars）"的特征。而在多种政权并立的社会，个人和文明则具有"来访者（visitors）"的特征。W. A. 泰里夫（1995）认为，这两个新的概念十分有用，可帮助理解不同人群生活哲学的发展，这又与创造力的水平紧密相关。在过去许多世纪里，中国人和阿拉伯人都是"来访者"，当时其创造力水平非常高。近年来，由于政权的统一，中国人和阿拉伯人渐渐成了"孤立者"，这就导致了其创造力水平下降。而由于中世纪权力的争斗，西方文明则从"孤立者"的心态渐渐转变成了"来访者"心态。

作为对该新型社会研究方法的回应，20 世纪 80 年代末不同文化环境里出现了研究创造力概念化和创造力发展的热潮。大量的实证研究开始 **58** 兴起，内容涉及中国人创造力的探讨（Chan & Chan，1999；Jaquish & Ripple，1984-1985；Rudowicz，Cheung，& Hui，2001；Rudowicz & Hui，1995，1996，1997；Rudowicz，Hui，& Ku-Yu，1994；Rudowicz，Lok，& Kitto，1995；Rudowicz & Yue，2000），非洲裔美国人的文化（Baldwin，2001），非洲裔阿拉伯人的伊斯兰文化（Khaleefa，Erdos，& Ashria，1996a，1996b，1997），韩国文化（Farver，Kim，& Lee-Shin，2000；Lim & Plucker，2001），以及土耳其文化（Oner，2000）。这些研究表明关于创造力并没有一个普遍适用的概念。因此，我们应该将创造力的研究纳入个体变量与历史文化相互作用的整体环境中，从而全面地了解创造力。

3. 中国文化背景下的创造力概念化

创造力的概念化可分为外显和内隐两种。创造力的外显理论是由心理学家和其他社会科学家构建出的，其基础是能由实验验证的理论化假设。相反，内隐理论来自个体的观念系统，存在于个体的思想之中（Runco & Bahleda，1987），需要的是人们去揭示而不是创造。内隐理论帮助研究者系统阐述关于某个心理概念的普遍文化观点，以及明确某个社区居民对创造力的概念理解。人们用内隐理论来制定其判断和评估自己及他人行为的标准。内隐理论还为教育提供了基础（Runco，Johnson，& Bear，1993；Sternberg，Conway，Ketron，& Bernstein，1981），并可以揭示某个概念在外显理论里被忽视的方面。

3.1 中国创造力的外显概念

在北美涌现出了大量的不同理论，旨在明确地将创造力概念化：吉尔福德（1959）和托兰斯（1966）使用的是心理测量法，斯滕伯格（1988）、格策尔斯（1975）、韦斯伯格（1988）代表的是认知派观点，阿马比尔（1990）、奇克森特米哈伊（1988）和西蒙顿（1996，2000）则运用社会研究法。早期的研究中，人们假设这些西方创造力外显理论是普遍适用的，于是直接将其应用于中国文化环境中（Liu & Hsu，1974；Ripple，Jaquish，Lee，& Spinks，1983；Torrance，1981；Zhang，1985；Zheng & Xiao，1983）。然而，在 20 世纪 80 年代末，当创造力的社会心理方面的影响开始显现，研究人员才意识到这样一种创造力概念和测量方式的整体照搬可能会扭曲对中国创造力的理解。于是研究人员开始探索创造力概念的历史和本土根源，并将中国的创造力观念同北美和西方的观念相比较。根据这些对比得出的结果，R. P. 韦纳（2000）总结道："西方的创造力概念从印度和佛教的观点来看就显得怪异荒谬。"发明和创新、反抗传统、自我实现、看重个人成就、关注未来，这些几

59

乎已成为西方创造力的固有属性，而不难发现这些观念并不符合传统的中国标准，因为中国提倡尊重过去，保持同自然力量的和谐。

西方观点认为新颖和发明是创造力的特征，而中国传统教学并不这么认为，或者说看法不同。纵观中国哲学史，道家思想认为没有新的东西可创造，所以创造力就是去发现自然或顺应"道法"。因此，那些"妄想创造出新东西的人是生活在自我幻想世界里的"（Weiner，2000，p.160）。人类任何一种活动的终极目标就是达到与自然力量的和谐，这种力量比人类强大许多。道家和佛家认为，创造力就是受到启发从而对自然力量的模仿。人们需要创造力去发现与"道法"相契合的行为反应，并向他人展示其确实是在顺应"道法"（Weiner，2000）。根据中国普遍的观点，新产品（例如铜、雕塑、瓷器以及绘画）的产生是为了遵循"天和自然永恒的法则、祖先以及古老的文献"（Weiner，2000，p.178）。 ***60*** 这种对动机和创造力行为目标的看法同西方的大相径庭，自文艺复兴以来，内源性地追求新颖性是西方创造力的固有属性。

中国的发明从传统上理解即是对自然的模仿。鲁班或公输班（约公元前507—前444）是中国古代技艺最高超的建筑工匠，他发明了许多工具，比如木匠现在用的锯子和刨子、钻、墨斗、锉刀和铲子，他的故事也许就能说明上述观点。据传，为了修建一所宫殿，鲁班和他的学徒们去南山伐木。当时只能用斧子砍树，但那又累又慢。有一天，在去选木材的路上，鲁班的手被路边的野草划破了。他感到很迷惑，于是便开始仔细观察这些野草并发现了其两边长着锋利的小齿。这给了他灵感，于是造出了边缘呈锯齿状的铁片，这就是我们现在普遍使用的锯子的前身（Cheng，1997）。发明同时还意味着服务民众和保存过去。人们不会也不能认为发明创造是为了个人的自我满足或者对自我成就的颂扬。正如中国思想家墨翟（亦称墨子）在鲁班欣喜万分地向他展示其新发明（一只能扇动翅膀飞上青天的木质风筝）时说的那样："只有当你的发明有益于民众时它才能算是新颖精巧，否则你只能被视为愚蠢。"（Cheng，1997，p.94）

中国历史保持和尊重传统一直被视为中心目标。在儒家哲学思想中，对传统的崇敬十分明显。孔子曾说"述而不作，信而好古"（《论语·述而》，引用于 Weiner，2000，p. 175）。孔子还强调教学最重要的方法之一就是要"温故而知新"（《论语·为政》，引用于 Weiner，2000，p. 175）。因此，在孔子看来，对过去的学习是进行创造的必要前提，因为他认为创造的过程实际上就是循序渐进的学习过程。上述讨论所隐含的问题就是：中国这么一个极受传统约束的国家是如何创造出丰富灿烂的艺术、

61 诗歌、文学、音乐以及其他创造性作品的？值得注意的是，在中国，或者说更广泛一点，在远东的环境里，与创造力相悖的并不是传统而是欠缺思考的习惯和常规。在这里，创造力的表现形式可能是修正、改编、革新或者重新解释，这些被认为是智力和社会形式的改善，这样的改善能为文化以一种新的形式传承下去以适应社会的发展铺平道路（Rudowicz，2003）。这样的改善是可能的，因为虽然标准规范需保持一成不变，但是人们享有言行自由。因此，纵观大部分中国历史，尽管新的想法会带来一些改变，但是传统的延续和稳定依旧得以保持。

根据传统的中国观点，一个人不应因其创造出的东西而受到表扬，因为他并没有进行创造而只是跟随自然，发现已存在的事实。因此，根据传说，仓颉造字时"鬼为夜哭"，"使造化不能藏其秘"（Stonehill，2002）。圣人应该"处无为之事……万物作而弗始"或者"功成而弗居"（《道德经》，第二篇，引用于 Weiner，2000，p. 178）。这种无私的倾向可以部分解释为什么中国一些重要的经典著作没有作者署名，为什么中国人发明了印刷术却没有发展版权系统（Kuo，1996）。除此之外，中国的艺术和音乐作品常常是包含了许多人的创造性劳动，因此没有必要把作者一个个列出。即使是把个人单独列出，也并不招人喜欢，因为这会使其蒙羞和遭到蔑视（Weiner，2000）。即使当代的中国人也不喜欢表现出骄傲的情绪，除非这种骄傲是来自造福他人的成就（Russel & Yik，1996）。虽然许多宫殿、寺庙、花瓶、雕塑的作者都已无法考证，但是这并不影响其价值。

中国研究员和教育者倾向于将创造力与伦理道德标准相联系（Liu，Wang，& Liu，1997；W. T. Wu，1996），但西方创造力观念中并不存在这种倾向。创造力与道德之间的这种联系也许是因为中国人的观念认 **62** 为所有好的特质都是同时存在的（Gardner，1989），并且学习文学、诗歌和音乐能提高人的道德修为（Weiner，2000）。因此传统的中国圣人在拥有学问智慧的同时，也具备高尚的道德特质（Kuo，1996）。一份关于中国创造力发展的报告称：20世纪90年代，中国首推创新性教育时，便将其与道德教育、审美教育紧密联系在一起（Gao，2001），同时还强调："现代德育应将培养有道德的创新型人才作为目标之一"（p.56），美育则应该提高学生的智力与创新能力。H. 加德纳（1989）在其中国之行以后也得出了类似的结论：中国艺术非常强调真、善、美的统一。正确的即是美丽的，而错误的就是丑陋的。因此，中国的艺术教育不仅是为了培养技能，同时也是将艺术表现作为道德教育的一种形式。

知识有两种形式：直觉知识和逻辑知识。中国和西方研究员用该理论将创造力概念化中的变量进行分类。根据贝内代托·克罗切的哲学观点，J. 旺德和J. 布莱克（1992）提出东方更易使用直觉方法看待创造力而西方则是逻辑方法。假设创造力就是为现有的数据库增添新的东西或者将现有的东西从数据库中删除，那么东方就更注重内部和睦，倾向于学习数据库即文化中已有的经验，不太可能去获得新信息或者用新信息来推动创造性进程。因此，东方就更愿意去重新安排或稍微改变现有的知识或经验，而不是进行彻底的改变或重新定义。东方创造力观点更强调内心的体验和通过艰苦的训练来掌握、完善技能。相反，西方则倾向于外在的进步和解决问题的正确方法，更强调提高创造力的方法。西方思维看重逻辑性，强调根据现有的法则将万事万物和谐地组织起来。不论直觉方法和逻辑方法之间有何不同，两者都不能涵盖所有情况，也不存在哪一种比另一种更具有创造性。每一种方法都为创造提供了空间 **63** 但同时也都不可避免地限制了创造力的表达。

3.2　中国创造力的内隐概念

研究创造力内隐理论的目的是重新构建人们思维里已存在的观念而不是根据假设来构建理论。西方大多数探讨创造力内隐概念的实证研究都集中于创造性个体的性格特征或者创造力的概念化（Fryer & Collings，1991；Runco，1987；Runco & Bahleda，1987；Runco et al，1993；Sternberg，1985；Westby & Dawson，1995）。在概念方面，R. J. 斯滕伯格发现创造力内隐概念与智力内隐概念既有重合点又有不同点。他进一步发现创造力概念中，少有强调分析能力而更多的是关注审美品位、想象力、求知欲和直觉。

西方内隐理论中关于创造性个体的描述可以分为动机性特质、性格特质以及认知特质。大量的研究表明最明显的动机性特质有：活力、积极主动、动机明确、敢于表明立场、求知欲强、兴奋、冲动、好奇、大胆、激进、自信、有决心、有热情（Runco & Bahleda 1987；Runco et al，1993；Sternberg，1985；Westby & Dawson，1995）。R. J. 斯滕伯格的研究表明认知特质包括联系和区分想法同客体的能力、认识了解环境的能力、掌握抽象观点的能力、高智商、勤于思考、重视想法，以及用新方法去看待旧观念旧理论的能力。参与了M. A. 伦科和M. D. 巴赫勒达研究的心理学本科生和艺术家认为一个创造性人才的认知特质包括思想开明、聪明、具有逻辑实验能力和问题解决技能。M. A. 伦科等人（1993）调查研究发现，家长和老师的创造力内隐理论中也有认知特质。这些特质包括思维清晰、聪明、理解能力强、有才能、富有想象力、有创造力、好问。根据R. J. 斯滕伯格的研究对象的表现，创造力内隐概念中最明显的性格特征有自由的精神、非常规性、非传统性、敢于质问社会规范和观念、富有艺术鉴赏力、较高的审美能力以及幽默感，然而M. A. 伦科和他的同事（Runco，1987；Runco & Bahleda，1987；Runco et al.，1993）认为应是原创性、幽默、有耐心、有悟性、富有冒险精神、有艺术感、果断、自信、大胆、个人主义和积极进取。

研究中国人的创造力内隐概念的实证研究最近才在香港公众中展开（Hui & Rudowicz，1997；Rudowicz & Hui，1995，1996，1997，1998），实验对象包括香港教师（Chan & Chan，1999；Lam，1996）和香港、台湾以及大陆的学生（Rudowicz & Yue，2000；Rudowicz & Yue，2002；Yue & Rudowicz，2002）。研究结果表明尽管西方和中国的创造力内隐概念之间存在着诸多相似之处，但同时也有许多值得注意的差异。

在胡慧思和 Hui（1998）的研究中，面对"什么是创造力"的问题，香港公众将创造力描述为"新的东西"、"以前没有的东西"。这样的描述适用于类似"想法"这样的抽象概念，也适用于一个具体的"可以被计算、感知、看见"的产品。民众对于"新的东西"所使用的修饰词显现出了唯一性（"前所未有的"、"非同寻常的"）和革新性（"设计"、"发明"、"发展"）。该发现与 F. 巴伦（1988）的结论一致，他认为在涉及创造力内隐概念的西方文学中，创造力就是把"新的或唯一的东西"创造出来，这与起源于道家和儒家的中国创造力外显概念有所差别。

由于创造常常与导致改变、进步或提高的"破坏"同时出现，因此香港大众把"改变"和"突破"也归于其创造力概念之中。除此之外，他们还把创造力同思考、智慧、直觉、独立（"不从众"、"自由驰骋"）、权力、精力和人类的潜能联系起来。因此，当被要求描述一个创造性人才时，大部分人都提到以下特质：灵敏，有想象力，有创意，独立，杰 **65** 出，聪明，精力充沛，大胆，善于思考，反应敏捷（Rudowicz & Hui，1997）。同样地，香港、台湾、北京和广州的大学生认为最能代表创造力的特质有：创新，较强的观察力，善于思考，灵活性，有创意，敢于尝试（Rudowicz & Yue，2000）。中国创造力内隐概念的这些基本特质与由斯滕伯格（1985）和伦科（1987）提出的西方内隐概念高度吻合，与源于传统中国观念的中国创造力外显概念相悖，这点我们已在前面的章节进行了讨论。

如果用探索性主成分因子分析来研究中国人创造力内隐概念研究中

出现的特质（Rudowicz & Hui，1997；Rudowicz & Yue，2000），那么，同西方的概念一样，也可分为认知特质、动机性特质和性格特质。认知特质包括聪明、有才华、善于思考、反应迅速、有智慧。最明显的动机性特质包括精力充沛、敢于尝试、自信、动作迅速，其他的性格特质包括大胆、勇敢、创新、善于观察、独立、有想象力和好奇心。

　　尽管西方和中国的创造力内隐概念有诸多相似，且对创造性人才特质的描述也颇为雷同，但两者之间的差异仍值得关注。有三种创造力特质是只出现在中国概念里的。它们是香港大众的一种集体主义倾向，包括以下特质："为社会进步、提高和完善作出贡献"、"激励人们"和"受到别人赏识"（Rudowicz & Hui，1997）。而一些在西方创造力内隐概念里很明显的特质中国概念里却没有。首先，在中国的概念里，一个创造性人才应具备的能力里就没有对美的鉴赏力，比如"审美品位"（Sternberg，1985）。此外，"具有艺术气质"也并不是创造力的一个硬性指标
66（Rudowicz & Yue，2000）。其次，西方创造力内隐（Runco，1987；Sternberg，1985）和外显概念（Cropley，1992；Hocevar & Bachelor，1989）中常常提到的"幽默"或者"幽默感"也被认为不必要（Rudowicz & Hui，1997，1998）或者与创造力的关系甚微（Rudowicz & Yue，2000）。

　　一份有关香港教师的创造力内隐概念研究表明，西方普遍认同的"幽默"在此却不被看重（Chan & Chan，1999；Lam，1996）。使用传统教学方法的教师认为幽默感是一个优秀学生所具备的最没有价值的特质之一（Lam，1996）。并且，只有12.7%的小学教师和7.1%的中学教师认为艺术气质是一个创造性人才的特质（Chan & Chan，1999）。使用传统教学方法和基于活动教学方法的教师分别把艺术气质排在创造性学生应具备的特质名单上的最后和倒数第二的位置（Lam，1996）。此外，Chan和Chan（1999）发现，相较于伦科（1993）等人研究中的北美教师，香港教师指出了更多的创造性学生不受欢迎的特质。

　　许多台湾和大陆研究者（Gao，2001；Liu et al.，1997；W. T.

Wu，1996）认为伦理道德标准是中国创造力外显概念的一部分，但这些标准并不是创造力内隐概念的重要组成部分。在胡慧思和岳晓东（2000）的研究中，中国大陆、香港和台湾的大学本科生并不认为诸如"诚实"、"负责"等人类行为的伦理道德标准是创造力的重要组成部分。此外，在Chan 和 Chan（1999）及 Lam（1996）的研究中，教师也不认为与伦理道德标准相关的任何特质是一个创造性学生的必备特质。但是，他们认为"诚实"、"负责"、"自律"、"无私"和"尊敬父母"是一个优秀学生的至关重要的品德（Lam，1996）。同样地，胡慧思和岳晓东（2000）研究中的中国大学生认为一个中国人最重要的五种特质是："孝敬父母"、"负责"、"勤奋"、"健康"和"诚实"。似乎香港教师和中国大陆、香港、台湾的大学生对于一个创造性学生或人才的看法同一个优秀学生或者模范中国人的看法有明显差异。

中西方创造力内隐概念中这些已观察到的差异不容忽视。它们验证 **67** 了对创造力进行跨文化实证研究的重要性，如此才能将普遍适用规律同文化特定现象区别开来。此类探索还可能会影响创造力测试的使用和解读，以及在中国文化背景下如何评估、使用和提高创造力。由于该领域现有的研究较为匮乏，所以需要更多系统的实证性研究来阐明上述问题。

🔄 4. 创造力的价值与中国人创造力表达的领域

文化和社会历史背景不仅影响创造力的概念化，还影响人们对创造性行为价值和创造力表达领域的态度。历史上的各种文化研究表明，社会通常不鼓励用创造力来选拔个体和团队（Ludwig，1992；Weiner，2000）。事实确实如此，因为在每个文化中，哪怕是最进步的文化，人们都或多或少地被禁锢在一系列复杂的人际关系和传统之中。创造力也许会对这样的关系和行为造成威胁。因此，无论现代还是古代，在任何一个社会里，创造力都与周围环境存在固有冲突或分歧。

在传统的文化和社会，比如中国古代，统治者使用一套十分严格的筛选机制来挑选从事公务活动和学术活动的人员。这精挑细选出来的一小群人被赋予极大的文化和政治自由，且他们应确保新思想的引入或事物的革新变化是在传统风俗和信仰得以严密保护的网络中进行的。正如 Okazuki（1968，引用于 Weiner，2000）所说："纵观大部分的中国历史，大多数的工匠都是由国家供养，实业和技艺也均由中央政府官员掌控。"（p. 177）

68 中国香港和大陆的教育工作者表面上都强调创造力及其发展的重要性（Rudowicz，Kitto，& Lok，1994），但实际上，他们缺乏能够培养创造力的教学方法。学校实际强调的仍然是逻辑性和记忆，其目的似乎就是为了让学生准备应付无数的测试和考试。因此，人们认为学校就是让学生靠死记硬背和齐声背诵来学习，而不是快乐地学习（Y. H. Wu，1996）。此外，由于教师普遍缺乏适当的创造力教学技巧和方法的培训，因此他们"用晦涩难懂的教材去填满学生"，"没有给学生的创造力和自我表达留下空间"（Y. H. Wu，1996，p. 15）。并且迄今为止，教育的创造力也没有被完全纳入教师的培训之中（Cheng，2001）。因此，Chan（1997）指出：为了最大程度发展孩子们的创造力，迎接新时代的挑战，改变华人社会的教育系统是一项迫在眉睫的任务。政策制定者就创造力的重要性做出的正式宣言和学校实践之间存在着差异，这种现象并不仅限于华人社会。一些欧洲和南美国家的研究员及教育家也表示了同样的担忧（Rudowicz，2003）。

创造性行为在哪些领域是可接受的甚至是被高度赞扬的呢？每种文化在特定的社会、特定的历史时期都有自己的定义（Lubart，1999；Weiner，2000）。即使是最专制的政府也能允许或者促进某些领域的创造力。R. P. 韦纳（2000）指出，美国的科学家、艺术家、学者和商人认为，如果政府和企业界同意他们的工作是具有政治或者商业价值的，那**69** 么他们的工作获得全力支持的可能性就更大。T. I. 吕巴尔（1990）认为在美国，科学和问题解决领域的创造力获得的鼓励比政治和经济理论领域的更多。

文化也决定了哪些人类活动领域是创造力的表达。同北美人恰恰相反，香港人将政治和经济的成就视作创造性成就，而审美和艺术上的成就则不然。在胡慧思和 Hui（1998）的调查中，被访者认为最具有创造性的香港人是商人、政治家和时装设计师，接着是电影导演、演员、流行歌手和建筑家，少有人提及作家、艺术家和科学家。中国大陆、香港和台湾的大学生常常把政治和科学上的成就与创造力联系起来。当被要求说出最具创造力的中国人时，他们选择的是政治家、科学家、古代或现代的发明家，而鲜有提到艺术家、作家和作曲家（Yue & Rudowicz，2002）。似乎中国人更关心的是创造者的社会影响力、地位、名誉、领袖魅力和对社会的贡献而不是对文化的贡献。实际上，这种想法可追溯到中国的神话，神话传说中的领袖同时也是伟大的发明家。比如，黄帝和他的朝臣们制定了天文历法，绘制了第一份日历，确立了长度、重量和 **70**
质量的测量标准，建立了经典的中国医学，发明了船、车和笛子，因此受到万世颂扬（*Huang Di，the Emperor*，2002）。

　　中国学生对有所成就的创造者的看法与英国学生大相径庭。C. D. 史密斯和 L. 赖特（2000）的研究数据表明，英国中央兰开夏大学的学生将在艺术、古典音乐、科学和哲学上有所建树的人视为伟大的创造者，因为他们为文化作出了创造性和长久的贡献。

◉ 5. 中国的社会化目标和实践以及创造力发展

　　社会化实践反映了文化的价值和观念，这些实践是文化中最持久稳固的一部分。中国体系完善、契合文化背景的教育子女的方法在中国文明社会的延续尤其明显，其历史可追溯到几千年前。因此，尽管身处不同的地方，所处的社会政治制度也存在差异，当代中国大陆、中国台湾、中国香港、新加坡和北美的华人在抚养子女的价值观和方法上仍然有诸多相似。Ho（1986，1994a）、Y. H. Wu（1996）、Gow、巴拉、肯博和 Hau（1996）回顾总结了在各个华人社会进行的研究，得出了广泛的实证证据来支持以上论断。

文化背景相同的人世界观也相似。世界观是指"个体对其世界构造的预设和假定"以及"其和自然、他人的关系"（Sodowsky, Maguire, Johnson, Ngumba, & Kohles, 1994, p. 309）。中国人的世界观反映了东方文化的价值，即强烈的集体主义导向和个体之间的相互依赖，然而西方人则十分重视个人主义和个体的独立。大量的实证表明教育子女的方法反映了人的价值观和世界观，影响着创造力的发展。

71 　　具有严格限制个人自由、不允许背离传统、坚持循规蹈矩和集体和谐等特点的子女教育观念似乎会阻碍创造力（Gardner & Moran, 1997；Ho, 1994a；Khaleefa, Erdos, & Ashria, 1996a；Lubart, 1999；Ng, 2001；Niu & Sternberg, 2001）。由于地域的限制，我们无法了解中国人社会化的具体实践活动，因此我们将优先注意最能影响创造力发展的子女教育实践活动。这包括训练孩子顺从、合作、妥协、互相依赖、控制冲动、承担社会义务、为集体作出牺牲，而对独立、自主、果断和创造力的强调相对较少（Ng, 2001；Y H. Wu, 1996）。中国文化中社会化的一个方面就是互相依赖和子女孝顺。这就意味着孩子需顺从、有责任感、懂得让步和依靠集体，同时还需避免任何令家人失望或为家庭带来耻辱的行为。在训练一个听话和孝顺的孩子方面，中国台湾、中国香港、中国大陆和美国的中国家长比美国的家长更严格和专制，因为他们相信纪律严明的教育能帮助培养出孝顺的孩子（Ho, 1986；Y. H. Wu, 1996）。此外，相较于西方家长，他们给予孩子更少的自主权和独立空间，这种情况在孩子长大了以后也依然如此。这种训练的结果就是孩子越来越遵守集体的规章制度，关心社会的和谐而不在乎他们真实的感受、意见或者愿望的表达。他们会倾向于把集体利益置于个人关切之上，强调他人感受，以及在制定和实现目标时表现出自制力（Ho, 1986；Ng, 2001；Rudowicz, Kitto, & Lok, 1994）。相反，美国的儿童则从一开始就被鼓励去让自己不同于他人，靠自己的双脚站立。于是，孩子们就把自己看作是独一无二的个体，有独特的想法和感受。西方的家长甚至会同意非常年幼的孩子去独立解决问题。相反，中国的家长会仔细指导孩子使用正确的方法解决问题。因此，中国教育的导向是按模式去塑造人而不是让其发展个性（Gardner，1989）。

这种社会化目标和实践让人们认为中国学生不愿违背常规行为，其 **72** 自身的表达和自我实现受到阻碍（Chu，1975；Ng，2001）。这将会影响到他们创造力表达的能力或者让"亚洲人，相对于西方人而言，更难使用创造性方式去思考、感受和做事"（Ng，2001，p. xiii）。

中国社会化实践的另外一个突出特征就是冲动控制。父母从小就给孩子灌输要自我控制面部表情、感受、想法和行为（Ho，1986）。他们阻止孩子独立、探索、冒险或者危险的行为。冲动控制的功能之一就是能够维护孝道和保留对权威及传统的尊重（Y. H. Wu，1996）。该观点在 Ho 和 Kang（1984，引用于 Ho，1986）的研究中得到了肯定，研究还表明，越是阻止孩子表达意见和提倡自我约束的社会越容易培养出孝顺的子女。通过另一个在中国成人和大学、中学学生之间开展的实证研究，Ho（1994b）发现孝顺与强调冲动控制、顺从、对父母感恩和得体行为的育儿态度适度相关。此外，在中国台湾和新加坡家长中开展的大规模调查表明这些父母不接受孩子坚定自信的行为，因为该行为可能会破坏和谐以及父母与子女之间融洽的关系（Y. H. Wu，1996）。相反，西方社会化实践则旨在增强儿童征服外在世界的信心，并且强调儿童自我看法、观点和创造力的表达。这种对独立和自我依靠的强调使得西方人更容易拥有类似自豪、喜悦、愤怒和悲伤等自我关注的情感体验（Ng，2001；Russell & Yik，1996）。

中国传统的教育目标和实践使得儿童养成顺从和墨守成规的习惯，这些习惯并不适合创造力表达以及冒险行为（Chu，1974；Ho，1986，1994a；Liu，1990）。因此，常常有文章猜测中国儿童话语更少，在文字表达和构思流畅度测试中将会比西方儿童得分低。而这样的担忧在一些 **73** 有中国人参与的跨文化实证研究中已经得以证实（Jaquish & Ripple，1984-1985；Kitto，Lok，& Rudowicz，1994；Ripple，Jaquish，Lee，& Chan，1982；Rudowicz et al.，1995）。

中国社会化另外一个方面是有关于知识获得的方法。传统的中国方法是在权威学术或者传统中寻找新知识，然后急切渴望地学习这些知识。学习过程中最重要的就是勤奋和记忆。正如 M. H. 邦德（1991）所说，在中国传统里，"能记住经典著作的人就是受过教育的人"以及"记忆的训练造就了文明的人"（p. 29）。因此，即使是在今天的中国学校，强调的重点仍是建立在记忆上的方法和以教师为中心的学习。在学校，教师是监管者，他们的角色是指导、控制和向学生传授过去积累的知识。学生在任何情况下都需要尊重和顺从教师。这种教育方法在学生对教育目的的看法中得以反映。参与 Lau、J. G. 尼科尔斯、T. A. 托希尔德森、M. 帕塔什尼克（2000）研究的中国高中学生认为教育的主要目的是教会他们如何面对挑战、作出牺牲、尊重权威、为他们挣钱和赢得尊重作好准备。相反，美国的高中生则认为学校应该教会他们理解科学、批判地思考、对社会有用以及以家庭为先。

此外，一些实证表明即使是大学生也不会质疑教师。据 Gow 等报道，贝拉、斯托克斯和斯坦福（1991，引用于 Gow et al.，1996）对中国香港六个不同学科的学生进行了纵向研究并得出数据，这些数据表明"顺从权威"和"保全面子"存在于所有大学的各种院系。学生表现出强烈的寻求教师赞同和肯定的倾向以及十分重视"什么应该被复制"。同样地，牛卫华和斯滕伯格（2001）对美国和中国大学生的研究表明，中国学生艺术创造力有赖教师明确地指导如何获得创造力。如果缺少这样的指导，创造力的水平也就随之下降。

74　　因此，有观点认为传统的中国教学环境不利于培养创造力。创造力需要的是鼓励和独立探索的空间，教师应当允许学生在解决问题的过程中偶尔犯错。而这些条件在美国的教育系统中更加成熟普遍。

6. 中国人创造力发展的水平

人们开展了一些研究，尝试调查探索中国人和西方人创造力发展中的差异，所用的研究方法有发散思维测试，比如"声音和图像法"（Jaquish & Ripple，1984，1984－1985）、托兰斯创造性思维测试法（TTCT）（Chu，1974；Rudowicz et al.，1995；Wang & Chu，1975）、沃勒克－科根测试法（Chan，Cheung，Lau，Wu，Kwong，& Li，2001）、行为测试法（Kitto et al.，1994）、创造性思维绘图厄本测试法（Jellen & Urban，1989；Rudowicz et al.，2001），和创造性产品社会验证法（Niu & Sternberg，2001）。尽管这些研究运用的发散思维测试都翻译成了中文，但是其理论基础还是西方的创造力观点。如前所述，有证据表明中国人与西方人的创造力观点不尽相同。因此，在看待本章所陈述的比较性研究时，我们应意识到这样的局限性。尽管本章对跨文化研究的结果作出的简短评述存在不足，但是正如哈里森所说："即使是不完美的数据也胜过完美的猜测。"（Ripple，1983，p.20）

发散思维测试法得出的对比数据进一步指出了中西方实验对象的异同。在多数案例中，中国人和西方人发散思维的发展模式相似，并且两者测试分数都不足以说明性别上存在明显差异。而与发散思维相关的某些特征发展水平却有所差异，例如流畅性、灵活性和独创性。此外，中西方实验对象在语言和图像测试中的表现也有所不同。

G. A. 雅基什和R. 里普尔（1985）收集的数据来自从 9 岁到 60 岁 **75** 美国和中国香港的参与者。他们使用的听觉测试同 B. F. 坎宁顿和托兰斯（1965）的声音图像测试在概念上相似。在测试中，熟悉和抽象的声音都被作为"刺激"播放，参与者根据听到的四组声音写下答案，研究者根据参与者答案的流畅性、灵活性和独创性评分。中国人和美国人在独创性的发展上表现出最大的相似。两组的独创性得分都是从童年到青年（9－25 岁）呈线性上升，并且各年龄层得分中西方差异最小。测试分数表明中国人的流畅性和灵活性得分随着童年到青春期的成长而上升。对美国和南非的实验也观察到同样的趋势。然而，青春期以后，中国人的流畅性和灵活性分数随着年龄的增长（一直到 60 岁）呈线性下降，但美国调查对象中得分最高的却是中年人（40 岁到 60 岁）。研究人员还用多元方差分析法测试了各年龄组数据是否存在性别差异，结果没有统计指标证实来自两个文化的实验数据有性别上的显著差异。该调查显示出最大的系统性差异就是所有年龄组在三种发散思维能力的得分上美国人都高于中国人。调查者也在寻求发散思维得分差异的合理解释，这包括文化差异、社会化及教育实践的差异。

G. A. 雅基什和 R. 里普尔（1985）宣称美国调查对象在发散思维测试中的表现优于其他调查者，此观点得到了 H. G. 耶伦和 K. K. 厄本（1989）的支持，他们运用自己建构的"创造性思维绘图测试法"（TCT－DP）对来自 11 个国家的 50 名左右学龄儿童进行了研究。结果显示，英国、德国和美国儿童测试的总分高于中国儿童。

然而其他实证研究所得并不完全支持上述研究结果。一些调查者发现不同文化背景的实验对象发散思维得分的某些差异是由测试的标准和任务本身所造成的。在胡慧思等人（1995）的研究中，相较于美国儿童，中国香港儿童在托兰斯创造性思维测试的图像测试中得分较高，但语言测试得分却较低。在 Chu（1974）的研究中，中国台湾的学龄前儿童在"使用和图像建构测试"中，相较于同龄的美国儿童，其流畅性较高而独特性较低。相反，中国台湾大学生的流畅性得分低于加拿大大学生，该流畅性是根据其在头脑风暴会议中提出的想法来进行测量的（Ho，1999）。然而，前者想法的独创性却高于后者。Chu（1974）同时还发现在流畅性上男生的表现优于女生，以及社会背景对儿童发散思维的影响大于其文化背景。Chan 等人（2001）对中国香港小学低年级儿童的研究发现男生在语言测试中思维的流畅性也高于女生。他们还发现中国香港儿童在沃勒克-科根测试的语言和图像任务中所得的分数比原始的沃勒克-科根研究中的美国五年级儿童的得分更理想。在 Chan 的研究中，中国香港儿童在语言任务中产出的想法为 9—20 个，图像任务中为 13—15 个，而美国儿童产出的想法分别为 5—11 个和 4—5 个。

也许有很多理由可以去解释为何文化间及文化内的创造力表现上存在差异和矛盾。测试使用的工具不同以及研究之间的时间间隔或许就是其中一个理由。一些数据甚至是在差不多 20 年前得出的。由此导致了测试对象生活在不同的历史、文化、社会和科技时代。此外，使用一个文化的标准去评估另一个文化，这似乎也带有偏见。要想获得更可靠的对比数据，我们就需要跨文化地进行共同努力、协作研究。

最近出现了一些旨在探索艺术创造力文化影响的研究。Li（1997）比较了传统中国水墨画和现代西方绘画的差异。Li 认为西方绘画受"横向 **77**域"的影响，而中国画则是"纵向域"。因此，西方画家可在各维度进行新颖的表达，然而，中国画家则会保持该领域最基本的元素不变，同时在其他维度进行改变，但这些改变需要以那些稳定不变的元素为中心。

域的纵向和横向同时也影响着画家的表达方式、所使用的材料和工具以及判断其艺术表现力的标准。牛卫华与 R. J. 斯滕伯格（2001）对耶鲁和北京大学学生的研究也探讨了文化对艺术创造性表达和艺术创造力判断标准的影响。根据 T. M. 阿马比尔和 T. B. 沃德的研究，牛卫华与 R. J. 斯滕伯格要求学生制作剪贴画和画出外星人来评估其艺术创造力。该研究得出了许多有趣的结果。第一，美国学生的剪贴画和图画比中国学生的更有艺术创造力和审美价值。调查者称，因为两组测试者之前都没有受过正规的艺术训练，因此调查结果能够反映测试者艺术能力的差异。第二，相较于中国学生，美国学生更少地受限于任务的规则和条件，更加自发地去打破这些束缚。因此，研究者猜测，同美国学生比较而言，中国学生可以从直接的创造力指导中受益更多。第三，研究人员发现中国评委在评判艺术作品时比美国裁判表现出更大的一致性，这可能是因为前者反映的是集体文化，而这种文化要避免强调个体差异。第四，中国评委给出的分数平均高于美国裁判。这可能是因为美国评委使用的评判标准与中国评委不同。

7. 总结

本综述在比较中西方文化、社会的基础上，回顾了两者在创造力概

78 念化、表达和发展上的差异。但是，我们应该注意，无论是华人社会还是西方社会都不是一个完全同质的社会。由于文化内的变动和社会历史的变化，不同文化间甚至是某一文化内创造力表达的差异和机会都不可能均匀分布。正如一些创造力研究者（Khaleefa et al., 1997；Mar'i & Karayanni, 1983）所说，创造力发展中的差异更多的归因于西方化和现代化进程中的差异而不是文化本身。

通过以上的文献回顾与讨论，总结几点突出的调研结果：第一，毫无疑问，创造力存在普遍适用的方面，但是某些创造力概念化和表达的元素为中国文化所独有。第二，一个特定社会也许在某个社会政治和历史时期显示出创造力的极大繁荣，但是却在另外的时期表现出衰退。在中国和西方文明发展史中都可以发现创造力的繁荣与萧条。第三，虽然中国文化（由价值系统、社会化实践和教育来反映）对个体创造力的概念化和表达有着深远的影响，但是文化因素和创造力之间的关系远比这复杂。因此，关于该关系的一个结论性证据还有待提出。第四，旨在理解中国本土系统的创造力研究遭受了文化偏见，该偏见是由于中国没有一个完备的本土心理学系统来让我们理解创造力及其复杂性。由于创造力与认知、情感、动机、生物心理和社会过程是不可分割的，因此关于这些过程的本土理论对于理解中国社会的创造力至关重要。第五，通过西方创造力测试收集到的数据有效性受到严重质疑，因为，正如前所述，创造力数据要受到多种社会文化因素的影响。创造力测试应与在某一文化中发挥功能的创造力概念相联系，与该文化的评定标准相联系。但是因为各组没有一个相同的参数，这样就会导致对比不同文化的创造力分数非常困难。因此，使用相同的关键任务，并附加上文化的特定任务，这

79 样的创造力测试似乎更为合适。第六，中国社会并不像世界之前看到的那样对现代化和全球化免疫。正如中国当代最伟大的艺术家之一吴冠中说的："今天的中国人和外国人之间存在着距离，但是今天的中国人和古代的中国人之间的距离更大。前者的距离可以随着时间缩小，但是后者的距离却越来越大。"（"Direction Unknown", Hong Kong Arts Museum, May 2002)

参考文献

Amabile，T. M. （1982）. Social psychology of creativity：A consensual assessment technique. *Journal of Personality and Social Psychology*，43，997-1013.

Amabile，T. M. （1990）. Within you，without you：The social psychology of creativity and beyond. In M. A. Runco & R. S. Albert （Eds.），*Theories of Creativity* （pp. 61-91）. Newbury Park：Sage Publication.

Baldwin，A. Y. （2001）. Understanding the challenge of creativity among African Americans. *Journal of Secondary Gifted Education*，12 （3），121-125.

Barron，F. （1988）. Putting creativity to work. In R. J. Sternberg （Ed.），*The nature of creativity* （pp. 76-98）. Cambridge：Cambridge University Press.

Barron，F.，& Harrington，D. M. （1981）. Creativity，intelligence and personality. *Annual Review Psychology*，32，439-476.

Bond，M. H. （1991）. *Beyond the Chinese face*. Hong Kong：Oxford University Press.

Chan，D. W.，& Chan，L. （1999）. Implicit theories of creativity：Teachers' perception of student characteristics in Hong Kong. *Creativity Research Journal*，12 （3），185-195.

Chan，D. W.，Cheung，P. C，Lau，S.，Wu，W. Y. H.，Kwong，J. M. L.，& Li，W. L. （2001）. Assessing ideational fluency in primary students in Hong Kong. *Creativity Research Journal*，13 （3 & 4），359-365.

Chan，J. （1997）. Creativity in the Chinese culture. In R. L. J. Chan & J. Spinks （Eds.），*Maximizing potential：Lengthening and strengthening our stride. Proceedings of the 11th World Conference on Gifted and Talented Children* （pp. 212-218）. Hong Kong：Social Sciences Research Centre，The University of Hong Kong.

Chan，S. （1999）. The Chinese learner：A question of style. *Education and Training*，41 （6 & 7）.

Cheng，M. （1997）. *The origin of Chinese deities*. Beijing：Foreign Language Press.

Cheng，M. Y. V. （2001）. *Creativity in teaching：Conceptualization，assessment* **80** *and resources*. Unpublished Ph. D. thesis，Hong Kong Baptist University，

Hong Kong.

Chu, C. P. (1974). Parental attitudes in relations to young children's creativity: Cross cultural comparison. *Acta Psychologica Taiwanica*, 16, 53-72.

Chu, C. P. (1975). The development of differential cognitive abilities in relation to children' perceptions of their parents. *Acta Psychologica Taiwanica*, 17, 47-62.

Cropley, A. J. (1992). *More ways than one: Fostering creativity*. NJ: Ablex Publishing.

Csikszentmihalyi, M. (1988). Society, culture, and person: A system's view of creativity. In R. J. Sternberg (Ed.), *The nature of creativity* (pp. 76-98). New York: Cambridge University Press.

Csikszentmihalyi, M. (1996). *Creativity: Flow and the psychology of discovery and invention*. New York: Harper Collins Publishers.

Csikszentmihalyi, M. (1999). Implications of a systems perspectives for the study of creativity. In R. J. Sternberg (Ed.), *Handbook of creativity* (pp. 313-335). New York: Cambridge University Press.

Cunningham, B. F., & Torrance, E. P. (1965). *Sounds and images*. Lexington, MA: Ginn.

Farver, J. A. M., Kim, Y. K., & Lee-Shin, Y. (2000). Within cultural differences: Examining individual differences in Korean American and European American preschoolers' social pretend play. *Journal of Cross-Cultural Psychology*, 31 (5), 583-602.

Feldman, S. S., & Rosenthal, D. A. (1991). Age expectations of behavioral autonomy in Hong Kong, Australian, and American youth: The influence of family variables and adolescents' values. *International Journal of Psychology*, 21 (1), 1-23.

Fryer, M., & Collings, J. A. (1991). British teachers views of creativity. *Journal of Creative Behavior*, 25, 75-81.

Gao, M. (2001). Chinese insights to creativity. In M. I. Stein (Ed.), *Creativity's global correspondents* (pp. 50-59). New York: Winslow Press.

Gardner, H. (1989). The key in the slot: Creativity and a Chinese key. *Journal of*

Aesthetic Education，23（1），141-158.

Gardner，H.（1993）. *Creating minds: An anatomy of creativity seen through the lives of Freud, Einstein, Picasso, Stravinsky, Eliot, Graham, and Gandhi.* New York: Basic Books.

Gardner，K.，& Moran，J. D.（1997）. Family adaptability, cohesion, and creativity. In M. A. Runco & R. Richards（Eds.），*Eminent creativity, everyday creativity, and health*（pp. 325-332）. Greenwich，CT: Ablex.

Getzels，J. W.（1975）. Problem-finding and the inventiveness of solutions. *Journal Creative Behavior*，9，12-18. **81**

Gow，L.，Balla，J.，Kember，D.，& Hau，K. T.（1996）. The learning approaches of Chinese people: A function of socialization processes and the context of learning. In M. H. Bond（Ed.），*The handbook of Chinese people*（pp. 109-123）. Hong Kong: Oxford University Press.

Guilford，J. P.（1959）. Three faces of intellect. American Psychologist，14，469-479.

Harrington，D.（1990）. The ecology of human creativity: A psychological perspective. In M. A. Runco & R. S. Albert（Eds.），*Theories of creativity*（pp. 143-169）. Newbury Park，London: Sage Publications.

Helsen，R.（1996）. In search of the creative personality. *Creativity Research Journal*，9（4），295-306.

Ho，D. Y. F.（1986）. Chinese patterns of socialization: A critical review. In M. H. Bond（Ed.），*The psychology of the Chinese people*（pp. 1-37）. Hong Kong: Oxford University Press.

Ho，D. Y. F.（1994a）. Cognitive socialization in Confucian heritage cultures. In P. M. Greenfield & R. R. Cocking（Eds.），*Cross-cultural roots of minority child development*（pp. 285-313）. Hillsdale，N. J.: Erlbaum Associates.

Ho，D. Y. F.（1994b）. Filial piety, authoritarian moralism, and cognitive conservatism in Chinese societies. *Genetic, Social and General Psychology Monographs*，120（3），347-365.

Ho，L.（1999）. *The effects of individualism-collectivism on brainstorming: A comparison of Canadian and Taiwanese samples.* Unpublished MSc thesis, Concordia University.

Hocevar, D. , & Bachelor, P. (1989). A taxonomy and critiques of measurements used in the study of creativity. In J. A. Glover, R. R. Ronming & C. R. Reynolds (Eds.), *Handbook of creativity* (pp. 53-76). NY: Plenum Press.

Huang Di, the Emperor (2002). *UCCS Publications*. Retrieved 2002 from the World Wide Web: http://www.sh.com.culture/legend/huangdi.htm.

Hui, A. , & Rudowicz, E. (1997). Creative personality versus Chinese personality: How distinctive are these two personality factors? *Psychologia*, XL (A), 277-285.

Jaquish, G. A. , & Ripple, R. (1984). Adolescent divergent thinking: A cross cultural perspective. *Journal of Cross-Cultural Psychology*, 15, 95-104.

Jaquish, G. A. , & Ripple, R. (1984-1985). A life-span developmental cross-cultural study of divergent thinking abilities. *International Journal of Aging and Human Development*, 20 (1), 1-11.

Jellen, H. G. , & Urban, K. K. (1989). Assessing creative potential world-wide: The first cross-cultural application of the Test for Creative Thinking—Drawing Production. *Gifted Education International*, 6, 78-86.

Khaleefa, O. H. , Erdos, G. , & Ashria, I. H. (1996a). Creativity in an indigenous, Afro-Arba Islamic cultural: The case in Sudan. *Journal of Creative Behavior*, 30, 268-282.

82 Khaleefa, O. H. , Erdos, G. , & Ashria, I. H. (1996b). Gender and creativity in an Afro-Arab culture: The case of Sudan. *Journal of Creative Behavior*, 30 (1), 52-60.

Khaleefa, O. H. , Erdos, G. , & Ashria, I. H. (1997). Traditional education and creativity in an Afro-Arab culture: The case of Sudan. *Journal of Creative Behavior*, 31 (3), 201-211. Kitto, J. , Lok, D. , & Rudowicz, E. (1994). Measuring creative thinking: An activity based approach. The Creativity Research Journal, 7 (1), 59-69.

Kuo, Y. Y. (1996). Taoistic psychology of creativity. *Journal of Creative Behavior*, 30 (3), 197-212.

Lam, M. O. (1996). *Conceptions of an ideal pupil and a creative pupil among primary school teachers using different teaching approaches in Hong Kong.* Unpublished master's thesis, University of Hong Kong, Hong Kong.

Lau, S., Nicholls, J. G., Thorkildsen, T. A., & Patashnick, M. (2000). Chinese and American adolescents' perceptions of the purposes of education and beliefs about the world of work. *Social Behavior and Personality,* 28 (1), 73-90.

Li, Y. (1997). Creativity in horizontal and vertical domains. *Creativity Research Journal,* 10 (2 & 3), 107-132.

Lim, W., & Plucker, J. A. (2001). Creativity through a lens of social responsibility: Implicit theories of creativity with Korean samples. *Journal of Creative Behavior,* 35 (2), 115-130.

Liu, I. M. (1990). Chinese cognition. In M. H. Bond (Ed.), *The psychology of the Chinese people* (pp. 73-105). Hong Kong: Oxford University Press.

Liu, I. M., & Hsu, M. (1974). Measuring creative thinking in Taiwan by the Torrance Test. *Testing and Guidance,* 2, 108-109.

Liu, P. Z., Wang, Z. X., & Liu, C. C. (1997). Beijing Hua Luogeng School: A cradle for gifted children. In J. Chan, R. Li & J. Spinks (Eds.), *Maximizing potential: Lengthening and strengthening our stride. Proceedings of the 11th World Conference on Gifted and Talented Children* (pp. 573-577). Hong Kong: The University of Hong Kong, Social Sciences Research Centre. Lubart, T. I. (1990). Creativity and cross-cultural variation. International Journal of Psychology, 25, 39-59.

Lubart, T. I. (1999). Creativity across cultures. In R. J. Sternberg (Ed.), *Handbook of creativity* (pp. 339-350). Cambridge: Cambridge University Press.

Ludwig, A. M. (1992). Culture and creativity. *American Journal of Psychotherapy,* 46 (3), 454-469.

Ludwig, A. M. (1995). What "explaining creativity" doesn't explain. *Creativity Research Journal,* 8 (4), 413-416.

Mar'i, S. K., & Karayanni, M. (1983). Creativity in Arab culture: Two decades of research. *Journal of Creative Behavior,* 16 (4), 227-238.

Markus, H. R., & Kitayama, S. (1991). Culture and the self: Implications for cognition, emotion, and motivation. *Psychological Review*, 98, 224-253.

Montuori, A., & Purser, R. E. (1995). Deconstructing the lone genius myth: Toward a contextual view of creativity. *Journal of Humanistic Psychology*, 35 (3), 69-112.

Ng, A. K. (2001). *Why Asians are less creative than Westerners*. Singapore: Prentice Hall.

Niu, W., & Sternberg, R. J. (2001). Cultural influences on artistic creativity and its evaluation. *International Journal of Psychology*, 36 (4), 225-241.

Oner, B. (2000). Innovation and adaptation in a Turkish sample: A preliminary study. *The Journal of Psychology*, 134 (6), 671-676.

Ripple, R. (1983). Reflections on doing psychological research in Hong Kong. *Hong Kong Psychological Society Bulletin*, 10, 7-23.

Ripple, R. E., & Jaquish, G. (1982). Developmental aspects of ideational fluency, flexibility, and originality: South Africa and the United States. *South African Journal of Psychology*, 12 (4), 95-100.

Ripple, R. E., Jaquish, G. A., Lee, H. W., & Spinks, J. (1983). Intergenerational differences in descriptions of life-span stages among Hong Kong Chinese. *International Journal of Intercultural Relations*, 7, 425-437.

Ripple, R., Jaquish, G., Lee, W. J., & Chan, J. (1982). *Cross-cultural perspectives on the life-span development of divergent abilities*, Proceedings of the Sixth International Association for Cross-Cultural Psychology Congress. Scotland: Aberdeen.

Rudowicz, E. (2003). Creativity and culture: Two way interaction. *Scandinavian Journal of Educational Research*, 47 (3), 273-290.

Rudowicz, E., Cheung, C. K., & Hui, A. (2001). *School underachievement: The Hong Kong case* (Res. Rap. of SRG 7000724). Hong Kong: City University of Hong Kong.

Rudowicz, E., & Hui, A. (1995). *Through the eyes of Hong Kong people: Creative and non-creative individuals*. Paper presented at the11th World Conference on Gifted and Talented Children, Hong Kong, on July 30-August 4, 1995.

Rudowicz, E., & Hui, A. (1996). Creativity and a creative person: Hong Kong perspective. *Australasian Journal of Gifted Education*, 5 (2), 5-11.

Rudowicz, E., & Hui, A. (1997). The creative personality: Hong Kong perspec- **84** tive. Journal of *Social Behavior and Personality*, 12 (1), 139-157.

Rudowicz, E., & Hui, A. (1998). Hong Kong Chinese people's view of creativity. *Gifted Education International*, 13, 159-174.

Rudowicz, E., Hui, A., & Ku-Yu, H. (1994). Implicit theories of creativity in Hong Kong Chinese population. Creativity for the 21st century. *Selected Proceedings of the Third Asia-Pacific Conference on Giftedness* (pp. 197-206). Seoul, Korea.

Rudowicz, E., Kitto, J., & Lok, D. (1994). Creativity and Chinese socialization practices: A study of Hong Kong primary school children. *The Australasian Journal of Gifted Education*, 3 (1), 4-8.

Rudowicz, E., Lok, D., & Kitto, J. (199.5). Use of the Torrance Tests of Creative Thinking for Hong Kong primary school children. *International Journal of Psychology*, 30 (4), 417-430.

Rudowicz, E., & Yue, X. D. (2000). Concepts of creativity: Similarities and differences among Hong Kong, Mainland and Taiwanese Chinese. *Journal of Creative Behavior*, 34 (3), 175-192.

Rudowicz, E., & Yue, X. D. (2002). Compatibility of Chinese and creative personalities. *Creativity Research Journal*, 14 (3), 387-394.

Runco, M. (1987). Inter-rater agreement on socially valid measure of students' creativity. *Psychological Reports*, 61, 1009-1010.

Runco, M. A., & Bahleda, M. D. (1987). Implicit theories of artistic, scientific and everyday creativity. *The Journal of Creative Behavior*, 20, 93-98.

Runco, M. A., Johnson, D. J., & Bear, R K. (1993). Parents' and teachers' implicit theories of children's creativity. *Child Study Journal*, 23, 91-113.

Russel, J. A., & Yik, M. S. M. (1996). Emotion among the Chinese. In M. H. Bond (Ed.), *The handbook of Chinese psychology* (pp. 166-188). Hong

Kong: Oxford University Press.

Schooler, J. W. , & Melcher, J. (1995). The ineffability of insight. In S. M. Smith, T. B. Ward & R. A. Finke (Eds.), *The creative cognition approach* (pp. 97. 133). Cambridge, MA: MIT Press.

Simonton, D. K. (1990). History, chemistry, psychology, and genius: An intellectual autobiography of historiometry. In M. A. Runco & R. S. Albert (Eds.), *Theories of creativity* (pp. 92-115). Newbury Park, CA: Sage.

Simonton, D. K. (1991). Emergence and realization of genius: The lives and works of 120 classical composers. *Journal of Personality and Social Psychology*, 61 (5), 829-840.

Simonton, D. K. (1996). Individual genius and cultural configurations: The case of Japanese civilization. *Journal of Cross-Cultural Psychology*, 27, 354-375.

Simonton, D. K. (1998). Achieved eminence in minority and majority cultures: Convergence versus divergence in the assessments of 294 African Americans. *Journal of Personality and Social Psychology*, 74 (3), 804-817.

Simonton, D. K. (2000). Creativity: Cognitive personal, developmental, and social aspects. *American Psychologist*, 55 (1), 151-158.

Smith, C. D. , & Wright, L. (2000). Perceptions of genius: Einstein, lesser mortals and shooting stars. *Journal of Creative Behavior*, 34 (3), 151-164.

Sodowsky, G. R. , Maguire, K, Johnson, P. , Ngumba, W. , & Kohles, R. (1994). World views of white American, Mainland Chinese, Taiwanese, and Africanstudents: An investigation into between-group differences. *Journal of Cross-Cultural Psychology*, 25 (3), 309-324.

Sternberg, R. J. (1985). Implicit theories of intelligence, creativity, and wisdom. *Journal of Personality and Social Psychology*, 49 (3), 607-627.

Sternberg, R. J. (1988). A three-faced model of creativity. In R. J. ternberg (Ed.), *The nature of creativity* (pp. 125-17). Cambridge: Cambridge University Press.

Sternberg, R. J. (1998). Triarchic abilities test. In D. Dickinson (Ed.), *Creating the future: Perspectives on educational change*. Seattle: New Horizons for learning.

Sternberg, R. J., Conway, B. E., Ketron, J. L., & Bernstein, M. (1981). Peoples' conceptions of intelligence. *Journal of Personality and Social Psychology*, 41, 37-55.

Stevenson, H. W. (1992). The reality of American Schooling. *Scientific American*, 267 (1), 70.

Stonehill, P. (2002). *Mysteries of the Yellow Emperor*. Retrieved 2002 from the World Wide Web: http: //www. ufoinfo. vom/news/yellowemp. html.

Therivel, W. A. (1995). Long-term effect of power on creativity. *Creativiy Research Journal*, 8 (2), 173-192.

Torrance, E. P. (1966). *Torrance tests of creative thinking: Norms-technical manual*. Princeton, New Jersey: Personnel Press.

Torrance, E. P. (1981). Cross-cultural studies of creative development in seven selected societies. In J. C. Gowan, J. Khatena, & E. P. Torrance (Eds.), *Creativity: Its educaional implications* (pp. 89-97). Iowa: Kendall/Hunt Publishing.

Wang, H., & Chu, C. P. (1975). A revision of Torrance Test of Creative Thinking: The figural form. *Psychological Testing*, 22, 88-94.

Ward, T. B. (1994). Structured imagination: The role of category structure in exemplar generation. *Cognitive Psychology*, 27, 1-40.

Weiner, R. R (2000). *Creativity and beyond cultures, values, and change*. New **86** York: State University of New York Press.

Weisberg, R. W. (1988). Problem solving and creativity. In R. J. ternberg (Ed.), *The nature of creativity* (pp. 148-16). Cambridge: Cambridge University Press.

Westby, E. L., & Dawson, V. L. (1995). Creativity: Asset or urden in the classroom? *Creativity Research Journal*, 5 (1), 1-10.

Wonder, J., & Blake, J. (1992). Creativity East and West: Intuition vs. logic? Journal of Creative Behavior, 26 (3), 172-185.

Wu, G. (2002, May). *Direction unknown*. Exhibition in the Hong Kong Arts Museum in May, 2002.

Wu, W. T. (1996). Many faces of creativity. In S. Cho J. H. Moon & J. O. Pa (Eds.), *Selected Proceedings of the 3rd Asia-Pacific Conference on Giftedness* (pp. 123-128). Seoul, Korea.

Wu, Y. H. (1996). Parental control: Psychocultural interpretations of Chinese patterns of socialization. In S. Lau (Ed.), *Growing up the Chinese way* (pp. 1-28). Hong Kong: The Chinese University Press.

Yue, X. D., & Rudowicz, E. (2002). Perception of the most creative Chinese by undergraduates in Beijing, Guangzhou, Hong Kong, and Taipei. *Journal of Creative Behavior*, 36 (2), 88-104.

Zhang, D. X. (1985). An exploratory study of creative thinking in adolescents. *Information on Psychological Sciences*, 2, 20-25.

Zheng, R. C, & Xiao, B. L. (1983). A study on the creativity of high school students. *Acta Psychological Sinica*, 15 (A), 445-452.

第五章　提高创造力为什么在亚洲课堂上存在矛盾？

黄奕光（Aik Kwang Ng）

新加坡南洋理工大学国家教育学院

伊恩·史密斯（Ian Smith）

澳大利亚悉尼大学发展与学习学院

本章我们将讨论亚洲课堂上存在的关于提高创造力的悖论：课堂上 **87** 学生越是富有创造性，他们的行为越是不受老师喜爱。我们认为造成这个矛盾的两个因素是：一方面，因为儒家学习传统的本质和内容高度重视权威，所以其培养出的学生十分顺从和听老师的话。另外一方面，富有创造性的学生倾向于个人主义、怀疑和以自我为中心的行为表现方式。为了处理这种矛盾，我们认为亚洲教师应该以一种平等和互惠的方式对待学生。教师可以通过与学生建立良好的关系来提高课堂上的创造力，同时又可以遏制学生创造力的负面影响。

1. 来自伊丽莎白的一封信

作为教师培训领域的讲师，我们时常收到已经身为教师的曾经的学生发来的邮件。一天，一位名叫伊丽莎白的学生给本章的第一作者寄来 **88** 了一封邮件，她现在已经是新加坡一所小学的教师。这封信的内容是这样的：

我班的一个孩子让我困扰不堪。我发现他非常富有创造力，但常常有一肚子的坏点子。他具有竞争精神，认为他自己什么都是对的。他非常叛逆、固执，喜欢寻求大家的关注。他很容易就对事物感到厌烦，因此常常在课堂上分神。但是，他是个富有创造力的男孩。首先，他画画得特别好并且喜爱艺术。其次，在科学课项目上表现优异，例如制造模型，他总是能发明出非常突出的小玩意。他喜欢一切动手的活动。但凡是涉及日常工作，他就缺乏兴趣了，甚至不完成家庭作业。在我上课的时候他会小声说话，影响到其他同学。我简直拿他没有办法了。您认为我该怎么办？

尽管伊丽莎白花了大量的语言来描述这个孩子的性格特征（比如叛逆、固执、寻求关注）和行为（比如画画得好，常发明有趣的小玩意），但她的邮件中需要特别注意的并不是这个富有创造力的孩子本身。相反，值得注意的是这个孩子和整个班集体之间的紧张关系：这个富有创造力的孩子"影响到其他同学"，他的教师"拿他没有办法了"。

🔗 2. 教育中的异常

伊丽莎白的邮件揭示了教育中的一个异常现象：人们鼓励提高中国大陆、中国香港、中国台湾、日本、韩国和新加坡的孩子的创造力（Newsweek，September 6，1999）。这种鼓励常常由政府教育部门来发起，形式多样，比如在创造性思维的信息技术和指导计划方面投入大量资金，或者颁布强调创造力的教育政策。在新加坡，对学生一系列的预期结果中就包括了创造力：在 12 年基础教育结束时，"学生应坚毅果敢，并且具备较强适应能力和勇于开拓创新的精神，以及能够独立地有创造性地思考问题"（The Ministry of Education，1998）。

89 虽然亚洲课堂上的创造力受到了许多关注，但是实证资料中相反的结果表明许多老师并不喜欢与创造力相关的特质。举个例子，E. L. 韦斯特比和 V. L. 道森（1995）要求小学教师根据学生的性格特征列出他们最喜欢和最不喜欢的学生。他们发现教师最喜欢的学生与创造力呈负相关，而最不喜欢的学生与创造力呈正相关。在另外一个研究中，C. L. 斯科特（1999）发现无论是教师还是大学生都认为创造性儿童比一般儿童更具有破坏性。此外，她发现抱有此观点的教师比大学生态度更为强烈。

　　为什么教师不喜欢创造性学生呢？E. P. 托兰斯认为（1963）这是因为创造性学生可能具有令人不愉快的特征。这类特征包括缺乏社交礼仪、固执地拒绝、把"不"作为答案，以及对他人持否定和批判态度的个人倾向（Davis，1986）。创造性个体的其他特质虽然不会被贴上"令人不愉快"的标签，但在典型课堂上也不被重视。比如，D. W. 麦金农（1963）发现描述创造力水平最高的建筑师的词语是"坚定的"、"独立的"以及"自我主义的"。R. J. 斯滕伯格（1985）列出了他认为与创造力相关的特质，这其中包括"冲动"和"冒险"。

　　考虑到教育目标是维持课堂秩序和纪律，那么发现诸如"冲动"、"冒险"以及"个人主义"这些创造性特质并不是老师最喜欢的学生特质也就不足为奇了（Westby & Dawson，1995）。相反，类似"负责"、"真诚"、"可靠"、"踏实"、"和善"以及"宽容"等词语在最受喜欢学生特质的名单上很可能排名靠前。有趣的是，根据 D. W. 麦金农（1963）在建筑领域的创造力研究，这些描述词常与创造力最低水平联系在一起。

　　我们的问题已经明确：那就是去了解，总体而言，为什么教师对创造性学生如此排斥？这是因为教师处于学生和学校之间：没有教师的配**90**合，无论教育部门的措施考虑得多么周到，其颁布的创造力计划都将会"流产"。有许多方法可处理这个难题，比如研究教师的创造力内隐理论，分析其与理论文献中创造力普遍概念如何不同（Chan & Chan，1999；Westby & Dawson，1995）。因为我们的兴趣在于文化如何塑造和影响行为，所以我们将从文化的角度来处理这一问题。

　　本章包含以下部分：首先，我们将研究儒家学习传统的本质属性和内容。其次，我们将探索创造力的本质特征，并且提出在亚洲课堂培养创造力的悖论——课堂上学生越是富有创造性，他们的行为越是不受老师喜爱。这一模式将由实证研究的结果予以支持。最后，我们将讨论亚洲教师怎样应对这一矛盾，培养出独立且具有社会责任感的、能服务社会的创造者。

◉ 3. 东方学习的本质属性

打个比方，文化就像我们用来看世界的"眼镜"。然而其功能不仅仅是本质上的信息功能，为我们提供对世界的相关感知。文化还具有动机功能，因为其具备一种"指导性力量"，这种力量能够激发和指导人类在特定文化内的行为（D'Andrade，1992）。通过研究东方的学习本质并将其与西方进行比较，我们就可以领会到文化的这种补充作用。

学习在中国文化中占据中心位置。儒家思想将"修身"视作个人终身学习的道德目标，中国人对学习的重视正源于此（Tu，1985）。实际上，《论语》一开篇就是讲学习的重要性和愉悦感："学而时习之，不亦乐乎?"（Lau，1979）对这本中国经典著作进一步研究就会发现"学习"一词贯穿整本书，因此该书也可称作"学习之书"。

91 这种学习并不仅是为了读书认字，更重要的是为了培养人的道德特质，因此一个人可以"内圣"也可以"外王"。也就是说，中国的学习者不仅追求内在的自我修养和美德（内圣），同时还通过"建功立业"来把他们的所学回馈给社会（外王）。正如孔子所说："仕而优则学，学而优则仕。"（《论语·子张》）

孔子关于学习的这种观点在中国占据重要地位，并被应用于7世纪的科举制度之中。当时为皇帝服务的官员都是通过这种制度从各种出身背景的学者中精挑细选出来的（Smith，1973）。该制度持续了1200多年，直到20世纪初才被废除。但是，儒家文化学习至上的观点在人们的思想里已经根深蒂固，直到今天它依然激励着一代又一代的学习者，影响着包括中国大陆、日本、中国台湾、中国香港和新加坡等在内的东亚传承儒家文化的社会。

S. H. 怀特（1999）研究指出，如果一个民族靠命名来表示其意识和对一种新文化现象的认识，那么那些存在了几个世纪的古老名字就一定表示某种长期存在的意识和对现象的认识。中国人对学习的高度重视反映在中国语言里大量关于学习的华美辞藻、表达和比喻。"书山有路勤为径，学海无涯苦作舟"这一中国人耳熟能详的警句被看作是对学习的肯定、鼓励和思索。根据 G. 莱考夫和 M. 约翰逊的看法（1980），这些词语就是心理学中所谓的"经验格式塔"，其功能是整理和解释人类经验。

Li（2001）曾用一种两步法来收集和分析汉语里与学习有关的词语。首先，由两组中国人罗列出与学习有关的词语。然后，由第三组中国人来判断这些词语意思上的相同之处。通过聚类分析，她把得出的 225 条 **92** 词语分为了几个数目不等的基本组。

第一个基本组被称作"好学心"，包含的术语最多。"好学心"这一中国民间词语是用于描述个体对学习的渴望，这在西方常常被认为是"成就动机"。该词语丰富的含义可从该组其他的词语中得以表现。比如"毕生追求"、"学无止境"以及"不满足于自己的成就，不断进取"。总之，这些词语表明了在东方观念中，学习是一种进行中的、永无止境的过程，需要人全身心投入。

第二组词汇是对第一组"好学心"的补充，称之为"四要素"（quartet）。之所以叫这个名字，是因为其以"勤奋"、"刻苦"、"坚持"、"专注"为标题分为四组词语集合。虽然每个集合都各有特点，但是总体而言它们构成了一个关于学习是如何产生的连贯整体。"勤奋"表明学习是一种需要许多时间和练习的活动，正如为人们所称道的书法圣人王羲之的例子：他用手指在布上练习书法，把手指都磨破了。此外"熟读唐诗三百首，不会作诗也会吟"的民谚亦是很好的佐证。

第二个集合"刻苦"强调的是克服困难，尤其是身体上的磨难和家境的贫困。有这样一个例子，说朱买臣家贫好学，卖薪自给。这种强调学习过程的艰苦与西方学习观点形成鲜明对比。西方常常认为学习是一种令人享受的、愉快的活动。比如，人们会设计一些有趣的活动来激发学生的创造力（Starkos，1995）。相反，东方认为学习是一种需要克服艰难困苦的受训活动。根据儒家传统，那些通过艰苦学习而获得人格魅力并取得伟大学术成就的人就应该被推崇为智慧的典范。正如著名的儒家代表人物之一孟子所说：

93　　　　故天将降大任于斯人也，必先苦其心志，劳其筋骨，饿其体肤，空乏其身，行拂乱其所为，所以动心忍性，曾益其所不能。（Lee 引用，1996，p.32）

第三个集合是"坚持"，这同西方观念中的毅力相似，意思是个体为达到某一特定任务的目标而作出努力（Latham & Locke，1991）。但是"坚持"比"毅力"在意思上更为广泛和注重整体性："坚持"所包含的坚持不懈的学习倾向可用一个短语来表达："铁杵磨成针"。因为儒家思想认为学习没有捷径，所以"坚持"就尤为重要。对于无论处于何种艰难困苦也意志坚定的学习者来说，知识并不是一夜之间就能够获得的，而是要通过长时间一点一点地积累。

"四要素"的最后一组集合"专注"强调的是学习就要具备始终如一的决心和奉献精神，绝不偏离目标。这可以用一个短语来表达，即"用心学习"。"专注"需要的是全身心地投入到学习之中。如果做不到"专注"，就不能真正理解和掌握知识，更不用说运用知识。黄奕光（2001a）曾描述过一组日本学生为了专心准备大学入学考试与其家人在新年节日期间入住酒店，这就是"专注"的一个佳例。

该"四要素"的四个词语组成了对东方学习传统的一个连贯的阐述。首先，它们都以对学习的渴望为前提，因为没有"好学心"，这些学习行为就无法持续进行。其次，它们之间相互联系：没有"刻苦"的"勤奋"

不能达到真正的学习。同样，如果一个人对学习的"专注"中缺乏"坚持"，那么其学习就会三心二意。在自我修身的艰难道路上，古代伟大学者们的故事激励着人们前进。这些故事口口相传，并广泛出现在中国的儿童教科书和通俗图画中。

其中有一个凿壁借光的故事：

94

> 汉朝著名的经学家匡衡幼年家贫，买不起蜡烛照明。为了学习，他就在墙壁上凿了一个洞引来邻居家的亮光。匡衡就靠这样获得知识，并且后来成了丞相。（Li，2001，p.118）

于是，多个研究结果（如 Hess & Azuma，1991；Holloway，1988）表明亚洲学生把成功和失败归因于努力和缺乏努力，然而西方学生则把同样的问题归因于能力和缺乏能力，这确实言之有理。正如 D. 沃特金斯（2000）所说，如果你同典型的西方学生一样认为智力是天生和固定不变的特质，理解是富有洞察力的突然过程，那么努力学习又有什么用呢？然而，如果你同典型的东方学生一样认为智力是可增加可塑造的特质，理解是需要刻苦钻研的缓慢过程，那么努力学习似乎是有意义的。支持这一研究结果的是被标为"非凡才能"的词语基本组，这一组包括的与学习有关的描述性词语有"活字典"、"出口成章"。Li 指出调查对象并不认为"非凡才能"是取得成就的原因或者一种天生的特质。相反，它被认为是成就的一个分支。这表明中国人认为"非凡才能"并不能独立于学习以外，而需要在学习过程中得以塑造和磨炼。

⚫ 4. 东方学习的文化内容

东方学习的本质属性与其文化内容紧密相关，现在我们将要探讨后者。中国教师一直被视作权威，受到学生的尊重。在儒家传统里，老师的概念远远大于"国家聘用的传递信息给学生的人员"。更重要的是，他

95 们还是学生效仿的道德模范；他们的任务是在终身学习的旅程上给学生指引方向（Liu，1973）。因此，中国家长把孩子送到学校的目的不仅仅是要让孩子学会读书认字，家长更关心的是给孩子提供一个符合道德规范的途径，使其发展成为一个社会人（Cheng，1996）。

教师作为给晚辈传授知识和智慧的长者一直受到尊重（Ginsberg，1992），金和M. 科塔兹（1998）对英国和中国中学生的研究清楚地表明了这点。英国学生认为一个优秀教师应该能够激发学生的兴趣，清楚讲解知识，有效使用教学方法以及组织一系列活动。这些都是典型的西方教师培训课程教授的"教学技能"（Biggs，1996）。而另一方面，中国学生希望教师能有渊博的知识、能够回答问题以及成为良好的道德模范。

中国教师不仅应该是有效的教育者，还需要是特质的培育者，这一观点得到了Gao（1998）的肯定。其研究的主要目标是发展一种适用于中国中学物理教师的教学理念模式。通过大量的深度访问、教室观察和初步量化调查，Gao创造出了一种教学模式，该模式包含一种塑造和培养导向。前者同知识传播相契合，而后者更具情感和道德导向意义。情感导向涉及培养学生对类似科学等学科的喜爱；道德导向则涉及培养学生对家庭和社会的责任意识。

儒家传统里的教师应充当学生的道德模范，反过来，学生就应尊重教师，在课堂上顺从教师。正如金和科塔兹（1998）观察所得，在英国只有好学生才遵守和注意教师说的话，而在中国，教师和学生都认为这是所有学生理所应当的特质。J. 比格斯（1996）的东方"听话的学生"概念就说明了这点。J. 比格斯使用这个词语时并没有包含任何负面贬低的意思，而是这个词语的本义，即受教的：课堂上的中国学生认为作为**96** 学习的榜样，教师应该具备有价值的知识，这是教师的职责，而学生就是要学习这些知识。相对应的，教师对学生的勤奋、坚持、刻苦、专注和自身修养也抱有颇高的期望。

学生问题的类型可以很好地表明这点：西方学生根据未知的东西来提问，而中国学生根据已知的知识来提问。换言之，他们会先阅读材料，然后向老师提问，以寻求答案来填补他们理解的空白。留学海外的中国学生常常认为西方的学生根据未知的东西来提问，这很没有礼貌。同样，西方学生不能理解为什么中国学生不在学习过程中早点提出问题（Jin & Cortazzi，1998）。

☯ 5. 提高创造力为什么在亚洲课堂上存在矛盾？

在研究了东方学习的本质属性与其文化内容之后，我们现在开始了解为什么在亚洲课堂上提高创造力存在矛盾。首先，创造性行为的定义是将新的元素引入一个业已成形的领域，而这样将会威胁到做事的常规习俗（Ng，2001a）。因此创新者将会面临许多阻力。创新者必须做好准备迎接挑战，面对阻碍不屈不挠，不能对潜藏的压力一味顺从。

阿尔伯特·爱因斯坦曾说过：

> 伟大的心灵永远会遭到平庸心智的强烈反对。一个人不去不假思索地臣服于传统的成见，却诚实并勇敢地运用他的智慧，此时平庸之辈是无法理解的。（引用于 Ng，2001a，p. 135）

由于创造性活动的本质属性，黄奕光（2001b）提出创造者是固执己见的人，这点引起了诸多争议。如果他们不固执己见，面对社会要求循规蹈矩的压力时不能坚守自己的立场，那么他们也就不会成为有所作为的创造者。固执己见的创造者这一颇具争议的观点同传统的关于创造者的观点相悖。传统观点认为创造者是具有新型思维的人，许多历史典故 **97** 都支持这一观点，比如伽利略·加利莱伊、莱特兄弟。这还导致了另外一个受争议的观点："好"人都不具备创造力，具备创造力的都不是"好"人。

原因如下："好人"就应该服从集体，而不是特立独行，给其他人带来困扰。相反，富有创造性的人不"好"，因为他们坚持认为，不论他们的想法多么怪异荒谬，别人都应该按照他们说的去做。黄奕光（2001b）用实证来表明了在集体主义文化里（该文化强调集体而非个体是社会的基本单位），"好"人不具有创造性；相反，在个人主义文化里（该文化强调个体而非集体是社会的基本单位），具有创造性的人才是"好"人。

黄奕光这一受争议的关于文化和创造力的论断为我们指明了为什么提高创造力在亚洲课堂上存在矛盾。这一矛盾一方面是来自创造力的固有特征，另一方面源于儒家学习传统的属性和内容。具体地说，就是儒家传统里的教师应充当学生的道德模范；反过来，学生就应尊重教师，在课堂上顺从教师。师生关系的特点是高度专制：教师通过自身示范给学生传授知识和智慧；学生毫无疑问地接受教师传授的内容。尽管这种关系带有等级性，但师生之间却相处融洽。

然而，如果我们想提高亚洲课堂上的创造力，我们就会破坏这种由等级关系带来的和谐。鉴于创造力的本质属性，我们破坏了这种"等级性和谐"。具体地说，当学生开始做出创造性的表现，其行为就会同时出 **98** 现两种倾向：在课堂上，学生"良好"、被动和顺从的行为会减少，相应地，学生个人、怀疑和自我的行为会增多。课堂上学生越是富有创造性，控制和管理他们就变得越困难。特别是对于那些深受儒家学习传统影响的老师，正如一句警句所说："子不教，父之过；教不严，师之惰。"（引用于 Ho，2001，p. 101）

⚫ 6. 课堂创造力文化模型

我们由理论分析得出了课堂创造力文化模型（见图1）。在该模型里，个人主义-集体主义文化、两种教学态度以及两种学生行为之间存在一种有意义的关系。这种有意义的关系可用以下两种假设来描述。首先，我们假设个人主义-集体主义文化对自由-民主型教学态度（H1A）有正向影响；对保守-专制型教学态度有负向影响（H1B）。然后，我们假设自由-民主型教学态度对提高课堂上创造性但不受欢迎的行为（CBU behaviors）有正向影响（H2A）；保守－专制型教学态度对提高课堂上受欢迎但不具有创造性的行为（DBU behaviors）有正向影响（H2B）。

　　该行为文化模式表明，在秉承儒家传统的社会，教师认为学生的纪律和道德十分重要。这种观念就促使人们鼓励学生勤奋学习、遵守纪律和尊敬教师。相反，在自由的个人主义社会，教师认为帮助学生实现自身潜力十分重要。这种观点就促使人们鼓励学生做一名创新、自主和独立的学习者。

图1　课堂创造力文化模型　　　　　　　　　　　　　　　**99**

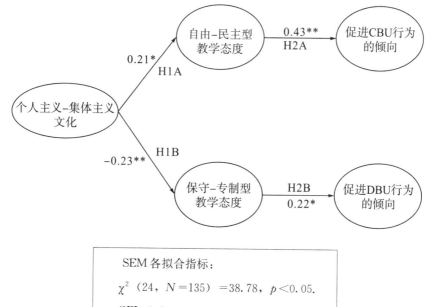

SEM 各拟合指标：

χ^2 (24, $N=135$) $=38.78$, $p<0.05$.

GFI$=0.94$

AGFI$=0.90$

CFI$=0.94$

Standardized RMR$=0.08$

RMSEA$=0.068$

　　为了测试该文化模型，我们将一份调查表分发给了两组实习教师：一组来自新加坡（集体主义文化），共 76 人；一组来自澳大利亚（个人

主义文化），共 59 人。首先，教师们完成了一份共 16 题的量表
（Teachers' Attitude towards Students scale，TATS）。其中 8 个题目测试
教师对学生的保守-专制态度，内容包括："培养学生正确的行为比发展
其创造力更为重要"、"教师在课堂上应拥有绝对权威；学生应该完全听
从教师"。另外 8 个题目测试教师对学生的自由-民主态度。该类型的题
100 目包括："教导学生最重要的就是要培养其创造力和个人才能"、"教师在
课堂上应该采取一种开放和民主的态度；学生应对教师的话提出质疑"。
测试者可选择 1—5 分中任意分值来表明对每个题目的认同程度。我们认
为该 TATS 量表是可靠的，因其具有清晰的因子结构，并且同 S. H. 施
瓦茨的个人价值观调查表有一定相关性。具体地说，自由-民主型教学态
度与开放的价值观如自我引导、兴奋积极、普世主义正相关；然而保守-
专制型教学态度与封闭的价值观如从众、安全、传统和权力正相关（Ng，
2002）。

其次，调查者还完成了另外一份量表，该量表是关于教师在课堂上
可能会遇到的两种类型的学生行为。一种类型是富有创造性但是不受欢
迎的行为（CBU）。该类型的题目有："喜欢挑战教师权威和同教师争
论"、"质疑教师的话"。另一种类型是受欢迎但不具有创造性的行为
（DBU）。该类型的题目有："专心听讲"、"毫无怨言地顺从地完成作业"。
同样地，测试者可选择 1—5 分中任意分值来表明其在课堂上对学生这些
行为的鼓励程度。这份量表的结构效度已经在先前的两个独立实验中得
以检验。在第一个研究中，两套题目分别以两个因子为载体。一个因子
是课堂上的 DBU 行为，另一个因子是课堂上的 CBU 行为。在第二个研
究中，我们发现准教师们倾向于鼓励 DBU 行为而不是 CBU 行为（Ng &
Smith，2003）。

我们使用结构方程模型（SEM）来测试该行为文化模型，结果如图 1
所示。H1A 假设通过检验：个人主义-集体主义文化对自由-民主教学态
度有显著正向影响（$\gamma=0.21$，$p<0.05$）。H1B 假设通过检验：个人主义-
集体主义对保守-专制型教学态度有显著负向影响（$\gamma=0.23$，$p<0.01$）。

H2A 假设通过检验:自由－民主型教学态度对提高课堂上富有创造性但 **_101_** 不受欢迎的行为有正向影响（$\beta=0.43$，$p<0.01$）。H2B 假设通过检验: 保守－专制型教学态度对提高课堂上受欢迎但不具有创造性的行为有正向 影响（$\beta=0.22$，$p<0.05$）。就整个模式而言，$\chi^2(24, N=135)=$ 38.78，$p<0.05$。虽然这表明拟合度很低，χ^2 会受到大样本量的影响, 其他的拟合指标可被用于测试该模型的效度。如图 1 所示，这些拟合指 标在可接受范围，拟合优度指数 GFI＝0.94、调整的拟合优度指数 AGFI ＝0.90、比较拟合指数 CFI＝0.94、标准均方根残差 RMR＝0.08、近似 误差均方根估计 RMSEA＝0.068。

基于这些结果，我们认为有实证可支持课堂创造力文化模型。但我 们的研究依然存在局限。首先，我们的调查对象是来自新加坡和澳大利 亚的准教师。在未来的研究中，我们将把有经验的教师作为实验对象, 来检验该模型是否能进行复制。其次，我们的实验对象仅限于新加坡人 和澳大利亚人。未来的研究将把范围扩大，在其他国家招募参与者。届 时，我们就能够测量该行为文化模式的普遍适用性。

最后，我们仅仅使用了自我报告来测试该模式的重要建构部分。虽 然这些部分具有效度和信度，但我们未来的研究应使用其他方法，尤其 是行为上的方法去检测该模型。比如，就课堂上教师的态度和学生行为 而言，一节真实课堂的录像可以提供关键和更为现实的信息。

尽管该研究具有一定的局限性，但它支持了我们的论点，即创造力 的提高在亚洲课堂上存在矛盾:课堂上学生越是富有创造性，他们的行 为越是不受老师喜爱。要想帮助亚洲学生提高创造力，就必须首先解决 这一矛盾。我们认为，如果遗漏了文化因素，即使在信息技术上投入再 多的钱，或者发展再多提高创造性思维的教育计划也无济于事。并且这 种遗漏的后果很严重，因为文化对学习者的认知、情感和行为发展有着 直接的影响。如果没有考虑到文化在学习过程中的重要性，那么任何旨 在提高亚洲课堂上创造力的计划都会受到影响，该计划的有效性也将会 减弱。例如，在秉承儒家思想的社会里，如果学生在课堂上表现出创造

102 力，教师也许就会感到所谓的"文化冲击"。如果这一问题不能得以解决，就会导致更严重的后果，比如教师因为无法和具有创造性但调皮捣乱的学生相处而辞职。

由于该矛盾的解决办法必须考虑文化因素，因此我们需要重新审视儒家的学习传统。我们已经提过该学习传统鼓励学习者应"勤奋"、"刻苦"、"坚持"和"专注"。这本没有什么问题。正如俗话说：一分耕耘，一分收获。此外，关于培养个体的道德修养和个体要回馈社会的劝勉也是值得称赞的，任何通情达理的人都不会质疑这点。然而，在儒家的学习传统里，有一个方面是我们不敢苟同的，那就是专制。

🌑 7. 儒家学习传统的专制属性

Ho、Peng 和 Chan（2002）认为，这种专制来源于一套关于学习的信条和基本假设。人们有这样一种信条，认为教育就是正确知识的获得，而不是新知识的发现和创造。Ho 与其同事指出，这就把创造力排除在外了。还有一种信条认为书面文字比口头语言重要。某段文字一旦被写下并且被认为是正统，那么就将被奉为权威，人们只能默默记住这些文字，不能挑战权威。第三种信条认为教师就是知识库，教师应该把知识库里的东西传授给学生。教师年龄越大，其知识库里的东西就越多，也就越应该受到学生的尊重。

以上信条对儒家传统学习的专制属性作出了阐释，并最为明显地体现在了师生之间的等级关系上。该关系的定义具有强烈的命令特征：普遍、严格、不允许有偏差。这种关系阻碍了师生间的自由交流。教师不允许其权威受到挑战。学生尊重敬仰教师，而不是问一些挑战性的问题。

103 这种等级性的师生关系遏制了表达的自由、自我肯定和学生个性的发展。因此，为了解决亚洲课堂上提高创造力的矛盾，我们就需要对儒家的学习传统进行批判（参阅 Ho，Peng，& Chan，2002）。

第一，教育不仅是正确知识的获得，更重要的是新知识的发现和创造。第二,什么知识是正确的什么知识又是不正确的,这需要讨论和调查,而不是禁锢于书本。第三,教师并不是不受质疑的道德的权威化身。相反,他们应该鼓励好问的学生,因为这些学生敢于提出挑战性问题。我们主张将这种具有等级性且专制的师生关系重组为互惠平等的师生关系。乍看起来,消除亚洲课堂上的等级性和专制性似乎会削弱教师对学生的控制,但仔细研究就会发现该措施其实加强了这种控制。为了理解这点,我们需要仔细研究一下权力的本质以及权力是怎样发挥作用的。

🔗 8. 《死亡诗社》 的启示

让我们来关注一下在业界广受好评的电影《死亡诗社》。该影片围绕威尔顿学院的一群学生展开。威尔顿学院是一所私立的男子预备学院,其任务就是培养学生成为未来的律师、医生和科学家。该学院的校长是诺兰先生,他死板僵硬、毫不让步的教学方式反映了这个学校压迫式的教学理念。该理念基于四个核心支柱:传统、荣誉、优秀和纪律。诺兰校长的形象代表了对学生采取保守-专制型态度的教师。这点可从影片中的一幕看出:他因一个调皮学生扮小丑而扇了他一耳光。这种等级性的师生关系模式使得威尔顿学院的学生们变成了一举一动都受到控制的木偶 (Deci & Ryan,1987)。基廷先生与这位严肃的校长形成对比。他也曾就读于威尔顿,然后回到这里教诗歌。这个角色代表了对学生采取自由-民主态度的教师形象。这从他违背常规的教学方式中可见一斑。他的 **104** 方法包括鼓励学生去“吸取生命的精髓”,让学生在他的课堂里站到桌子上,通过让学生在学校操场上踏步前进来提醒他们注意因循守旧的危险。基廷先生通过他背离常规的教学方法建立起了与学生之间互惠平等的关系,这种关系使学生发自内心地感到他们拥有了精神上的自由。

哪个教师对学生拥有更大的权力呢?诺兰还是基廷?第一反应是诺兰,因为这位保守-专制型的教师让学生感到害怕。但是,进一步分析,就会发现是基廷,因为这位自由-民主型的教师激起了学生的热情。原因很简单：诺兰的学生也许会遵守他的教导但不会把他的期望当作他们自己的期望。这是因为诺兰的教学风格严厉而专横，学生很可能会对其感到怨恨。相反，基廷的学生不仅会遵守这位教师的教导，还会把他的期望当作他们自己的期望。这是因为基廷采取的是温和、诱导式的教学风格，使得学生对其产生喜欢爱戴之情。简言之，相比保守-专制型教师，自由-民主型教师拥有更大的权力，因为他采用的是温和、诱导式的教学方法，使其能够赢得学生的喜欢和爱戴，并且学生会把教师的期望当作他们自己的期望。

自由-民主型教师更易赢得学生的喜欢和爱戴，因为他鼓励学生的创新性学习；相反，保守-专制型教师更易遭到学生的怨恨，因为他反对学生的创新性学习。那么，自由-民主型教师是如何鼓励学生的创新性学习呢？他会随时根据学生的反馈来设计有趣的课程，还会随时提供各种选择来满足学生的不同口味。而在某些情况下学生没有选择权，比如为学生设定一系列课堂纪律，这又是怎么回事呢？我们认为自由-民主型教师 **105** 仍然也存在着自我矛盾。比如，他在开展工作时也会渗透行为约束的基本理念：迟交的作业需要受到惩罚，这样才能保证公平，同时他也承认学生对这种行为限制有消极情绪反应。毕竟，我们有多少人会喜欢自主的行为被压抑呢？（参阅 Ng & Tan，2002）

相比保守-专制型教师，自由-民主型教师还具有另外一个优点：那就是学生更愿意听从自由-民主型教师的教导。这是因为学生信任自由-民主型教师，将其视为重视学生利益的朋友。因此，当基廷责备一个在学校集合时制造了一出愚蠢恶作剧的学生时说"吸取生命中的精髓并不表示要被骨头噎住"，这个学生很乐意地接受了他的批评。自由-民主型教师具有的这种"友好式权威"使他能够减少学生创造力消极的方面。

要知道创造力和受欢迎度之间存在一种对立关系。当学生表现出创造力时，其"良好"的、被动的和顺从的行为会减少，相应地，学生个人的、怀疑的和自我的行为会增多。如果管理不当，教师就可能会把顺从听话的学生变成捣乱叛逆的学生。我们应该竭尽所能地避免这两种极端情况出现。自由－民主型教师利用其"友好式权威"来避免学生走极端。这种策略使他们可以一石二鸟,也就是说:提高课堂创造力的同时又遏制学生创造力的消极影响。在这点上,我们需要进一步研究个体与社会群体的关系是如何影响创造力的。

创造性工作必然地发生在社会环境中,并且受到社会需求的刺激,接受社会标准的评估(Crutchfield,1962)。因此,社会群体对个体的创造性过程就可能产生有利或不利的影响。独立创造者在自我肯定和群体 **106** 认同之间保持一个最理想的平衡。因此,他就能从社会群体有利的贡献中获利,同时又抵制其不利影响。相反,极端的守旧派或者极端的反传统派都不能从社会群体有利的贡献中获利,反而遭受其不利影响。就极端的守旧派而言,造成该结果的原因是他们在社会群体中的过高社会化,即他顺从大多数人的意见,没有自己的思考。这样做的结果就是他错过了真正做自己的机会。受欢迎但不具有创造性行为的"好"学生就是这样一个典型例子。就极端的反传统派而言,其原因是他们在社会群体中的过低社会化,即不假思索地抗拒大多数人的意见,这样他就错失了学习他人的机会。伊丽莎白的学生就是这样一个例子,他让他的老师感到困扰,他的恶作剧又让朋友疏远了他。相比他们而言,独立创造者既不会过高社会化又不会过低社会化。他不会过高社会化是因为他独立且采取主动;他不会过低社会化是因为他在需要时可以利用集体资源。

🔗 9. 在亚洲课堂上培养独立且具有社会责任感的创造者

从这个角度出发,亚洲教师应该努力培养独立且具有社会责任感的创造者,他们能够领会与同辈之间形成良好关系的重要性,同时又能意识到保持自我独立的必要性。我们相信,相较于以专制等级性方式对待学生的教师,使用平等互惠方式的亚洲教师更易达到这一目标。迄今为止,这个答案是明显的:在学习的过程中,自由－民主型教师的教学方法更易赢得学生的喜欢和爱戴。他在课堂上使用的"友好式权威"使学生

易于接受他的道德教育。随着个人自由而来的是社会责任，我们应该运
107 用创造性才能来贡献社会。实现这一目标对于亚洲教师来说尤为困难，
因为这需要他们极大地转变对学生的态度。然而，这也并不是没有希望。

尽管一些亚洲社会已受多年的西方影响，但他们仍然强调教师为主
的教育方法和学生的顺从。近来的一些研究表明，亚洲教师的管理风格
呈现出更为复杂的方式。举个例子，J. 比格斯（1996）发现在亚洲，虽
然师生之间的互动在课堂上较少，但在课外却很多，比如大量的非正式
讨论和集体活动。这些典型行为出自彼此的诚挚关怀，抑或是责任感和
互相尊重（p.274）。J. 比格斯认为引起这种现象的原因是集体主义文化
里社会角色和关系的复杂属性。尤其是在正式的课堂上，呈现的是一种
更加仪式化等级化的关系。在这种情况下，亚洲教师往往会采取一种专
制的方式来控制教学过程。而课堂外的关系则是非正式的关系，社会气
氛也更加热烈。在这种情况下，亚洲教师往往会采取一种亲切和蔼的方
式，需要遵守的规范和社会规章制度也相对较少。J. 比格斯认为这就部
分解释了为什么课后和教师互动的亚洲学生人数大大多于西方学生。

Ho（2001）发现在澳大利亚，老师通过优秀的教学和教师能力的展
示来赢得学生的尊重，而这种尊重又使教师拥有了必要的权威。相反，
在香港，学生对老师的尊重来自课堂上的权威，以及师生建立的情感关
系，而这种来自学生的尊重使得教师的授课不会被打断。香港教师明确
提出要同样重视师生关系中两种截然相反的元素，即权威和情感。"恩威
108 并施"、"刚柔并济"、"亦师亦友"等短语都是描述他们对待学生的方法。
Ho还发现在香港，惩罚措施对师生关系产生积极影响而不是消极影响。
为了说明这点，Ho重点列举了她与两位香港教师的谈话。这两位教师称
如果把调皮捣蛋的学生留下来，教师就需要在课后与这个学生一对一地
相处，这就为建立一个更为个性化的师生关系提供了机会，还可以培养
学生对自己行为的自制能力，并且这种更为个性化的关系还会使学生更
加尊重教师。

总的来说，西方的教师在课上和课下各种不同的情境里倾向于采取

一致方法，而亚洲教师则倾向于采取不同的方法。在正式的课堂上，即一个仪式化的接受知识的场合，亚洲教师表现出权威性，注重对学习过程的控制，学生的个人需要将被忽略，并且这些做法得到了教师和学生的一致认同。然而一旦到了课外，对规范行为的要求就不再那么严格，亚洲教师与学生之间的互动也更为个性化，并且以学生为中心，关注他们的需求。这种师生关系的微妙差异表明了同时培养学生创造力和社会责任感对于亚洲教师来说并不像看起来那么困难。虽然这项任务需要亚洲教师改变其对学生的态度，但是他们并不是从零开始。相反，他们已经有许多经验——可以在正式课堂之外以一种热情、充满关爱和个性化的方式与学生相处。他们可以把这种经验带入课堂，从而建立起充满心理安全感和人际信任感的环境，这种环境将有利于创造性学习（Ng & Tan，2002）。

经过上述讨论，让我们回到伊丽莎白这位关心学生的教师。她就如何与班上一名富有创造性但调皮捣乱的学生相处向我们咨询意见。这无意间成了我们写这篇文章的灵感源泉。我们建议伊丽莎白老师使用她作为一名教师的合法权威去约束那位调皮捣乱的学生，阻止他在课堂上打扰其他同学。比如，可以把他调到最前排的位置，这样教师就可以一直 **109** 留意他。伊丽莎白老师应该向全班解释这样做的原因。她的语气应该严肃认真但不能具有威胁性，这样就可以使全班学生意识到调皮捣乱的后果，但同时又不会使她与同学疏远。我们还建议伊丽莎白老师在课后花点时间与这位学生相处。在这种一对一的情况下，作为一名关心学生的教师，她应该用"友好式权威"来教导这位做错事的男孩。比如，她可以用实际例子来告诉这个孩子为什么他现在的行为在课堂上是不被允许的。对这个孩子的劝解需要一段时间才会使其行为有所改善。此外，我们希望伊丽莎白老师能通过这件事来反思一下自己的授课方式。她可以考虑设计出更有趣的方式来授课。通过在课堂增加令学生感兴趣的环节来抓住学生的注意力，这样学生就不会调皮捣蛋了。俗话说，"游手好闲，造恶之源"。如果伊丽莎白老师能够根据这种思路来教学，那么她自己和她的学生都将会是受益者。也就是说，教师设计出有趣的课程，学生们享受这些课程！

10. 总结

在新世纪，培养学生的创造力是重要策略，它使学生能够应对全球巨变。这也是为什么诸多亚洲社会努力在课堂培养创造力的原因。然而，这些由政府发起的计划常常没有把文化和创造力之间的紧密关系纳入考虑之中。为了填补这一空白，本章重点介绍了提高创造力在亚洲课堂上存在的矛盾：学生越是富有创造性，他们的行为越是不受老师喜爱。应对这一矛盾不是一件容易的事，因为这需要大幅度地调整儒家学习的传*110* 统，并且全面改组师生关系。然而，如果希望我们的学生能够对学习更富有激情同时又表现出更多的创造力，我们就需要解决这一矛盾。本文的分析得出了一个令人满意的结论，即我们有能力完成这一任务并且不用丢弃儒家的学习传统。亚洲教师可以培养出独立同时又具有社会责任感的创造者，这些创造者将用其才能服务社会。孔子将会很高兴听到这一结论。

参考文献

Biggs, J. (1996). Western misperceptions of the Confucian-heritage learning culture. In D. A. Watkins & J. B. Biggs (Eds.), *The Chinese learner: Cultural, psychological and contextual influences* (pp. 45-67). Hong Kong: Comparative Educational Research Center.

Chan, D. W, & Chan, L. K. (1999). Implicit theories of creativity: Teachers' perception of student characteristics in Hong Kong. *Creativity Research Journal*, 72 (3), 185-195.

Cheng, K. M. (1996). *The quality of primary education*. Paris: International Institute for Education Planning.

Crutchfield, R. S. (1962). Conformity and creative thinking. In H. E. Gruber,

G. Terrell & M. Wertheimer (Eds.), *Contemporary approaches to creative thinking: A symposium held at the University of Colorado* (pp. 120-140). New York: Prentice-Hall, Inc.

D'Andrade, R. (1992). Schemas and motivation. In R. G. D'Andrade & C. Strauss (Eds.), *Human motives and cultural models* (pp. 23-44). Cambridge: Cambridge University Press.

Davis, G. A. (1986). *Creativity is forever*. Iowa: Kendall/Hunt Pub. Co.

Deci, E. L., & Ryan, R. M. (1987). The support of autonomy and the control of behavior. *Journal of Personality and Social Psychology*, 53, 1024-1037.

Elliott, M. (1999, September 6). *Now, please think: As Americans embrace testing, Asians pursue creativity*. Newsweek, 36-47.

Gao, L. B. (1998). *Conceptions of teaching held by school physics teachers in Guangdong, China and their relations to student learning*. Unpublished Ph. D. thesis, University of Hong Kong.

Ginsberg, E. (1992). Not just a matter of English. *HERDSA News*, 14 (1), 6-8.

Hess, R. D., & Azuma, M. (1991) Cultural support for schooling: Contrasts between Japan and the United States. *Educational Researcher*, 20 (9), 2-8.

Ho, D. Y. F, Peng, S., & Chan, S. F. (2002). Authority and learning in Con- ***111*** fucian-heritage education: A relational methodological analysis. In E Salili, C. Y. Chiu, & Y. Y. Hong (Eds.), *Multiple competencies and self-regulated learning: Implications for multicultural education* (pp. 29-47). Greenwich, CT: Information Age Publishing.

Ho, I. T. (2001). Are Chinese teachers authoritarian? In D. A. Watkins & J. B. Biggs (Eds.), *Teaching the Chinese learner: Psychological and pedagogical perspectives* (pp. 99-114). Hong Kong: Comparative Education Research Center, The University of Hong Kong.

Holloway, S. D. (1988). Concepts of ability and effort in Japan and the U. S. *Review of Educational Research*, 58, 327-345.

Jin, L., & Cortazzi, M. (1998). Dimensions of dialogue on large classes in China. *International Journal of Educational Research*, 29, 739-761.

Lakoff, G., & Johnson, M. (1980). *Metaphors we live by*. Chicago: University of Chicago Press.

Latham, G. P., & Locke, E. A. (1991). Goal-setting: A motivational technique that works. In B. M. Staw (Ed.), *Psychological dimensions of organizational behavior* (pp. 54-64). New York: Macmillan Publishing Company.

Lau, D. C. (1979). *Confucius: The Analects*. Harmondsworth: Penguin Books Ltd.

Lee, W. O. (1996). The cultural context for Chinese learners: Conceptions of learning in the Confucian Tradition. In D. A. Watkins & J. B. Biggs (Eds.), *The Chinese learner: Cultural, psychological and contextual influences* (pp. 25-41). Hong Kong: Comparative Educational Research Center.

Li, J. (2001). Chinese conceptualization of learning. *Ethos*, 29 (2), 111-138.

Liu, Z. (1973). *Shi Dao — Principles of Teacherhood*. Taipei: Chung Hwa Book Company.

MacKinnon, D. W. (1963). Creativity and images of the self. In R. W. White (Ed.), *The study of lives* (pp. 251-278). New York: Atherton.

Ng, A. K. (2001a). *Why Asians are less creative than Westerners*. Singapore: Prentice-Hall.

Ng, A. K. (2001b). Why creators are dogmatic people, "nice" people are not creative and creative people are not "nice". *International Journal of Group Tension*, 30 (4), 291-324.

Ng, A. K. (2002). The development of a new scale to measure teachers' attitudes toward students (TATS). *Educational Research Journal*, 17 (1), 63-78.

Ng, A. K., & Smith, I. (2003, July). *The paradox of promoting creativity in the Asian classroom*. Paper presented at the XXV International Congress of Applied Psychology, Singapore, on July 9, 2002.

112 Ng, A. K., & Tan, S. (2002). Helping Asian students to be more creative by nurturing a creative climate in the classroom. In A. S. C. Chang and C. C. M. Goh (Eds.), *Teachers' handbook on teaching generic thinking skills* (pp. 109-119). Singapore: Prentice-Hall.

Scott, C. L. (1999). Teachers' biases toward creative children. *Creativity Research*

Journal, 12 (4), 321-328.

Smith, D. H. (1973). *Confucius*. U. K. : Maurice Temple Smith Ltd.

Starko, A. J. (1995). *Creativity in the classroom: Schools of curious delight*. White Plains, N. Y. : Longman Publishers.

Sternberg, R. J. (1985). Implicit theories of intelligence, creativity and wisdom. *Journal of Personality and Social Psychology*, 49, 607-627.

The Ministry of Education (1998). *The desired outcomes of education in Singapore*. Retrieved 1998 from http: //wwwl. moe. edu. sg/desired. htm.

Torrance, E. P. (1963). The creative personality and the ideal pupil. *Teachers College Record*, 65, 220-226.

Tu, W. M. (1985). Selfhood and otherness in Confucian thought. In A. J. Marsella, G. DeVos & F. L. K. Hsu (Eds.), *Culture and self: Asian and Western perspectives* (pp. 231-251). London: Tavistock Publications.

Watkins, D. (2000). Learning and teaching: A cross-cultural perspective. *School Leadership and Management*, 20 (2), 161-173.

Westby, E. L. , & Dawson, V. L. (1995). Creativity: Asset or burden in the classroom? *Creativity Research Journal*, 8 (1), 1-10.

White, S. H. (1999). *Designing American adolescence—Once more, with feeling*. Paper presented at a meeting held at Brown University in honor of Theodore R. Sizer.

第六章　创造力与创新：以华人社会为重点的东西方之比较

梁觉（Kwok Leung）

区建中（Al Au）

梁伟聪（Beeto W. C. Leung）

香港城市大学管理学系

🌐 1. 引言

113　　创造力，在某种程度上，取决于观者的眼光，创造力的定义也受到外界广泛的语境因素的影响。举个例子，当代的古典音乐爱好者们会奇怪为什么巴赫的作品不为他的同辈人所欣赏，"当他在世时，他的名声仅仅局限于一个相对有限的圈子，他的音乐也被认为过时了"（Kennedy & Bourne，1994，p. 43）。但是同凡·高终其一生难逃一名失败画家的悲剧命运相比，巴赫暗淡的作曲家生涯似乎又幸运得多。创造性天才总是时而名声大噪，时而无人问津，这种情况不仅出现于西方。比如李白，这一公认的中国最具有才华的诗人，其地位在历史不同时期也是跌宕起伏，这是因为在不同时期艺术品位不尽相同（Yang，1990，p. 498；Cooper，

114 1973，p. 29）。本章作者聚焦于华人社会，通过对创造力研究的一些既有成果的整理比较，阐释关于创造力的相对论观点。

　　本章将从文化的角度入手，探索创造力的概念化过程，分析文化如何影响创造力的本质和形成过程，同时分析东西方在创造力和创新方面

的差异，进而讨论该领域未来研究的方向。

🌐 2. 创造力——一种文化现象

2.1 什么是创造力：一种人格特质还是社会过程？

在探讨文化对创造性过程的影响之前，我们先来谈谈创造力领域最基本的认识论问题，这将对其后的研究产生指导意义。什么是创造力？J. P. 吉尔福德于 1950 年在美国心理学会进行的演讲中指出，心理学家研究创造力的使命就是要去定义创造性的人格，而关于创造力的大规模研究也恰好始于这一时期。因此，创造力可被看作是一种可继承的个人特质，并且这一特质和某一特定人群相关。

吉尔福德的方法对 20 世纪 50－60 年代的创造力研究影响颇大。接着，一些研究者开始质疑侧重于人格特质来研究创造力的方法，他们认为环境和社会交往对创造力有重要影响。比如，社会心理学家 T. M. 阿马比尔（1982，1983，1996）进行了一系列的实证研究来检测动机对创造力的影响。在一次研究中她发现，与出于兴趣并为享受乐趣而参与拼贴画设计比赛的孩子们相比，以奖励为目标参加比赛的孩子们所设计的图案在创造性和审美性上不如前者，但技术上更优秀。她的另一个关于成人诗歌创作的研究也得出了相同结果（Amabile，1983）。基于这些研究，阿马比尔（1996）提出了成分理论，该理论强调影响创造力表现的认知、社会和动机等因素的重要性。

M. 奇克森特米哈伊（1990，1999）从更为宏观的角度提出，当个人单独存在时，创造力的意义并不大，"创造力不是一种个人本质属性，而是社会系统对个体做出的判断评价"（1990，p. 198）。

他认为创造力不应该被视为一种可客观测量的人格特质。如果没有 *115* 评判创造力的环境，就不能评价一件作品或个体是否具有创造性。根据这一逻辑观点，他提出了一种创造力动态模型，这一模型包括三个相互关联的亚系统：域、场和个体。域包括一套定义创造力的规则标准，这些标准的形成受到文化的影响；场包括评判创造力的一组专家或人群；个体创造出作品，其作品接受专家基于域作出的评判。所有的组成部分都是动态的并且受环境影响，创造力就是这三个亚系统相互作用的结果。该模型的一个重要意义在于其表明了对于创造力的评判会随着时间和环境的变化而变化。

显而易见，奇克森特米哈伊（1999）的系统论考虑到了文化对创造力的影响。在他的模型中，由于创造力的定义受文化影响，因此并不存在一个创造力测量的通用标准。举个例子，即使是在一种文化环境中，比如在美国，M. A. 伦科和 M. D. 巴赫勒达（1987）也发现了不同领域和背景的人对创造力的内在含义（概念）的理解不尽相同。具有艺术背景的人认为"幽默"是艺术性创造力的一个特质，但缺乏艺术背景的人则不这样认为。另外，不论是否具备艺术背景，人们都公认"想象力"为艺术创造力的一个特质，但不是科学创造力的必需特质。有研究报告称（Chan & Chan, 1999），中国香港和美国教师在创造力的属性上持不同看法。比方说，香港教师认为"反应迅速"是创造力的属性，美国老师则提到了"自我中心"（请参见 Niu & Sternberg, 2002）。

2.2 创造力测量的普遍标准

一些创造力相对论观点持有者，如奇克森特米哈伊，在 1999 年提出了客观地测量创造力即使并非不可能，也是很困难的。但迄今为止，心理学家已经研发出了诸多客观测量标准，例如人格测试、传记式量表、行为测试等，用于测量创造力。大部分的测量技术都是基于吉尔福德的方法，旨在客观地测量创造力，这其中最著名的恐怕就是 E. P. 托兰斯（1990, 1992）发明的测试。托兰斯的测试包括下列几项测量：思维的流畅性，即产生的想法数量；灵活性，即反应的不同种类；原创性，即不常见的反应；精密性，即所产生想法的细节。尽管这些测量旨在量化和客观，但对测量本身也存在着多种解读。我们怎么能够绝对地肯定产生

116

想法种类较多的，即灵活性高的人就比产生想法种类较少的人更具有创造性呢？同样地，独一无二的想法或者基于许多细节考虑的想法不一定就是最有创造性的想法。这些问题表明了不考虑文化背景就建立一个创造力测量的统一标准是十分困难的。

为了把创造力测量中的主观性最小化，人们在托兰斯的测试中加入了多种测量手段，强调内部评估的一致性。同样地，阿马比尔（1982）发明了一种称为共识测量的方法，该方法是由一组专业的评委来评估个体的作品。然而，接受评判的作品常常是一些简单任务的产品，比如简单的画图，即使是没有专业技能的人也能产出这些作品。如果不同评委之间就评判结果达成了高度一致，我们就能得出结论说该项对于创造力的测量结果是可信的。但该创造力评估中使用的标准会随着时间和文化的变化而变化（Amabile，1996）。因此，该测量方法中包含的社会和环境因素毫无疑问只在某一特定时间段内影响创造力的定义。

以上对创造力测量方法的综述表明，不考虑文化和环境的创造力测量是几乎不可能实现的，也没有一种可信的方法可以把文化影响从创造力测量中分离。实际上，牛卫华和 R. J. 斯滕伯格（2002）认为源于西方的发散性测试可能会对非西方群体带有偏见。比如，香港人并不认为"幽默感"与创造力有关系，但幽默在西方创造力测试中却一直居于核心的层面（Rudowicz & Hui，1997）。因此，一个更有效的方法是认识到文化在创新过程中的作用，并设计出以文化为必要元素的模型。

2.3 东西方创造力观念的差异 *117*

我们认为必须把创造力放在特定的社会文化背景下才能完全理解创造力，不同文化中对于创造力的概念也可能完全不同。这里所说的文化，是指人们共享的一套价值观、规章制度、行为习惯以及认知和风俗习惯，用于指导人与人之间，以及人与社会自然环境的交往互动（Triandis，1996）。

R. P. 韦纳（2000）通过大量的著作从社会政治学的角度探讨一个

社会的文化价值如何定义创造力。按照韦纳的观点，由美国意识形态主导的西方创造力价值观看重的是建立新颖适当的对象和理念，并极大地脱离现存的物质和想法。由于在美国十分强调个人主义、自由和民主，美国人从小就被鼓励去发挥想象，跨越已有的界限，放眼未来。美国宪法第一修正案规定美国的政治体系必须保护公民的自由和抗议权，这就更加突出了美国对个人主义、自由和民主的强调。在这样的意识形态之下，多样性和新颖性往往受到赞赏和奖励。

与西方关于创造力的观点相对，东方创造力观点强调的是对过去的重新诠释、内心的修炼以及同外界环境的融合（Averill，Chon & Hahn，2001；Li，1997；Lubart，1999）。譬如，韦纳（2000）观察到空隙是中国画的一大审美特征，留白在中国画里占有突出的位置，体现了很高的艺术价值。富有美感的留白强调的是在创作过程中人与外界环境的和谐统一，这与西方绘画作品中人物常常占据显赫位置的表现手法截然不同。简单地说，东亚，尤其是中国的创造力观点强调的是对传统的尊重以及与自然的和谐。

这样的创造力主题在中国表现得最为明显。在汉朝时中国就实行了"罢黜百家，独尊儒术"。这一历史事件在接下来的两千年里塑造了中国人的价值观，在中国形成了根深蒂固的对传统与和谐的尊重。虽然创造力在中国有着多种艺术表达形式，但是却与西方艺术上的创造性存在着明显差异。Li（1997）认为东西方艺术上的创造性可以被归为本质上不同的两种传统：横向和纵向。西方倾向于横向传统，该传统下对于艺术目的、方法和符号上的调整甚至是完全颠覆都会得到高度评价，被看作是创造性的产品。比如毕加索的立体主义就被认为是绘画表现形式上的一**118** 次创举。而东方更倾向于纵向传统，这种传统下的艺术创造力与儒学一脉相承，以对过去的重新阐释为表现形式。遵循这些传统的艺术家努力创造自己的风格。中国的艺术家们一方面仍然采用已有的主题主旨，另一方面又努力表达自己的独特性和个性（Averill，Chon，& Hahn，2001；Li，1997）。

根据奇克森特米哈伊（1990）和韦纳（2000）分别提出的创造力系统模型和政治社会学模型，文化价值观是定义创造力和影响教育过程的基本要素，创造力和教育过程又和创造力表现紧密相关。举个例子，Cheng（1999）曾指出在新加坡，同受西方文化影响的老师相比，受中国文化影响的老师更倾向于在教育过程中采取以目的为导向和以表现为导向的教育模式。如果用美国创造力观点来衡量的话，这两种教育模式都可能会不利于创造力。因此，如果用西方的价值观和意识形态来衡量的话，东亚人就可能被判断为在创造力方面不如西方人。这就是我们接下来将讨论的话题。

3. 创造力的跨文化研究

3.1 教育环境中创造力的跨文化研究

一些跨文化研究宣称在创造力相关测试中西方人比中国人或者东亚人，表现更为出色。就拿创造性潜能来说，H. G. 耶伦和 K. 厄本（1989）通过创造性思维绘画作品测试（TCT-DP）来评估 11 个国家的儿童。该测试使用了一些不完整的图案，这些图案没有意义或者意义十分模糊，从而为产生创造性作品提供最大的灵活性（Jellen & Urban，1986）。该测试表明来自西方国家，如英国、德国和美国的儿童得到的创 *119* 造力总分和非传统得分（该得分反映的是对一个既定图案的非常规性使用）大大高于来自东方国家，如中国、印度和印度尼西亚（菲律宾是个例外）的儿童（Jellen & Urban，1989）。Saeki、Fan、Van Dusen（2001）通过托兰斯创造性思维测试来对比日本学生和美国学生，他们发现日本学生在阐释和概括标题方面不如美国学生，但其他方面没有明显差异。对 9 岁至 60 岁的美国人和中国香港人所作的跨文化对比研究表明（Jaquish & Ripple，1984），每个年龄层的美国人都能比相应年龄层的中国人产生更多更好的想法，即具有更高的流畅性、灵活性和原创性。其他关于发散思维和思维流畅性的跨文化研究也得出了相似的结果（Ripple，1989；Dunn，Zhang & Ripple，1988）。

牛卫华和斯滕伯格（2001）将这些结论扩展到了艺术创造力领域。研究者要求美国学生和中国学生各创作两项艺术品，由中美两国的评委对其进行主观评价。两组评委都认为，相比中国学生，美国学生的作品更富有创造性、美感（即评委对作品的喜爱程度），技术上也更为成熟。有趣的是，他们还发现中国学生在拼贴画上的得分低于绘画外星人，但前一项任务比后一项任务限制性更大。并且，如果中国学生被明确告知他们应该发挥创造力，那么其表现会更好。而在相关资料中有充分证据可以表明中国学生的绘画技巧比美国学生更胜一筹（Cheng，1998；Gardner，1989）。因此，牛卫华和斯滕伯格（2001）认为除了文化价值观，其他诸如个人动机等因素也是不同文化在创造力表现上存在差异的原因。

另一项研究也印证了牛卫华和斯滕伯格（2001）提出的个人动机将对不同文化的创造力产生影响。胡慧思和岳晓东（2000）进行了一项调查，研究在中国大陆、香港和台湾的中国人是如何看待创造力的。研究人员发现中国人不那么重视与创造性个体相关的特质特征，比如"有原创的想法"和"创新性"。这是由于中国人可能不把创造力看得十分重要，在产生创造性上他们也相对不那么主动。

还有一些研究显示中国人对创造力持一种实用主义的态度，这可能会削弱他们进行发散思维的动机。岳晓东和胡慧思（2002）指出在中国大陆和香港，当被要求说出几个创造性人才时，大学本科生主要提到的是政治家和科学家，而艺术家和商人则鲜有人提及。岳晓东和胡慧思（2002）认为这一结果反映了中国人功利性创造力的观点，因为在现代中国历史中，政治家和科学家常常与社会变革相关。为了探讨这一可能性，岳晓东和梁觉（2002）进行了一次调查，研究香港和广州的大学本科生创造力的动机和态度。当被问及创造力的动机时，两个城市的学生都强调外部的因素和回报，比如社会责任和社会贡献，而例如个人满足感等内部回报则少有人提及。岳晓东和梁觉推测这种趋势是中国社会功利性创造力观点的又一个表现。正如上文所提到的，在西方，外部动机很可能会减弱创造力（Amabile，1983，1996），这一结论在中国社会同样适用。功利性创造力很可能会减弱中国人的创造动机，这就解释了为什么中国人在创造力表现上通常不如西方人。

需要注意的是，西方人在创造力测试中占优势地位的观点在学术界并没有得到众口一词的接受。在最近的综述中，牛卫华和斯滕伯格（2002）发现有几项研究表明亚洲人比西方人表现更出色。举个例子，日本学生（Torrance & Sato，1979）和中国香港学生（Rudowicz，Lok，& Kitto，1995）在创造力测试中的表现就优于美国学生。由 Chan，**121** Cheung，Lau，Wu，Kwong 和 Li（2001）进行的研究虽然没被纳入该综述，但其表明了根据沃勒克和科根的测试，香港华人在思维的灵活性上优于美国人。但由于这两个研究时间间隔过长，因此很难进行跨文化比较。为了避免在跨文化比较中依赖美国的测试，Chen，Kasof，Himsel，Greenberger，Dong 和 Xue（2002）将欧洲裔美国大学生和中国大学生绘制的几何图形进行了比较。这次研究的有趣之处在于两组绘画作品的创造性是由来自两国的评委评估的。研究发现两组的创造力并没有明显不同，这一结果与评委的文化背景无关。

以上综述指出了两个问题：首先，虽然目前有更多证据指向西方人在创造力表现上的优势，但这并非定论，因为也有相当多的文献表明亚洲人的创造力同西方人一样，甚至优于西方人。其次，实证研究集中于对比不同文化的创造力表现，而如何在不同文化中产生、评价和培养创造力却少有人关注。由于缺乏对这些问题的研究，就不可能发展出一套理论框架来解释不同文化中的创造力表现。文化、认知和动机因素是否是东西方在创造力表现上存在差异的原因，这个问题有待解答，我们将在本章的结论部分重新讨论这一问题。在下一节，我们将探讨工作环境中的创造力，集中研究教育环境中的创造力发现。

3.2 工作中的创造和创新

在西方，创造力常常被看作是一种个人活动，这也就是为什么创造力常与艺术家和科学家联系在一起。然而，在工作中，创造力既是个人活动也是集体活动，涉及工作团队的协同努力。值得注意的是，虽然创造和创新都涉及想法、行动、结果和产品，但创造更注重想法，而创新则侧重于产品和结果。工作中对实用性的强调让创新成为组织机构环境中一个热门的研究课题。

西方学术界对于组织中的创造力已经进行了广泛的研究（Damanpour，1991；Wolfe，1994），主要方向是研究组织中创造力的决定因素以及影响其过程的因素。这些因素当中的许多已经被发现，它们大致可以分为以下三类：个体的、人际的和组织的。研究表明在个体层面，某些特质与创新的倾向有关，例如社会独立性、自治、对不确定性的容忍度以及对冒险的偏爱（Eiseman，1987；Michael，1979；Torrance，1979；Sarnoff & Cole，1983）。能够自由地进行选择，尤其是能自由地使用时间，常被看作创造力的一个积极的先决条件（Lovelace，1986）。个人的创新受控于能力（知识和自我效能）和动机，这已是一个共识（Farr & Ford，1990）。而正如前面提到的，一些研究表明外部动机不利于创新（Amabile，1983）。

研究发现，在人际关系层面，民主合作的领导风格有利于创新（Kanter，1983）。来自监督者的支持在促进创造力上也扮演着重要角色，然而如果创造性作品无人欣赏，那将对创造力的产生造成障碍（Glassman，1986；West，1989）。人际交流有助于各种想法在一个组织内传播，增加新想法的数量和多样性，从而使各种想法取长补短，产生创新的可能性也大大提高（Aiken & Hage，1971）。

研究发现在组织层面，如果权力和决策权集中在组织高层，将会降低创新的可能性，过于强调遵守规章制度也会阻碍创新（Zaltman，Duncan，& Holbek，1973）。但是，权力集中和规范化都有利于创新性计划的实施。G. 萨尔特曼等人（1973）也认为组织的复杂性，即组织中大量的职业分类和任务分派都有利于创新，但不利于创新性计划的实施。另一方面，F. 达曼普尔（1991）的发现不同于之前的看法的是，规范化与 **123** 组织的创新并无实际联系。能使用立场中立的资源和科技资源也有利于创新（Rogers，1983）。一些研究者还认为对改变、改变的可能性以及改变的需要持开放态度的融洽气氛也是创新的重要先决条件。一个以实现任务为目标的文化，也就是一个灵活、适应性强、对环境敏感、强调业绩表现、把身份地位差异最小化的团队，这样的团队对创新最为有利（West & Farr，1989）。强调从众、教条和低风险的规章制度将导致创新能力偏低（King，1990）。最后，一个竞争激烈、极富变化的环境也能促进创新（Kimberly & Evanisko，1981）。

3.3 组织创新的跨文化分析

上述研究都是在西方，大多数是在美国进行的。这些研究所得在亚洲，特别是在华人社会是否同样适用尚需验证。不幸的是，关于跨文化组织创新的文献资料十分有限，为了搞清楚东西方创新过程的差异，我们不得不对中国人和组织进行更广泛的研究。正如我们接下来将要谈到的，中国人和组织的一些特点有利于创新，而另一些特点则阻碍创新。

研究表明与西方人相比，中国人的从众倾向和社会依赖程度更高，这与他们的集体主义思想相一致（Bond & Hwang，1986；Hofstede，1980）。这种趋势不利于创新，山田（1991）对日本人创造力的研究也得出了该结论。然而，中国人属于低不确定性规避人群，这一特质又与冒险精神和歧义容忍度有关，从而有利于创新。西方的研究明确显示内在动机对创新性行为至关重要。中国人常常表现出较低程度的自我导向型成就动机，Yu（1996）认为中国人的成就动机本质上属于社会导向型，这同西方人自我导向型的成就动机恰好相反。在社会导向型成就动机群 **124** 体里，目标是由组内成员制定，达到目标的动力也来自组内成员的积极评价。由阿马比尔（1983）的研究结果可以推断出，社会导向型成就动机属于外在动机，将阻碍创新。从乐观的一面来看，众所周知，中国人愿意为达到目的付出艰苦的努力，对努力的重视则会加强他们的创新能力。因此，该分析表明中国的文化特点与中国人的创新倾向之间不存在一个简单的正反比关系。

在人际关系层面，中国人倾向于独断，西方公司常用的参与型管理体制在中国公司较为少见。相反的，协商一致型的决策制定体系常被认为是日本组织进行创新的原因之一（Yamada，1991）。人际交流方面，中国人会尽量避免冲突，与西方人相比，中国人更不愿与人发生争执和对抗（Leung，1997）。回避公开交流和争论也许会阻碍创新。因为中国人很重视面子，所以他们很难公开指出别人想法中存在的错误和问题（Hwang，1987）。最后，中国人会区分组内成员和组外成员，组外成员常常得不到信任（Bond & Hwang，1986）。对组外成员的不信任将阻碍同一组织内不同部门间的公开交流，这将不利于组织创新。乐观地来看，中国的组内成员间十分团结、凝聚力强，这就提供了组织创新所需要的支持和鼓励。正如我们之前提到的，中国人的社会动机是否会阻碍工作场合中的创新行为，这个问题至今还没有一个明确的答案。

在组织结构层面，相比于西方的公司，中国的公司权力更集中，分工不如前者细，但在规范化程度上，两者并无区别（Redding & Wong，1986）。就西方的观点来看，权力集中和分工不明确都将阻碍组织创新。**125** Tsai（1997）在台湾进行的调查也证明了权力集中与组织创新成反比，但不同于西方研究结果的是，Tsai认为细致的分工将导致低水平的创新。我们还需要进行更多的研究去探讨分工的细致程度与权力集中的关系。

一些研究表明，鉴于文化会影响创新过程的实施，中国人在实施创新上有其独特的模式。S. 沙恩、S. 文卡塔拉曼和 I. 麦克米伦（1995）研究了国家文化和创新策略的关系，发现权力距离越大，即阶级间的差距越大，人们在采取行动之前就更想获得权威人物对创新行为的支持。集体主义强调对集体的奉献和服从，因此集体主义十分看重其他部门对创新想法的支持。不确定性规避与歧义容忍度成反比，因此不确定性规避强调遵守创新过程的规章、制度和步骤。中国人的权力距离和集体主义程度明显高于西方人，因此，中国公司的创新具有一个特点，即行为的目的是获得上级以及同事的支持。然而，W. A. 费希尔和C. M. 法尔（1985）发现，中西方研发部门的创新气氛惊人地相似。如此看来，中西方的组织创新过程是否相似，这一问题仍有待解答。

3.4　综合分析教育环境中和工作环境中的创造力研究

目前对教育的跨文化研究多于对工作环境的研究，总体的研究结果表明中国学生的创造力不如西方学生，尽管有一些研究不支持这一笼统的结论。此外，无论是由美国学者还是非专业人士来定义的"创造力"在中国社会并不受到重视和鼓励，中国人似乎更看重实用和功利性的创造力。然而，需要注意的是虽然我们采用的是美国人对创造力的定义，*126* 但是由于没有系统的跨文化研究来探讨如何测量创造力的质量，因此中国学生的创造力是否真的不如美国学生，这个问题的答案尚不明确。我们将在结论部分再次讨论这一点。现有的实证研究也不足以解释是何种动力在驱使中国人的创造力表现。

关于工作环境的实证研究就更少了。虽然中国的公司明显不是业界的领头羊，市场巨头大多数是来自西方的公司，但这不足以说明中国公司的创新力较低。举个例子，台湾的高科技公司在许多南欧和东欧国家处于领先地位。香港和记黄埔公司现在是全球 3G 手机市场的主要竞争者。再看看其他的东亚国家，比如日本，没有人敢说丰田和本田的创新力不如通用和福特。据我们所知，还没有一个系统的研究来比较同等规模、行业的中西方公司的创新性。

关于组织创新的研究的确表明中国文化的一些元素，比如面子思想和家长式的领导作风都可能会阻碍创新力。然而，另外一些文化元素又能促进创新，例如对努力和勤奋的强调。甚至中国人重视团队和谐这样的特征，对于创新来说也是一把双刃剑。中国文化总体上对工作中的创新是促进还是阻碍，现在下结论还为时过早。

🌐 4. 总结

我们以中国社会为关注点对东西方创造力的差异进行了综述，提出问题多于得出结论。虽有一些研究表明东亚人的创造力不如西方人，但也有一些文献得出相反结论。内隐理论的研究结果则较为一致，都表明东亚人的观点倾向于集体主义和实用主义，西方人的观点则倾向于个人

127 主义和表现力。然而，这些文化因素的前因后果都尚不明确。我们将在接下来的部分讨论四点问题，这四点问题涉及以上理论发现的核心，并为将来的研究提供有效的方向指引。

4.1 创造力的内隐理论与创造力表现的测量

由于中西方创造力和创新观点存在差异，那么这些文化差异就有可能解释在西方创造力测试中来自不同文化背景的被试者在表现上为什么存在差异。举个例子，我们可以探讨一个很有意思的问题：与美国人的内隐理论相似的中国人是否在美国人的创造力测试中的分更高呢？

这个问题还引出了另一个关于不同创造力观点的适用性和功能性的重要问题。中国传统的创造力观点已经不适用于现代全球化的世界了吗？全盘照搬美国的创造力观点是否会产生反作用？有综合了两种传统优势的观点吗？成功解决下面两个问题就能预测出上述问题的答案：（1）制定出有效的创造力测量方法；（2）制定出有效的创造力相关结果的测量方法。正如牛卫华和斯滕伯格（2001）所说，美国创造力测试很可能对亚洲人带有偏见，因此制定出跨文化的有效的创造力测量方法至关重要。在跨文化比较中广泛地使用美国创造力测试很可能损害中国人的创造力。为了评估这种可能性，双组双测试的设计是最理想的，这将包括一个中国创造力测试和一个美国创造力测试，中国人和美国人都分别参加这两种测试。研究人员就可以通过两种版本的创造力测试来比较这两个文化组，发现其中的文化偏见。据我所知，一个系统、有效、可靠的为中国

人量身打造的创造力测试还处于起步阶段（如 Cheung，Tse，& Tsang，2001）。没有一个可靠的本土的创造力测试和跨文化研究，我们就没有基础去接受或反驳关于文化偏见将损害中国人创造力表现的说法。

至于创造力成果的测试，关键的问题在于创造力测试的分数是否与 **128**
重要的教育和工作成绩相关。换句话说，我们需要说明现实生活中的分数不同于测试中的分数。举个例子，佐伯纪子等（2001）发现日本和美国大学本科生的托兰斯创造性思维测试分数与其学业成绩比没有关系。在中国社会的工作场所中，我们不知道由标准测试得出的分数与诸如工作表现和升职等结果之间是否存在关系。实际上我们不能排除这种可能性：美国创造力测试得分较高的中国人可能在中国环境中并不占优势，因为他的表现和期望并不匹配。举个例子，在强调准确性的地方，思维较流畅的人不一定能一帆风顺。从宏观层面上来看，我们不知道中国传统的创造力观点对这个全球化的世界的适应程度。一些作者认为传统观点已经失去功能，因此应该完全抛弃（如 Ng，2001），但我们没有可靠、一致的实证来支持或反驳这一立场。有这么个趣闻，说是更多人会认为美国公司比日本公司更具有创新性。但是如果我们将日本公司与法国、德国和英国公司相比，大多数人将不会很快得出结论，因为我们不清楚日本公司的创新性是否弱于欧洲的公司。要比较日本公司和西班牙、葡萄牙公司的创新性就更难了，因为这两个南欧的国家并没有太多全球著名的公司。这个例子说明了我们很难评价从宏观上来看亚洲的创造力是否真的低于西方的创造力。

4.2　中国文化与创造力

西方的创造力研究推测一些中国文化的元素，比如权威主义和和谐，可能会阻碍创造力，但是我们不能把这些推测作为实证。相关研究得出 **129**
中国家长比西方家长更专制。而西方的研究则表明专制的家长作风会对儿童产生负面影响。然而，梁觉、刘诚和 W. L. 拉姆（1998）发现专制的家长作风将使中国香港学生在学业上表现更好，而对美国和澳大利亚的学生则没有效果。另外，刘诚和 Cheung（1987）还表示家长专制作风的一个重要特点，即家长对儿童的控制既能带来有利因素也将导致不利因素。以安排儿童活动为重点的家长式控制是积极的，而要求完全顺从的家长式控制则是消极的。这些研究结果都表明在西方被认为是不利的因素在中国社会却不一定。换言之，在西方阻碍创造力的因素也许在中国并不会产生不利影响。

4.3 动机因素和认知因素的相互作用

尽管一些研究表明中国学生在发散思维的测试中表现不如西方学生，但是众所周知，中国学生在学业上的表现优于西方学生。上文曾提到，因为涉及了动机因素，所以发散思维和学业表现的关系尚不明确。S. 休和冈崎澄江（1990）认为亚裔美国学生因为其较低的社会身份，所以把优异的学业成绩看作是通往成功的道路，这也许就是他们取得优异学业成绩的强烈动机。动机在创造力表现中扮演极其重要的角色。举个例子，Chen 等发现如果欧美和中国大学生被明确告知需要发挥创造力，那么他们的表现都会更加有创造性。在前面的部分我们已经讨论过，一些证据表明中国人往往不具有激发他们表现出创造力的环境。然而，如果环境发生变化，创造力成为通往成功必经之路，同样根据以上研究结果我们可以得出中国人将努力挖掘自己的创造力。以成功为动机的学习和练习有可能会增强创造力。当然，也有可能创造力是一种先天能力，无法轻易通过后天的努力来获得。我们还需要进行更多的研究来探讨这两种可能性，以此进一步了解创造力表现的影响因素——认知和动机因素的相互影响作用。

4.4 创造力——终生的表现

我们需要研究中国的学校和工作环境中创造力的关系。据我们所知，目前还没有任何针对中国社会的大规模纵向研究来探索创造力的发展以及在较长时期内创造力对生活的重要影响（Torrance，1993）。有一种可能性：创造力是一种不易改变的能力，如果一个人在学校中创造力表现平平，那么他在工作中的表现力也不太可能很强。第二种可能性：创造力要视专业领域而定，在学校里创造力表现不佳的学生也许在工作中会是一个极富创造力的职员。第三种可能性：训练和练习可以培养和提高创造力。创造力不佳的学生通过恰当的训练和培养，可以成为一个极富创造性的工作人员。我们不知道中国人的创造力在其一生的时间内是如何变化的，因此我们急需一个纵向研究来解释其中涉及的因素。

参考文献

Aiken，M.，& Hage，J.（1971）. The organic organization and innovation. *Sociology*，5，63-82.

Amabile，T. M.（1982）. Social psychological of creativity：A consensual assessment technique. *Journal of Personality and Social Psychology*，43，357-377.

Amabile，T. M.（1983）. *The social psychology of creativity*. New York：Springer Verlag.

Amabile，T. M.（1996）. *Creativity in context*. Boulder，CO：Westview.

Amabile，T. M.，& Conti，R.（1997）. Environmental determinants of work motivation，creativity，and innovation：The case of R and D downsizing. In R. Garud，R R. Nayyar，& Z. B. Shapira（Eds.），*Technological innovation：Oversights and foresights*，（pp. 111-125）. New York：Cambridge University Press.

Averill，J. R.，Chon，K. K.，& Hahn，D. W.（2001）. Emotions and creativity：East and West. *Asian Journal of Social Psychology*，4，165-184.

Bond，M. H.，& Hwang，K. K.（1986）. The social psychology of Chinese people. In M. H. Bond（Ed.），*The psychology of the Chinese people*. Hong Kong：Oxford University Press.

Chan，D. W.，& Chan，L.（1999）. Implicit theories of creativity：Teachers' perception of student characteristics in Hong Kong. *Creativity Research Journal*，12，185-195.

131

Chan, D. W. , Cheung, P. C, Lau, S. , Wu, W. Y. H. , Kwong, J. M. L. , & Li, W. L. (2001). Assessing ideational fluency in primary students in Hong Kong. *Creativity Research Journal*, 13, 359-365.

Chen, C, Kasof, J. , Himsel, A. J. , Greenberger, E. , Dong, Q. , & Xue, G. (2002). Creativity in drawings of geometric shapes: A cross-cultural examination with the consensual assessment technique. *Journal of Cross-Cultural Psychology*, 33, 171-187.

Cheng, K. M. (1998). Can education values be borrowed? Look into cultural differences. *Peabody Journal of Education*, 73, 11-30.

Cheng, S. K. (1999). East-West differences in views on creativity: Is Howard Gardener correct? Yes, and No. *Journal of Creative Behavior*, 33, 112-123.

Cheung, W. ML, Tse, S. K, & Tsang, W. H. H. (2001). Development and validation of the Chinese creative writing scale for primary school students in Hong Kong. *Journal of Creative Behavior*, 35 (4), 249-260.

Cooper, A. D. (1973). *Li Po and Tu Fu: Poems selected and translated with an introduction and notes*. Harmondsworth: Penguin Books Press.

Csikszentmihalyi, M. (1990). The domain of creativity. In M. A. Runco & R. S. Albert (Eds.), *Theories of creativity* (pp. 190-212). Newbury Park, CA: Sage.

Csikszentmihalyi, M. (1999). Implications of a systems perspective for the study of creativity. In R. J. Sternberg (Ed.), *Handbook of creativity* (pp. 313-335). Cambridge: Cambridge University Press.

Damanpour, F. (1991). Organizational innovation: A meta-analysis of the effects of determinants and moderators. *Academy of Management Journal*, 34, 555-590.

Dunn, J. , Zhang, X. , & Ripple, R. (1988). A study of Chinese and American performance on divergent thinking task. *New Horizons*, 29, 7-20.

Eiseman, R. (1987). Creativity, birth order, and risk taking. *Bulletin of the Psychonomic Society*, 25, 87-88.

132 Farr, J. L. , & Ford, C. M. (1990). Individual innovation. In M. A. West & J. L. Fair (Eds.), *Innovation and creativity at work*, (pp. 63-80). New York: Wiley.

Fischer, W. A. , & Farr, C. M. (1985). Dimensions of innovative climate in Chinese R and D units. *R and D Management*, 15, 183-190.

Gardner, H. (1989). The key in the slot: Creativity in a Chinese key. *Journal of Aesthetic Education*, 23, 141-158

Glassman, E. (1986). Managing for creativity: Back to basics in R&D. *R&D Management*, 16, 175-183.

Guilford, J. P. (1950). Creativity. *American Psychologist*, 5, 444-454.

Hofstede, G. (1980). *Culture's consequences: International differences in work related values*. Beverly Hills, CA: Sage.

Hwang, K. K. (1987). Face and favor: The Chinese power game. *American Journal of Sociology*, 92, 944-974.

Jaquish, G. A. , & Ripple, R. E. (1984). A life-span developmental cross-cultural study of divergent thinking abilities. *International Journal of Aging and Human Development*, 20, 1-11.

Jellen, H. G. , & Urban, K. (1986). The TCT-DP (Test for Creative Thinking-Drawing Production): An instrument that can be applied to most age and ability groups. *Creative Child and Adult Quarterly*, 11, 138-155.

Jellen, H. G. , & Urban, K. (1989). Assessing creative potential worldwide: The first cross-cultural application of the Test for Creative Thinking-Drawing Production (TCT-DP). *Gifted Education International*, 6, 78-86.

Kanter, R. M. (1983). *The change masters*. New York: Simon and Schuster.

Kennedy, M. , & Bourne, J. (1994). *The Oxford dictionary of music* (2nd ed.). New York: Oxford University Press.

Kimberly, J. R. , & Evanisko, M. J. (1981). Organizational innovation: The influence of individual, organizational, and contextual factors on hospital adoption of technological and administrative innovations. *Academy of Management Journal*, 24, 689-713.

King, N. (1990). Innovation at work: The research literature. In M. A. West & J. L. Farr (Eds.), *Innovation and creativity at work: Psychological and organizational strategies* (pp. 15-59). Oxford, England: John Wiley and Sons.

Lau, S. , & Cheung, P. C. (1987). Relations between Chinese adolescents' perception of parental control and organization and their perception of parental warmth. *Developmental Psychology*, 23, 726-729.

Leung, K. (1996). Beliefs in Chinese societies. In M. H. Bond (Ed.), *Handbook of Chinese psychology* (pp. 247-262). Hong Kong: Oxford University Press.

133 Leung, K. (1997). Negotiation and reward allocations across cultures. In P. C. Earley & M. Erez (Eds.), *New perspectives on international industrial and organizational psychology*. San Francisco: Jossey-Bass.

Leung, K, Lau, S. , & Lam, W. L. (1998). Parenting styles and academic achievement: A cross-cultural study. *Merrill-Palmer Quarterly*, 44, 157-172.

Li, J. (1997). Creativity in horizontal and vertical domains. *Creativity Research Journal*, 10, 107-132.

Lovelace, R. F. (1986). Stimulating creativity through managerial intervention. *R&D Management*, 16, 161-174.

Lubart, T. I. (1999). Creativity across cultures. In R. J. Sternberg (Ed.), *Handbook of creativity* (pp. 339-350). New York: Cambridge University Press.

Michael, R. E. (1979). How to find and keep creative people. *Research Management*, *September*, 43-45.

Ng, A. K. (2001). *Why Asians are less creative than Westerners*. Singapore: Prentice Hall.

Niu, W. H. , & Sternberg, R. J. (2001). Cultural influences on artistic creativity and its evaluation. *International Journal of Psychology*, 36, A, 225-241.

Niu, W. H. , & Sternberg, R. J. (2002). Contemporary studies on the concept of creativity: The east and the west. *Journal of Creative Behavior*, 36, 269-288.

Redding, S. G. , & Wong, G. Y. Y. (1986). The psychology of Chinese organizational behaviour. In M. H. Bond (Ed.), *The psychology of the Chinese people*. Hong Kong: Oxford University Press.

Ripple, R. (1989). Ordinary creativity. *Contemporary Educational Psychology*, 14, 189-202.

Rogers, E. M. (1983). *Diffusion of innovations* (3rd ed.). New York: Free Press. Rudowicz, E., & Hui, A. (1997). The creative personality: Hong Kong perspective. *Journal of Social Behavior and Personality*, 12, 139-157.

Rudowicz, E., Lok, D., & Kitto, J. (1995). Use of the Torrance Tests of Creative Thinking for Hong Kong primary school children. *International Journal of Psychology*, 30, 417-430.

Rudowicz, E., & Yue, X. D. (2000). Concepts of creativity: Similarities and differences among Mainland, Hong Kong and Taiwanese Chinese. *Journal of Creative Behavior*, 34, 175-192.

Runco, M. A., & Bahleda, M. D. (1987). Implicit theories of artistic, scientific and everyday creativity. *The Journal of Creative Behavior*, 20, 93-98.

Saeki, N, Fan, X., & Van Dusen, L. (2001). A comparative study of creative thinking of American and Japanese college students. *Journal of Creative Behavior*, 35, 24-36.

Sarnoff, D. P., & Cole, H. P. (1983). Creativity and personal growth. *Journal* **134** *of Creative Behavior*, 17, 95-102.

Shane, S., Venkataraman, S., & MacMillan, I. (1995). Cultural differences in innovation championing strategies. *Journal of Management*, 21, 931-952.

Sue, S., & Okazaki, S. (1990). Asian American educational achievements: A phenomenon in search of an explanation. *American Psychologist*, 45, 913-920.

Torrance, E. P. (1979). *The search for satori and creativity*. New York: Creative Education Foundation.

Torrance, E. P. (1990). The Torrance Test of Creative Thinking: Norms—Technical manual (figural). Bensenville, IL: Scholastic Testing Service.

Torrance, E. P. (1992). The Torrance Test of Creative Thinking: Streamlined scoring guide (figural). Bensenville, IL: Scholastic Testing Service.

Torrance, E. P. (1993). The beyonders in a thirty year longitudinal study of creative achievement. *Roeper Review*, 15 (3), 131-135.

Torrance, E. P., & Sato, S. (1979). Differences in Japanese and United States styles of thinking. *Creative Child and Adult Quarterly*, 4, 145-151.

Triandis, H. C. (1996). The psychological measurement of cultural syndromes. *A-merican Psychologist*, 51, 407-415

Tsai, C. T. (1997). *Relationships among organizational factors, innovativeness of organizational members, and organizational innovation.* Unpublished doctoral dissertation, National Taiwan University (in Chinese).

Wallach, M. A., & Kogan, N. (1965). *Modes of thinking in young children: A study of the creativity-intelligence distinction.* New York: Holt, Rinehart and Winston.

West, M. A. (1989). Innovation among health care professionals. *Social Behaviour*, 4, 173-184.

West, M. A., & Farr, J. L. (1989). Innovation at work: Psychological perspectives. *Social Behaviour*, 4, 15-30.

Weiner, R. P. (2000). *Creativity and beyond.* Albany: State University of New York.

Wolfe, R. A. (1994). Organizational innovation: Review, critique and suggested research directions. *Journal of Management Studies*, 31, 405-430.

Yamada, K. (1991). Creativity in Japan. *Leadership* and *Organizational Development Journal*, 12, 11-14.

Yang, W. X. (1990). *Li Bai shi ge jie shou shi* [*The history of the acceptance of the poems of Li Bai*]. Taipei: Wu Nan (in Chinese).

Yu, A. (1996). Ultimate life concerns, self, and Chinese achievement motivation. In M. H. Bond (Ed.), *The handbook of Chinese psychology* (pp. 227-246). Hong Kong: Oxford University Press.

135 Yue, X. D., & Leung, K. (2002). *Motives and attitudes for creativity: views from undergraduates in Hong Kong and Guangzhou.* Paper submitted for publication.

Yue, X. D., & Rudowicz, E. (2002). Perception of the most creative Chinese by undergraduates in Beijing, Guangzhou, Hong Kong, and Taipei. *Journal of Creative Behavior*, 36, 88-103.

Zaltman, G., Duncan, R., & Holbek, J. (1973). *Innovations and organizations.* New York: Wiley.

第七章　华人社会从传统教育到
创造力教育的进步

郑慕贤（Vivian M. Y. Cheng）

香港教育学院数社科技学系

　　本章将概述中国大陆、中国香港、中国台湾和新加坡的教育改革，**137**
探讨儒家思想和集体主义是如何影响华人社会的传统教育。这些传统教
育体系强调道德培养、墨守成规以及教育的工具角色，而忽视学生个性
发展和创造力发展，因此一直备受诟病。此外，传统教育体系还以考试
成绩为导向，强调权威，课程死板以及大班上课等，这些也都是其备受
指责的原因，这些指责来源于对华人学生创造力发展的担忧。上述国家
和地区的政府已经提出了新的教育措施，包括有益于创造力发展的课程
以及诸多由学者和教育者私人发起的创造力相关研究和计划。研究表明
各种教育因素，如课程、课业评估、教师指导、学校管理和教师培训等
都在发生着变化。本章还将讨论在未来由这些变化带来的挑战。本章认
为若这些国家和地区政府是出于经济原因才进行教育改革，终会有悖于
学校文化、评估方法、教师职业能力以及学习和教育的其他社会文化方
面的改革步伐，因此，可以预计在执行课程和期望课程之间将会出现巨　**138**
大差异。本章强调改革学校课程和评估方法、公共考试的重要性，以及发
展华人社会的创造力和教师的教学能力。为了满足华人社会的特殊需要，
我们还应该在教育领域进行更多的创造力研究，建立一个"华人创造力教
育模式"。

🌑 1. 引言

"华人社会的教育对学生是有益还是有弊呢?"这是一个重要但难以回答的问题,其答案随着时间的推移而有所不同。本章将主要基于教育和创造力领域的研究以及华人政府的官方文件,概述和讨论中国大陆、中国香港、中国台湾和新加坡创造力教育的改革。本章第一节将列举对华人传统教育的批评,这些批评主要是从西方视角出发。虽然许多研究都认为华人传统教育不利于创造力发展,但是研究文献后发现华人社会越来越重视创造力研究。第二节将简介华人社会的创造力研究。由于对创造力的担忧日益加剧,华人政府近来提出了新的教育政策来促进创造力发展。华人社会的教育现正处于从传统走向创新的关键时刻,因此第三节将浏览政府文件,探讨关于创造力教育的新政策。最后一节将讨论在这关键时刻华人社会所面临的挑战,并就将来的研究提出一些建议。

虽然不同社会存在诸多差异,但本章重点讨论的是华人社会创造力教育的共同特点。想要涵盖华人社会所有的创造力研究是极为困难的,**139** 因此本章并不是回顾所有的研究,而是挑选一些文章来进行讨论。本章将简单概述华人社会一些教育和创造力研究以及政府文件,目的在于总览华人社会创造力教育变革,对将来的研究提出重要问题。

🌑 2. 华人传统教育遭受的批评

正如 J. 布鲁纳(1986)所说:"大多数环境下的大多数学习都是一种集体行为,一种对文化的分享。"(p. 127)许多研究表明华人社会的传统学习课程都受到儒家思想和集体主义的影响(Rybak, Wan, Johnson & Templeton, 2002; Stevenson & Stigler, 1992; Watkins & Biggs, 2001)。他们认为在这样的文化影响之下,华人社会的教育具有如下一些共同特点。

2.1　教育理念

儒家思想认为教育的社会角色重于学生的个人发展。正如 Ho（2001）所说，"儒家集体主义文化中的恰当行为是由个体的社会角色来定义的，该文化强调每个社会成员都有互相帮助的义务以及为他人利益而履行自己的职责"（p. 100）。这种教育不利于个人意见的表达、独立自主、创造力以及个体的全面发展（Biggs，1996a，1996b；Mok，Chik，Ko，Kwan，Lo，Marton，Ng，Pang，Runesson，& Szeto，2001；Stevenson & Stigler，1992）。T. A. 厄普顿（1989）进一步阐述了华人教育的性质是以德政为导向，而美国教育的目的则纯粹是为了学术。

华人教育的另一个特点是强调基础知识和技能。H. 加德纳（1997）在中国访问了一些艺术家后认为，同西方相比，华人的创造力更看重技能，华人认为基本技能是基础，因此在培养创造力之前必须先获得基本技能。苏启祯（1999）以新加坡教师为对象进行了实验，其结果与加德纳的观点一致。N. K. 弗里曼（1997）进一步说明：华人传统的观点认**140**为，应该通过持续仔细的模仿来学习，儿童只有通过指导熟练地掌握了技能才有可能具有创造力。

华人文化认为创造力发展是一种"延期"的教育目标，这一目标只能在获得扎实的知识和技能的基础之上才能实现。H. 加德纳（1997）指出：为了获得知识，华人教育在儿童早期就开始实行死板严格的训练计划，这不利于创造力发展。

2.2　学校课程

包括中国大陆、中国台湾、中国香港和新加坡在内的华人教育体系常常使用一种死板集中的课程，这使得教师在教学中灵活性低。而 Wang 和 Mao（1996）指出，华人教师更偏向于机械地适应这种课程，而不是创造性地去改革这种僵硬的课程，满足学生的需要，而且教师对自己的教学计划也几乎没有自主权（Stevenson & Stigler，1992）。

华人社会传统的教育体系还因太过看重考试成绩而备受指责。华人教育和学习的重点都是为了迎接考试（Biggs，1996a），教师过分强调考试成绩，因此机械式记忆就成了获得高分的常用方法（钟启泉，崔允漷，张华，2001）。Yojana（1996）认为这种竞争性考试体系使得学生形成了墨守成规的行为习惯。F. 萨里里（1996）也说过，"香港的课程内容高度统一，甚至达到了不合理的程度，学生需要做许多训练才能达到教师的标准"（p.99）。一言以蔽之，在华人社会的学校，学生处于高度学习压力之下，举步维艰，竞争激烈。

2.3 教师与教学方法

141 华人教育的另一个特点就是大班上课。"大班授课和整体指导是华人社会教学最普遍的形式……维护课堂纪律十分重要"（Stevenson & Stigler，1992，p.62）。"儒家传统的课堂十分正式，即教师传授知识，学生接收知识。在这种情况下，教师为了保持对课堂的绝对控制就必须高度专制"（Ho，2001，p.112）。此外，同西方教师相比，华人教师为了行使其控制权常常采用消极强化措施，比如惩罚，正如F. 萨里里（1996）所说，"华人教师很少使用赞扬，他们认为如果不是出于非常明显的原因，赞扬将不利于儿童的性格发展……因此，学生的表现很少受到积极的口头评价"（p.94）。在华人社会，由于教师少学生多，常规的课堂管理十分强调纪律、顺从和惩罚。

华人社会传统的教学和学习是以考试为导向、教师为中心、教材为基础，因此学习教学方法就是必不可少的一环。Tang和J. B. 比格斯（1996）指出，香港教师认为他们主要的职责就是最大限度地提高学生在公共考试中的成绩，而且他们相信达到这一目的最有效的方法就是讲解式教学。L. W. 佩因（1990）曾把华人社会的课堂描述为以教师说话为主：教师就像艺术表演者，而学生就像观众。此外，J. B. 比格斯（1996b）还评论道："香港学生毫无质疑地接受教师或讲师传授的知识，这也许是儒家孝道的延伸或者转移。"（p.47）

130

　　为了找出对华人教学模式的实证支持，人们进行了一些研究。Xin 和 Lin（2000）发现：在 347 名中国教师中，可根据教师采用的教学模式把其中多数教师分为专制型或者顺从型。H. W. 史蒂文森和 J. W. 施蒂格勒（1992）进行的实证研究证明了：与美国学生相比，亚洲学生受到更多来自教师的指导。"在中国台湾，教师指导儿童行为的时间占了 90％，日本是 74％，而美国只有 46％。在中国台湾，学生不受指导的时间是 9％，日本是 26％，而美国是惊人的 51％"（Stevenson & Stigler，1992，p. 145）。

　　有批评指出，华人教师倾向于忽视甚至是阻止学生的创造力表现。*142* S. L. 亨塞克（1994）发现，虽然教师认为创造力是学生的天赋，但是在挑选优秀学生时，教师对课堂表现的关注仍多于创造力。对 204 名香港中小学教师的研究发现：教师认为学生的某些创造性特质并不会受到社会的欢迎（Chan & Chan，1999）。他们解释道："在中国文化中，人们常常把反常规或者不听话的行为看作是叛逆反抗，把表现性行为看作是傲慢或者出风头，把自我肯定的行为看作是以自我为中心或者固执己见。因此，华人教师并不欣赏反常规、自我表现和自我肯定的性格行为特点。"（Chan & Chan，1999，p. 194）"教师眼中的好孩子应该诚实，能包容他人，总是听老师的话，从不质疑老师的话，也不提奇怪的问题。"（Wang & Mao，1996，p. 149）传统的华人社会不仅忽视学生的创造力发展，还忽视了教师的创造力，这也是其备受诟病的原因之一。M. 科塔兹和 Jin（2001）研究了一个有能力的教师应具备的特质，Chan（2001）研究了培养出成功学生的教师应具有的特质和能力。以上两个研究中都发现创造力并不是上述教师的必备特质。

　　总之，从西方的观点出发，传统的华人教育十分不利于创造力的发展，一直受到外界的诟病。研究表明华人教育强调教育的社会角色，认为学生遵守常规、听话顺从比其个体的发展更重要。华人学校的课程高度集中、死板并且以考试为导向，教学模式多采用讲解式和机械式记忆。华人认为知识和技能是创造力发展的前提条件。

3. 对华人社会创造力的担忧

除了对华人传统教育的批评，近 10 年来，华人社会对创造力发展的
143 认识和担忧逐渐增加。当地华语杂志或国际英语杂志都已出版了该领域
的许多研究结果。以下就是对一些华人社会创造力研究的回顾。

3.1　华人的创造力概念

虽然有许多文章批评华人传统教育不利于创造力教育，但近来有一
些研究表明了不同的观点。华人倾向于把获得知识和技能放在发展创造
力之前，这并不一定说明华人不重视创造力。一些学者指出，西方人认
为创造力是一个相对较快、需要洞察力的过程，而华人则认为创造力是
一个需要刻苦努力、重复练习和牢固知识基础的缓慢过程（Dahlin &
Watkins，2000；Jin & Cortazzi，1998；Watkins，2000）。西方人认为
"儿童会创造性地学习创造力"（Jin & Cortazzi，1998，p. 756），而华人
的看法恰恰相反。鉴于以上原因，华人更加重视刻苦工作，为了理解而
重复练习和记忆，并追求外部动机和内部动机的平衡（Watkins，2000）。

一些研究（Rudowicz & Hui，1997；Yue，2001）表明华人更重视
创造力的社会角色和工具作用，而忽视了创造力的审美和幽默因素。华
人认可的创造性人才多数是政治家和科学家，而艺术家和作家只占一小
部分。虽然一些研究者相信在创造力观念中存在一些文化差异，但 Chen、
Kasof、Himel、Greenberger、Dong 和 Xue（2002）以及牛卫华和斯滕伯
格（2001）进行的两个实验都证明了中西方对绘画作品的评价标准十分
一致。

还有诸多研究是关于不同地区华人的创造性特质。在中国大陆进行
的研究发现：创造性特质包括高智商、乐观和不易焦虑的心态（Chen，
Song，Lin，& Miao，1996）。He、Zha 和 Xie（1997）发现：人们的创
144 造性思维和趋势与他们的一些特质相关，这些特质包括：冒险精神、好

奇心、想象力和敢于挑战等。胡慧思和 Hui（1997）发现：香港人列出的创造性人才应该具备的特质名单上，排在前五的是创新能力、智力、活力、大胆和社交能力。这就说明华人除了不重视幽默和艺术因素以外，其创造力概念和西方相差无几。

Hui 和胡慧思（1997）进行的研究表明香港华人十分看重创造力特质，被测者列出的十大重要人格特质中，有四个属于创造性特质，三个属于华人的传统特质。刘诚（1992）在价值偏好研究中发现中国香港的大学生极为重视"想象力"，重视程度和美国大学生相差无几。刘诚、J. N. 尼科尔斯、T. A. 托希尔德森和 M. 帕塔什尼克（2000）发现，相较于美国中学生，中国香港中学生更希望学校教会他们如何创造性地去迎接挑战。然而胡慧思和岳晓东（2002）在中国大陆、中国香港和中国台湾进行的研究表明，相较于创造性特质，如创新、活力、智力和社交能力，人们更看重中国传统的特质，如顺从、社会认可、遵纪守法和责任感。

华人的创造力概念还有待研究，这一概念将会直接影响华人社会创造力教育的目的和方法。比如，华人教育到底希望培养出何种创造性人才？华人创造力教育的目的是什么？同其他特质相比，在华人教育中创造力发展被排在第几位？华人认为创造力应该如何发展？这些都是创造力教育中的基本问题。

3.2　创造力评估

至于评估方面，诸多西方发散思维测试和态度测试已在华人社会得到运用。比如，中国台湾（吴静吉，丁舆祥，高泉丰，1992；吴静吉，高泉丰，吴甫彦与叶玉珠，1993）和中国香港（Spinks，Ku-Yu，Shek，*145* & Bacon-Shone，1995；Rudowicz，Lok，& Kitto，1995）已成功地引进和使用了托兰斯创造性思维测试。香港还采用沃勒克和科根的测试（Lau，Cheung，Chan，Wu，& Kwong，1998；Chan，Cheung，Lau，Wu，Kwong，& Li，2001）。总体而言，这些发散性思维测试已在华人样本中得到可接受的信度和效度。

华人社会现采用的多数创造力评估方法都来自西方研究，其中多数方法是用于评估儿童创造力的一般方面，最近的一些研究突破了这一局限，吴静吉、吴甫彦、陈俊贤、李伟文、刘士豪和陈玉桦（1999）已成功地使用中国文化元素（比如汉字、筷子）来制定创造性思维测试。Hu和P. 阿德利（2002）制定出了测试中学生科学创造力的发散思维测试。除了评估发散思维能力，郑慕贤（2002）还采用共识评估来测量教师产生教学想法过程中的创造力。心理测量的结果总体良好。Cheung、Tse和Tsang（2001）成功地制定和验证了"中国创意写作量表"，并用其来测试小学生汉语写作中的创造力。除了评估创造力，苏启祯（2000）还发展了一套自我评价表来评估教师的创造力培养行为。上述所有的研究都为华人社会的教育和研究提供了有用的评估方法。

3.3　创造力的跨文化比较

在一些研究中，研究人员测试了华人儿童的创造力，并将测试结果与西方相比较。牛卫华和斯滕伯格（2001）在他们的研究中发现同华人相比，美国人能产出更多的具有创造性和审美价值的艺术品。Kwan（1991）在新加坡进行的另一个研究表明：在新加坡的西方人，他们的孩子在其祖国出生，在新加坡外籍学校接受教育，这些孩子在托兰斯创造性思维测试中获得的分数高于新加坡孩子。同这些结论相反的是，胡慧思等人（1995）发现：在托兰斯图形测试中，中国香港华人儿童的得分高于美国、新加坡和中国台湾儿童，但低于德国儿童。Li 和 D. J. 沙尔克罗斯（1992）的研究表明：超过 50% 的北京学生可以解决"九点问题"，而只有 25% 的美国学生能做到。该研究还表明，在放弃努力之前，华人学生付出的时间是美国学生的两倍。

总之，尽管华人的传统教育体系一直被指责不利于学生创造力的发展，但跨文化的创造力比较却显示出利弊参半的结果，目前还没有明确的证据能证明华人的创造力不如西方人。鉴于创造力本身的多面性和复

146

杂性，得出这样复杂的结果也实属正常。此外，跨文化比较中的任何差异都是因为评估方法存在文化偏差，或者样本存在偏差，而不是由文化和社会因素引起的。

3.4　教师与教学方法

同对华人教师的指责相反，华人社会的许多学者都强调教师在发展学生创造力过程中扮演了重要角色，他们是促进者、支持者、指导者、引领者和创造者（兵素琴，1996；Tan，1998；1999）。傅学海（2001）指出：为了加强学生的创造力，教师应该首先持一个开明态度。刘诚和Li（1996）发现，教师和学生都认为学生在同辈中的地位与其创造力息息相关，受欢迎的学生常被称赞为极富创造力。

为了促进学生创造力的发展，除了拥有一个支持的态度，教师还必须具备教学能力，这点十分必要。在中国大陆、中国台湾和新加坡，有诸多讨论如何发展学生创造力或提出创新型教学方法的书籍和文章（Mellou，1996；方朝生，1994；李基常、廖信，2000；洪文东，1997；张振成，2001）。举个例子，王恭志（1998）提出了六种创新型教学技能——支持和鼓励学生奇怪的想法，尊重个体差异，给学生足够的思考时 **147** 间，建立互相尊重的气氛，注意创造力的多重含义，鼓励学生参与。为了取代传统压抑的教学方法，陈美玉（1997）提出了创造性教学方法，包括把连环画册作为教材、开放的课程设计、教学反思、关注学生情感、从实际观察中学习知识、关心公共事务。还有一部分教育者建议使用其他创新性教学方法来激发学生的创造力，这些方法包括戏剧（郭香妹，2002）、舞蹈（林丽芬，1994）、图书（陈海泓，2001）、体育（杨智先，2000）和电脑软件（王恭志，1998；崔梦萍，1999）。

最近中国香港进行了一项关于教师性格的研究（Zhang & Sternberg，2002），该研究表明具有某些思维方式，比如立法思维模式的教师更容易进行创造性教学。该研究还发现了与教师思维方式紧密相连的六个教师方面的特点——性别、学校环境外的工作经验、采用新教学材料的满意度、使用集体项目去评估学生成绩、自主决定教学内容、对学生质量进行分级。除了思维方式，动机导向也影响着教师创造力的发展。在中国台湾，Chen's（1995）发现六种动机导向和中学教师的创新性之间存在多元关系。一些研究（如柳明原真，1999；杨朝辉、华晓白，2003）强调了教师创造力在促进学生创造力发展中的重要性。

而另一些研究（如王千倬，2000；Tan & Law，2000）则探索了何种培训才能帮助教师实施创造性教学。Tan（2001）发现参加了思维训练的教师更懂得欣赏笑话，P. S. 克莱内茨基（1998）发现接受过4MAT训练的教师对创造力的态度更积极。

基于上述研究，很明显，华人社会越来越关注在促进创造力教育中教师所扮演的角色和使用的教学方法。

148 3.5 学校文化

华人社会的许多研究和文章已经讨论了适合儿童创造力发展的学校环境的重要性。具体一点来说，王千倬（1998）提出教育者可以利用IT技术来营造一种有利于合作学习、针对问题的学习和开动脑筋的学习环境。中国台湾的一个研究报道指出，为了营造有利于创造力的环境，应该鼓励学生参与各种展览和竞赛；为教师和学生提供一面创意墙，让他们表达自己的想法；展示获奖产品。张家硕（2000）在他的研究中也建议营造欢乐的学校环境，促进学生创造力。

3.6 创造力发展计划

近几年，华人社会实施了一些教育计划来鼓励创造力发展。中国香港设立了一项优质教育基金，投入50亿港币来支持学校和教育机构的创新型计划，其中多数计划都和创造力教育有着直接或间接关系（详见网页http://www.gov.hk/qef）。从1986年起，中国就开始在小学实施大规模的创造力教育计划，至今已有10多年历史了。常规学校课程中加入了有利于创造力的因素和一些创造力课程。两本汉语书（赵承福，2000）

记录了华人研究经验和硕果。为了探索特殊群体的创造力教育，Chen（2001）于 1997 年在中国建立了一所实验女子初中，学生在这里接受创造力教育和有利于女学生创造潜能发展的教育。

3.7　对传统华人文化的不同看法 *149*

虽然多数人都认为儒家思想统治了华人文化，但道家思想、佛教思想和《易经》等文学巨著也对华人的处世哲学有着深刻的影响。这些哲学思想充满了隐喻、想象力、创新和灵活的思维方式，一些研究还强调指出了其对创造力发展的贡献。Kuo（1996）认为，道家思想包含了相生、思辩以及对立面的统一。Holt and Chang（1992）成功地使用《易经》中的隐喻来培养大学生的创造力。在中国台湾，胡锦蕉在其创造力发展计划中（1995）采用佛教的冥想来帮助天赋异禀的儿童得到放松。进一步研究这些珍贵的中国文化遗产有利于未来的创造力教育。不同的观点也许会造成疑惑：传统中国文化对于创造力教育来说到底是有弊还是有利呢？由于中国文化对华人创造力发展的真正影响还有待证明，因此很难回答上述问题。

4. 创造力教育

4.1　正式课程改革

近年来，随着社会对创造力的关注度日益增加，华人政府对学校课程进行了重大改革。1998 年，新加坡政府把"学校思考，全国学习"作为 21 世纪的教育目标，这一目标强调各种思考技能，比如问题解决能力，创造思维和批判思维（新加坡教育部网站）。2001 年，中国政府也在《基础教育课程改革纲要（试行）》中宣布新课标的主要任务之一就是发展学生的创造力和问题解决能力。2001 年，中国香港教育局进行了"学会学习"的课程改革，提出创造力是最重要的三大基本技能之一，所有

学生必须全力发展创造力（课程发展处，中华人民共和国香港特别行政

150 区，2001）。在所有华人圈，台湾当局在文件中强调创造力的次数最多。2001 年，台湾当局出台了《创造力教育白皮书》，该文件宣布，将来所有教育政策都将集中在创造力之上。

　　除了相同的教育改革目标，各个华人主管部门提出的改革方法也有诸多相似之处。几乎所有的主管部门都尝试着减少公共考试的次数；鼓励学校采用多种形式的评估方法；鼓励教师实行以学生为主、更为开放的探究学习、讨论和问题解决活动，采取多样化的教学方法，如戏剧、游戏、角色扮演、小组活动、独立研习和社会服务活动等；鼓励教师删除冗长重复的练习，精简教学大纲，这样就可以留出更多的时间让学生做一些课堂活动。新课标还为教师提供了更多的自主权，鼓励教师更加灵活地因材施教（课程发展处，中华人民共和国香港特别行政区，2001；中华人民共和国，2001；"中华民国教育部"网站；新加坡教育部；钟启泉，崔允漷，张华，2001）。

　　如想仔细研究这些改革，可翻阅政府文件和一些研究结论。比如，有研究就曾报道中国大陆和中国台湾正对幼儿园课程进行改革，目的是提高儿童的自主性和创造力，新课标鼓励儿童以小组或个人的形式根据想象进行自由活动，这样儿童既能学到知识，又减少了老师说教和示范的次数，儿童既能表达自己的观点，又能选择自己想参加的活动。

151　4.2　学校管理的改革

　　华人社会的学校机构近年来也进行了改革。比如，香港政府于 1991 年就开始实行学校管理新措施，该计划把学校管理权从政府集中管理下放到了各级学校。正如李和杰勒德（1997）所说，学校变得更加因材施教、以人为本。同样地，台湾当局于 2001 年颁布的《创造力教育白皮书》提出了若干加强学校管理的方法，如建立一个体系来帮助教育系统中的附属机构参与决策的制定和计划的实施。该文件还建议聘用创造性人才，如艺术家，来学校里分享他们的经验和技能；鼓励教师和学生参

与创造性活动的设计和评估；制定"创造性教学"和"创造力发展"的指数，用于评价教师的表现（"中华民国"网站）。

4.3　教师培训的改革

现今，华人社会开始使用各种方法来促进创造性教学，增强教师的创造力。比如，据 Tan（2000）称，新加坡国家教育学院增加了包括创造力在内的核心选修课程，在所有计划中，讲师都需把思维技巧融入课程之中。从 1999 年以来，人们就开始测评实习教师在教学实践中激发学生批判思维和创新思维的能力。中国香港教育学院也宣布创造力是研究生教育计划中所有科目的主要特点之一，也是某些计划的评估标准之一（香港教育学院，2002）。在中国大陆，Gu（1999）表示 21 世纪的中国教育需要具有创造力和高职业素养的教师，为了达到这一目标，必须改革师范学院的教师培训计划。中国台湾的《创造力教育白皮书》提出评估教师培训体系应包括课程设置、教学实践和教师评估等，并把与创造力 *152*相关的课程作为教师培训的重点。该文件还建议教育者可以实行以学校为基地的教师发展计划、教师创造力工作坊、创造力教学讲坛，以此来提高教师的创造力（"中华民国教育部"网站）。

毫无疑问，创造力现已成为华人政府主要的教育目标之一，为改善创造力教育，各级主管部门正付出前所未有的巨大努力。比如，中国台湾的《创造力教育白皮书》就提出了一个非常全面的创造力教育改革方案，该方案为几乎所有相关领域都提出了指导路线，包括学校课程、教师发展、学校文化和学校管理、公共教育、信息技术的支持以及终身学习（"中华民国教育部"网站），很难找出世界上还有哪个国家或地区对创造力的重视程度能胜过中国台湾。作为同一区域内的竞争对手，中国台湾、中国香港、新加坡和中国大陆之间的互相影响在所难免，各政府之间的竞争会驱使其教育在将来发生更为剧烈的变化。

5. 创造力改革之路将面临的挑战

不难想象，如此快速的教育改革将面临诸多艰难险阻，尤其是那些历史上曾经历过类似教育改革的国家。

5.1 正式课程和实施课程之间的差距

虽然发展创造力已成为华人社会一项正式的教育目标，但学生的创造力是否真的得到了提高，这还有待证明。正如一本国际杂志所说，"纸上的教育改革不会一夜之间变成现实。在韩国课堂上，虽然有一系列的计划可使教学更加生动有趣，但是专制的教学方法仍然占主导。"（Elliott，1999，p.40）再比如，为解决机械式记忆的问题，中国香港于1995年实行了"以目标为本的课程"（TOC）计划。但是，自西方引进的TOC并不适合华人文化下的教学活动，因为课堂上依然是以教师讲解为主，学生不愿意表达自己的看法，这一传统并未改变（Carless，1999）。实际上，正式课程和实施课程之间的差距在华人社会是一个公认的长期存在的事实。

华人政府提出创造力教育改革，目的是为了获得经济上更大的成功。大多数改革计划都缺乏一个清楚的创造力教育概念，对教育改革和文化改革之间的关系也没有一个全面的认识。各政府急于训练教师去传授创造力，而不是在学校和社会倡导一个全面的文化改革，并且这些社会的社会文化和教育体系从根本上就不利于这种改革。大多数教师、政府官员、学校管理人员和教师培训人员都是在传统文化中成长起来的，因此他们对创造力没有足够的经验，或没有足够的热情，但他们却是创造力发展的利益相关者和制定实施改革的关键人物。

香港最近进行的一项调查（郑慕贤、陈松霖，2002）发现，虽然教师和校长现在都认为发展创造力对于学生和教师来说十分重要，但在实际教学中，大多数的教师还是紧跟教材和主要课程，没有太多的改进和调整。教师在讲解创造力时自信不足，知识有限，他们认为改革最大的障碍是由僵硬死板的考试体系所带来的高压力。最近，由 Cheung，Tse 和 Tsang（2003）进行的一项研究也显示了教师的想法和实践之间的不一致。尽管教师都十分清楚创造力的价值，也对提高创造力的教学方法很熟练，但多数教师仍然使用传统的教学方法。不仅教师，学校也还没有做好改革的准备（Kowalski，1997）。实际上，课程、考试和学校体系的改革会受到很多因素的影响，比如缺乏资源、知识、经验和时间。很明 *154* 显，华人社会的创造力改革是一个复杂的问题，而各政府现有的指导路线和创造力研究不足以解决所有的问题。

5.2 给将来研究的建议

在西方文献中，创造力的研究和定义更多的是在心理领域进行，而非教育领域。尽管华人教育政策中多次提到"创造力"一词，但是政府并没有给其一个清晰的定义。只需在科教资源信息中心（ERIC）和心理信息（PsyclNFO）的数据库搜索一下就可以发现，华人社会虽然也有大量的创造力研究，但多数都只停留在心理研究领域，课程或教育领域严谨的学术研究相对较少。在华人社会，大部分关于创造力的书都是就创造力评估和创造力活动泛泛而谈，没有专门讨论学校环境中的创造力。因此，关于创造力教育的许多问题都尚未得到解答，比如，"创造力教育"的准确定义是什么？其范围是什么？创造力课程的具体目标是什么？处于不同学习阶段的学生，如儿童早期、初级、中级和高级学习阶段，应该到达何种成绩？学生在不同的学科，如语言、科学、数学、艺术等，应该到达何种成绩？学生如何才能在不同学科达到一定的目标？如何在课堂上、考试中和小组活动中评估学生的学习成果？目前关于上述问题的实证研究和学术研究还十分缺乏。

在所有的研究领域中，如何评估学校环境中的创造力是急需解决的问题。由于中国大陆、中国台湾、中国香港和新加坡都是以应试教育为主，因此制定出一些简单、实用、可靠和有效的主观评估方法来测评学

校和公共考试中的创造力对于上述国家和地区来说十分重要。如果教育
评估方面不能有所突破，那么华人社会就很难取得创造力教育的成功。

155 最近，Hu 和 P. 阿德利（2002）制定出了测试中学生科学创造力的发散
思维测试。在香港，Cheung，Tse 和 Tsang（2003）也制定了"中文创
意写作"来评估小学生汉语写作中的创造力。他们的贡献对将来以学校
为主的主观创造力评估研究来说是重要的参考。

除了学校课程和成绩评估，教师的发展和评估是创造力教育改革的
另一个关键因素。应该为创造力教育选择什么样的教师？在教师培训发
展中应该如何培养教师创造力教育的态度和能力？在学校和教师培训课
程中该如何评估教师的能力和表现？应该如何改变教师的教学课程和学
校管理？这些都是难以回答但十分关键的问题。为了改变学校环境，郑
慕贤（2002a，2002b）制定了一种学校创造力改革模式，该模式强调教
师主动性和发展教育改革的重要性。除了学校改革，还急需大量地研究
教师培训课程改革。将来，教师的教育将决定创造力改革中教师培训课
程的目标。然而，如何达到和评估这些目标？在创造力教学中是否应该
为发展教师能力而单独制定计划？是否应该在各种教师培训计划中融入
发展学生创造力的方法？上述所有问题都值得仔细研究。

除了教学方法，教师自身对创造力态度和能力也极为重要。香港的
一项研究（郑慕贤，2002b）发现：教师的创造性特质、对创造性教学的
态度与创造力培养之间关系紧密，这表明教师的创造力是学生创造力发
展的重要因素之一。除了示范作用，教师还是新型教学方法的设计者和
实施者，因此，教师自身的思维习惯和对创造力的兴趣是创造力教育的
关键因素。

156 然而，华人社会现在还没有足够地认识到教师创造力的重要性。新
加坡政府投放了很多资源去发展教学材料和指导路线、设立工作坊来训
练教师传授创造力，但是对教师的自主权和自身的创造力发展的强调则
相对较少。与新加坡不同，中国台湾在新出台的政策文件中明确提出了
发展教师创造力的指导纲领，该文件提出了一些发展理论和方向，但是

缺少实施方案和预期效果。中国大陆和香港特区还没有出台有利于创造力改革的教师培训政策。此外，这些国家和地区对教师创造力的研究大多只停留在纸上讨论阶段，缺乏专业的学术研究。

中国香港最近进行的一项研究主要就是针对创造力改革。郑慕贤（2002）发现教师在教学中的创造力受多种因素的影响，比如：教师进行创新教学的能力和动机、教师的发散思维能力、教学的内部动机、创造性特质、参与研究的机会、教学经验，以及诸多环境因素，如自由、时间、学校的支持。为迎接创造力改革的挑战，学校和教师培训机构都应该把发展教师创造力作为主要任务之一。学校应该为教师提供有利于创造力发展的环境，以及继续发展和研究创造力的机会。教师发展计划不应只着眼于获得知识和技能，而还应注重培养教师的想象思维和发散思维、教学内部动机、创造性思维模式以及创造性特质。虽然上述多数的能力都是先天的，但教师培训专家和学校领导的支持态度、对创造性想法的赞赏、对模棱两可和错误的宽容、敢于接受挑战、设计教学内容和方式的自由、在教学评估中对创造力的认同，这些也都是必要的推动因素。教师培训专家和学校领导自身也需要具有创新精神且处事灵活，热爱教学工作，能接受反常规的想法。这些都暗示着华人的学校文化和教 *157* 师培训机构文化即将发生革命性的变化，如何激发这些文化变革正是华人社会需要严肃探索的终极问题。

5.3　创造力教育的华人模式

同华人社会相比，西方社会并没有太多地强调创造力。正如台湾当局进行的一次全面的跨文化研究（"中华民国教育部"网站）所示，部分原因是创造性因素已经存在于西方学校课程和文化之中。华人社会现在的目标是快速地改革创造力教育，这是西方社会从没有经历过的局面，正因如此，仅仅把西方创造力研究引入华人社会不足以支持华人社会正在进行的改革。

然而，回顾以往的研究，不难发现华人社会大部分的创造力研究主要都是参考西方的文献：西方发散思维能力测试、阿马比尔的共识测量法以及西方的创造力理论系统等都被频繁地使用。华人之前进行的大部分研究都是采用在西方文献中随处可见的创造力评估和培养方法以及创造力因素。在过去的 10 年，华人社会的创造力研究主要是从西方引进方法、标准和理论，但是，华人社会有自己独特的文化和社会背景，他们的创造力改革也有着特殊的需要，因此，过去的研究从未完全满足过其需要。

　　未来，为了在特殊的经济和政治环境以及集体主义或儒家文化下实现创造力教育，华人社会需要寻找新方法。探索研究可从以下问题入手：发展中国家大多数的人口都从事工业和农业，其创造力教育与高度商业化社会的创造力教育有什么区别？最符合华人创造力观念的创造力教育目标是什么？对集体创造力的重视程度高于个人创造力的社会应该如何提高创造力？在高度重视集体共识的社会，应该如何激发团队中个人的创造力？如何鼓励不同类型的创造力，不论是原创的还是经过修改的？如何提高集体创造力（Kirton，1976，1989）？在重视实用、有用的想法而不是出于娱乐目的的社会，应该如何评估创造潜力？对于华人来说，什么形式的创造力评估方法比发散思维测试更有效？如何把发展创造力与强调获得知识技能的中国式观念相结合？如何鼓励华人学生既重视勤奋努力也懂得享受休闲娱乐？如何在学习和工作中重视培养内部和外部动机？

　　将来的研究还需解决华人社会特殊的问题，比如：何种教学方法可在大班教学中培养创造力？何种创造力学习活动不需要太多的资源？如何在一个高度竞争的社会鼓励创造力？不习惯创造力学习模式的学生容易接受的是何种学习方法？习惯使用讲解式教学的教师容易接受的是何种教学方法？家长和公众更能接受的是何种创造力评估办法？如何才能吸引创造性人才从事默默无闻的教育事业？如何奖励教师的创造力才能留住创造性人才？最重要的是，如何对现有僵硬死板的课程、教育评估、学校管理以及教师教育体系进行改革才能把阻力降到最小？

正如之前所讨论的，除了儒家思想，道家思想、佛教思想和《易经》等文学巨著都对华人文化产生了巨大影响。这些思想的思维方式，比如隐喻和冥想同西方创造力思维模式有相似之处。深入探讨华人文化遗产将会是一项前景光明、硕果累累的研究课堂，它将会揭示更多的"华人 **159** 创造性思维模式"，对构建"创造力发展的华人模式"也将有所贡献。为了构建创造力教育的华人模式，我们需要更全面地了解华人文化，并寻找方法来将其在创造力教育中的优势最大化，消极影响最小化。我们必须制定自己的创造力教育目标，找出在独特的文化和社会环境下实现这些目标的有效办法。

6. 总结

现今，华人社会创造力教育的前景一片光明。为了实现从传统教育进步到创造力教育的改革，华人政府付出了巨大努力。在未来，华人社会对创造力的研究不能只局限于简单的纸上讨论和纯心理方法，而应对创造力课程、教育评估、学校管理和教师教育进行严谨的学术研究。为了取得改革的成功，华人教育者不仅应该重视创造力培养方法，还需有效地改革当下僵硬死板的教育文化和体系。华人不仅需要了解儒家思想和集体主义的影响，还需探索其文化遗产中其他的可能领域，寻找能将其优势最大化的方法。从西方研究中引进方法和结论不再足以支持华人社会独特的教育改革，教育者需要构建一个"创造力教育的华人模式"来满足各社会的特别需要。

参考文献

Biggs，J. B. (1996a). Learning, schooling, and socialization: A Chinese solution to a western problem. In S. Lau (Ed.), *Growing up the Chinese way: Chinese child and adolescent development* (pp. 147-167). Hong Kong: The Chinese University Press.

160 Biggs, J. B. (1996b). Western misperceptions of the Confucian-heritage learning culture. In D. A. Watkins & J. B. Biggs (Eds.), *The Chinese learner: Cultural, psychological, and contextual influences* (pp. 45-67). Hong Kong: Comparative Education Research Centre.

Bruner, J. (1986). *Actual minds, possible worlds*. MA: Harvard University Press.

Carless, D. R. (1999). Perspectives on the cultural appropriacy of Hong Kong's target-oriented curriculum (TOC) initiative. *Language, Culture and Curriculum*, 12 (3), 238-254.

Chan, D. W. (2001). Characteristics and competencies of teachers of gifted learners: The Hong Kong teacher perspective. *Roeper Review*, 23 (4), 197-202.

Chan, D. W., & Chan, L. K. (1999). Implicit theories of creativity: Teachers' perception of student characteristics in Hong Kong. *Creativity Research Journal*, 12 (3), 185-195.

Chan, D. W., Cheung, P. C., Lau, S., Wu, W. Y. H., Kwong, J. M. L., & Li, W. L. (2001). Assessing ideational fluency in primary students in Hong Kong. *Creativity Research Journal*, 13 (3 and 4), 359-365.

Chen, C., Kasof, J., Himsel, A. J., Greenberger, E., Dong, Q., & Xue, G. (2002). Creativity in drawings of geometric shapes: A cross-cultural examination with the consensual assessment technique. *Journal of Cross-Cultural Psychology*, 33 (2), 171-187.

Chen, G., Song, Z., Lin, L., & Miao, X. (1996). A study of the relationships among intelligence, creativity and personality in primary and secondary school students. *Psychological Science China*, 19 (3), 154-157.

Chen, J. M. (1995). Motivational orientations in staff development and innovativeness among high school teachers in Taiwan. *Dissertation Abstracts International Section A. Humanities and Social Sciences*, 56 (5-A), 1623.

Chen, M. (2001). Creativity education at the Chengdu Huaying girls middle school. *Chinese Education and Society*, 34 (1), 53-65.

Cheng, M. Y. (2002). *Creativity in teaching: Conceptualization, assessment and resources*. Unpublished doctoral dissertation, Hong Kong Baptist University.

146

Hong Kong.

Cheung, W. M., Tse, S. K., & Tsang, W. H. H. (2001). Development and validation of the Chinese creative writing scale for primary school students in Hong Kong. *Journal of Creative Behavior*, 35 (4), 249-260.

Cheung, W. M., Tse, S. K., & Tsang, W. H. H. (2003). Teaching creative writing skills to primary school children in Hong Kong: Discordance between the views and practices of language teachers. *Journal of Creative Behavior*, 37 (2), 77-98.

Curriculum Development Council, Hong Kong Special Administrative Region of the *161* People's Republic of China (2001). *Learning to learn, life-long learning and whole-person development*. Hong Kong: Curriculum Development Council.

Cortazzi, M., & Jin, L. (2001). Large classes in China: "Good" teachers and inter-action. In D. A. Watkins & J. B. Biggs (Eds.), *Teaching the Chinese learner: Psychological and pedagogical perspectives* (pp. 115-134). Hong Kong: Comparative Education Research Centre.

Dahlin, B., & Watkins, D. (2000). The role of repetition in the processes of memo-rising and understanding: A comparison of the views of German and Chinese sec-ondary school students in Hong Kong. *British Journal of Educational Psychol-ogy*, 70 (1), 65-84.

Elliott, M. (1999, September 6). Learning to think. *Newsweek*, 38-41.

Freeman, N. K. (1997). *Experiencing multiculturalism first hand: Looking at early childhood education in China teaches us about ourselves*. Paper presented at the International Conference and Exhibition of the Association for Childhood Educa-tion International, Portland, OR, April 9-12, 1997.

Gardner, H. (1997). The key in the key slot: Creativity in a Chinese key. *Journal of Cognitive Education*, 6, 15-36.

Gerard, A. R, & Lee, W. O. (1997). Schooling and the changing socio-political setting: An introduction. In G. A. Postiglion & W. O. Lee (Eds.), *School-ing in Hong Kong: Organization, teaching and social context*. Hong Kong: Hong Kong University Press.

Gu, D. (1999). Further reform of the normal school curriculum. *Chinese Education and Society*, 32 (1), 67-78.

He, J., Zha, Z., & Xie, G. (1997). A research on creative thinking and tendency of creation in 10- and 12-yr-old children. *Psychological Science China*, 20 (2), 176-178.

Ho, I. R. (2001). Are Chinese teachers authoritarian? In D. A. Watkins & J. B. Biggs (Eds.), *Teaching the Chinese learner: Psychological and pedagogical perspectives* (pp. 99-114). Hong Kong: Comparative Education Research Centre.

Holt, G. R., & Chang, H. C. (1992). Phases and changes: Using I Ching as a source of generative metaphors in teaching small group discussion. *The Journal of Creative Behavior*, 26 (2), 95-107.

Hong Kong Institute of Education (2002). *One-year full-time and two-year part-time postgraduate diploma in education (secondary) programmes: Submission for programme revalidation. Part II: General information of the revised programme*. Unpublished document. Hong Kong: The Hong Kong Institute of Education.

Hu, W., & Adley, R (2002). A scientific creativity test for secondary school students. *International Journal of Science Education*, 24 (4), 289-403.

Hui, A., & Rudowicz, E. (1997). Creative personality versus Chinese personality: How distinctive are these two personality factors? *Psychologia: An International Journal of Psychology in the Orient*, 40 (4), 277-285.

Hunsaker, S. L. (1994). Creativity as a characteristic of giftedness: Teachers see it, then they don't. *Roeper Review*, 17 (1), 11-15.

Jin, L., & Cortazzi, M. (1998). Dimensions of dialogue, large classes in China. *International Journal of Educational Research*, 29, 739-761.

Kirton, M. (1976). Adaptors and innovators: A description and measure. *Journal of Applied Psychology*, 61 (5), 622-629.

Kirton, M. (1989). *Adaptors and innovators: Styles of creativity and problem solving*. London: Routledge.

162

Klenetsky, P. S. (1998). The effect of 4MAT training on teachers' attitudes towards student behaviors associated with creativity. *Dissertation Abstracts International Section A: Humanities and Social Sciences*, 58 (10-A), 3893.

Kowalski, S. A. (1997). Toward a vision of creative schools: Teachers' beliefs about creativity and public creative identity. *Dissertation Abstracts International Section A: Humanities and Social Sciences*, 58 (6-A), 2071.

Kuo, Y. Y. (1996). Taoistic psychology of creativity. *Journal of creative behavior*, 30 (3), 197-212.

Kwan, C. K. D. (1991). *A comparative study of creativity in drawing among "western" and Singaporean preschool children*. Unpublished master dissertation, National University of Singapore.

Lau, S. (1992). Collectivism's individualism: Value preference, personal control, and the desire for freedom among Chinese in Mainland China, Hong Kong, and Singapore. *Personality and Individual Differences*, 13, 361-366.

Lau, S., Cheung, R C., Chan, D. W., Wu, W. Y. H., & Kwong, J. M. L. (1998). *Creativity of school children: The use of the Wallach-Kogan Creativity Tests in Hong Kong*. Unpublished manuscript, Center for Child Development, Hong Kong Baptist University.

Lau, S., & Li, W. L. (1996). Peer status and perceived creativity: Are popular children viewed by peers and teachers as creative? *Creativity Research Journal*, 9 (4), 347-352.

Lau, S., Nicholls, J. G., Thorkildsen, T. A., & Patashnick, M. (2000), Chinese and American adolescents' perceptions of the purposes of education and beliefs about the world of work. *Social Behavior and Personality*, 28, 73-90.

Li, C., & Shallcross, D. J. (1992). The effect of the assumed boundary in the solving **163** of the nine-dot problem on a sample of Chinese and American students 6-18 years old. *The Journal of Creative Behavior*, 26 (1), 53-64.

Lin, Y. W., & Tsai, M. L. (1996). Culture and the kindergarten curriculum in Taiwan. *Early Child Development and Care*, 123, 157-166.

Mellou, E. (1996). Can creativity be nurtured in young children. *Early Child De-*

velopment and Care, 119, 119-130.

Ministry of Education, Singapore. Retrieved 2003 from http: //wwwl. moe. edu. sg/.

Mok, I. , Chik, R M. , Ko, P. Y. , Kwan, T. , Lo, M. L. , Marton, F. , Ng, D. F. P. , Pang, M. E, Runesson, U. , & Szeto, L. H. (2001). Solving the paradox of the Chinese teacher? In D. A. Watkins & J. B. Biggs (Eds.), *Teaching the Chinese learner: Psychological and pedagogical perspectives* (pp. 161-203). Hong Kong: Comparative Education Research Centre.

Niu, W. , & Sternberg, R. J. (2001). Cultural influences on artistic creativity and its evaluation. *International Journal of Psychology*, 36 (4), 225-241.

Paine, L. W. (1990). The teacher as virtuoso: A Chinese model for teaching. *Teachers College Record*, 92 (1), 49-81.

Ripple, R. (1983). Reflections on doing psychological research in Hong Kong. *Bulletin of the Hong Kong Psychological Society*, 10, 7-23.

Rudowicz, E. , & Yue, X. D. (2002). Compatibility of Chinese and creative personalities. *Creativity Research Journal*, 14 (3 & 4), 387-394.

Rudowicz, E. , & Hui, A. (1997). The creative personality: Hong Kong perspective. *Journal of Social Behavior and Personality*, 12 (1), 139-157.

Rudowicz, E. , Lok, D. , & Kitto, J. (1995). Use of the Torrance Tests of Creative Thinking in an exploratory study of creativity in Hong Kong primary school children: A cross-culture comparison. *International Journal of Psychology*, 30, 417-430.

Rybak, C. J. , Wan, G. , Johnson, C. , & Templeton, R. A. (2002). Bridging Eastern and Western philosophies and models. *International Journal for the Advancement of Counselling*, 24 (1), 43-56.

Salili, F. (1996). Accepting personal responsibility for learning. In D. A. Watkins & J. B. Biggs (Eds.), *The Chinese learner: Cultural, psychological, and contextual influences* (pp. 85-105). Hong Kong: Comparative Education Research Centre.

Sob, C. K. (1999). East-west difference in views on Creativity: Is Howard Gardner

Correct? Yes，and no. *Journal of Creative Behavior*，33（2），112-125.

Sob，C. K.（2000）. Indexing creativity fostering teacher behavior：A preliminary validation study. *Journal of Creative Behavior*，34（2），118-134.

Spinks，J. A.，Ku-Yu，S. K.，Shek，D. T. L.，& Bacon-Shone，J. H.（1995）. ***164*** *The Hong Kong Torrance Tests of Creative Thinking：Technical Report.* Unpublished manuscript，Education Department，Hong Kong Government.

Stevenson，H. W.，& Stigler，J. W.（1992）. *The learning gap：Why our schools are falling and what we can learn from Japanese and Chinese education.* NY：Touchstone.

Tan，A. G.（1998）. Exploring educator roles in cultivation creativity. *Korean Journal of Thinking and Problem Solving*，8（1），67-84.

Tan，A. G.（1999）. An exploring study of Singaporean student teachers' perception of teacher roles that are important in fostering creativity. *Education Journal*，27（2），103-123.

Tan，A. G.（2000）. A review on the study of creativity in Singapore. *Journal of Creative Behavior*，34（4），259-284.

Tan，A. G.（2001）. Everyday classroom learning activities and implications for creativity education：A perspective from the beginning teachers' experiences. *Korean Journal of Thinking and Problem Solving*，11（2），23-36.

Tan，A. G.，& Law，L. C.（2000）. Teaching creativity：Singapore's experiences. *Korean Journal of Thinking and Problem Solving*，10（1），79-96.

Tang，C.，& Biggs，J. B.（1996）. How Hong Kong students cope with assessment. In D. A. Watkins and J. B. Biggs（Eds.），*The Chinese learner. Cultural，psychological，and contextual influences*（pp. 159-182）. Hong Kong：Comparative Education Research Centre.

Upton，T. A.（1989）. Chinese students，American universities，and cultural confrontation. *Minne TESOL Journal*，7，9-28.

Wang，J.，& Mao，S.（1996）. Culture and the kindergarten curriculum in the People's Republic of China. *Early Child Development and Care*，123，143-156.

Watkins，D.（2000）. Learning and teaching：A cross-cultural perspective. *School*

Leadership and Management，20（2），161-173.

Watkins，D. A.，& Biggs，J. B. （Eds.）（2001）. *Teaching the Chinese learner. Psychological and pedagogical perspectives.* Hong Kong：Comparative Education Research Centre，The University of Hong Kong.

Xin，Z.，& Lin，C. （2000）. The preliminary revision and application of the questionnaire on teacher interaction. *Psychological Science China*，23（4），404-407.

Yojana，S. （1996）. Creativity culture is full of eastern promise. *Times Educational Supplement*，4175，20.

Yue，X. （2001）. Understanding creativity and creative people in Chinese society：A comparative study among university students in Beijing，Guangzhou，Hong Kong，and Taipei. *Acta Psychologica Sinca*，33（2），148-154.

165 Zhang，L. E，& Steinberg，R. J. （2002）. Thinking styles and teacher characteristics. *International Journal of Psychology*，37（1），3-12.

王千倖（1998）：《以网络路上的电子脑力激荡系统培养教师和学生的科学创造力》（Develop teachers' and students' scientific creativity with the use of IT）。载《遥距教育》第 5 期，47-51 页。

王千倖（1999）：《"合作学习"与"问题导向学习"：培养教师及学生的科学创造力》（"Cooperative learning" and "question-oriented learning"：The development of teacher and students' scientific creativity）。载《教育资料与研究》第 28 期，31-39 页。

王千倖（2000）：《提升教师教学创造力："以学校为中心"的教师在职进修》（Enhancement of teachers' creativity in teaching："School-based" in-service teacher training）。载《中等教育》第 3 期 51 卷，60-71 页。

王恭志（1998）：《从康乐辅导启发儿童的教学》（The enlightenment of children's creativity through play therapy）。载《师友》第 375 期，88-90 页。

方朝生（1994）：《激发智能培养创造力的教学》（Teaching methods that enhance intelligence and nurture creativity）。载《特教园丁》第 4 期 9 卷，27-31 页。

中华人民共和国教育部编（2001）：《开发基础教育改革与发展的新局面：全国基础教育工作会议文件汇编》（A new perspective for elementary education reform and development：A collection of elementary education proceedings in China）。北京：团

结出版社。

"中华民国教育部"：《创造力教育白皮书》（White paper of creativity education），于
2003 年下载自 http：//www. creativity. edu. tw/info/info _ lc. php.

毛连塭（1997）：《激发学校创造力，迎接教改新挑战》（Inspiring schools' creativity in
face of the challenges of educational reform）。载《教师天地》第 91 期，4-8 页。

兵素琴（1996）：《数学科的创意教学》（Creative teaching in mathematics）。载《特教
园丁》第 3 期 11 卷，18-20 页。

李基常、廖信（2000）：《高级职业学校创造思考教学模式之探讨》（A study of crea-
tive thinking model of teaching in advanced vocational school）。载《技术及职业教
育学报》第 3 期，37-48 页。

吴静吉、丁與祥与高泉丰（1992）：《建立"拓弄思语文创造思考测验乙式常模"研究
报告》（The development of "Torrance Tests of Creative Thinking：Verbal Form
B"）。

吴静吉、高泉丰、陈甫彦及叶玉珠（1993）：《建立"拓弄思图创造思考测验甲式常
模"研究报告》（The development of "Torrance Tests of Creative Thinking：Figu-
ral Form A"）。

吴静吉、陈甫彦、郭俊贤、林伟文、刘士豪及陈玉桦（1999）：《新编创造思考测验报
告》（Development of a new creativity test for use with students in Taiwan）。

林丽芬：（1994）：《创造性舞蹈教学对国小学生创造力之影响》（The influence of crea-
tive dance teaching on primary schoolchildren's creativity）。载《北体学报》第 3
期，31-92 页。

柳明原真（主编）（1999）：《创新教育探索与实践全书》（Exploration and implementa-
tion of innovative education），内蒙古少年儿童出版社。

洪文东（1997）：《创造性思考与科学创造力的培养》（Development of creative think-
ing and scientific creativity）。载《国教天地》第 123 期，10-14 页。

洪荣昭、萧锡锜及吴明雄（1997）：《日本创造力培育》（Creativity development in Ja-
pan）。载《教育研究资讯》第 4 期 5 卷，144-152 页。

胡锦蕉（1995）：《静坐训练对国小资优儿童创造力、注意力、自我概念及焦虑反应之
影响》（Meditation training：Its influence on creativity, attention, self-concept
and anxiety of gifted students in primary school）。载《特殊教育研究学刊》第 13

166

期，241-259 页。

郭香妹（2002）：《"创造性戏剧教学"教师成长小扎》（"Creative edu-drama"：Teachers' notes）：载《国教天地》第 149 期，99-102 页。

陈美玉（1997）：《传统"压迫式教学法"的省思与突破——成为一位有创意的专业教师》（Reflections on and breakthrough in traditional oppressive teaching method：To be a creative professional teacher）。《中等教育》第 1 期 48 卷，111-120 页。

陈海泓（2001）：《如何利用图画故事发展儿童的创造力》（How to develop children's creativity through picture books）。载《语文教育通讯》第 23 期，64-78 页。

崔梦萍（1999）：《资讯教育中的创造思考学校历程：理论探讨与研究之分析》（The learning process of creative thinking in informational and technological education：Theoretical exploration and research analysis）。载《课程与教学》第 4 期 2 卷，9-26 页。

张家硕（2000）：《提升创意建立快乐校园》（Creativity enhancement and establishment of happy school environment）。载《嘉县国教》，80-81 页。

张基成（1997）：《开发思考与创造力之知识建构工具与认知学校环境的探讨：电脑的革新应用》（Thinking and creativity tools and cognitive learning environment：New applications of computers）。载《教学科技与媒体》第 33 期，36-45 页。

张振成（2001）：《创造思考教学的原则与策略》（The teaching principles and strategies of creative thinking）。载《菁莪》第 4 期 12 卷，66-69 页。

张景焕、陈泽河（2000）：《儿童创造力开发实验研究报告》（Research report of children's creativity development）。载于赵承福主编：《中小学生创造力开发实验与研究：全国教育科学"九五"规划国家教委青年专项课题》（63-76 页），山东教育出版社。

傅学海（2001）：《创意与培养创新能力》（Creativity and the development of innovativeness）。载《科学教育》第 237 期，45-47 页。

167 赵承福（主编）（2000）：《中小学生创造力开发实验与研究：全国教育科学"九五"规划国家教委青年专项课题》（Creativity development of secondary and primary school students in China），山东教育出版社。

杨智先（2000）：《如何培养创造力：PRIMING! PRIMING! PRIMING!》（How to develop creativity：PRIMING! PRIMING! PRIMING!）。载《教育研究杂志》

第 74 期，80—86 页.

杨朝晖、华晓白（2003）：《创造型教师的品质特征问卷调查报告》（A survey report on the characteristics of creative teachers）。载于王玉华及杨朝晖主编：《创造型教师的品质特征及其培养途径》（31-62 页），中国科学技术出版社。

蔡典谟（1992）：《如何培养幼儿的创造力》（How to develop young children's creativity）。载《国教之声》第 1 期 26 卷，3-9 页。

郑慕贤（2002a）：《"校本创意思维校本引进模式"介绍》（Introduction to "Towards creativity education in primary schools and teacher training institutes"）。载郑慕贤主编，《创造力培育（下）：教学实践及校本改革》（125-134 页），香港教育学院及香港浸会大学儿童发展研究中心。

郑慕贤（2002b）：《"校本创意思维培训计划"之成效》（The effectiveness of "Towards creativity education in primary schools and teacher training institutes"）。载于郑慕贤主编，《创造力培育（下）：教学实践及校本改革》（147-151 页），香港教育学院及香港浸会大学儿童发展研究中心。

郑慕贤、陈松霖（2002）：《香港教师创造力现况》（Creativity of Hong Kong teachers）。载于郑慕贤主编：《开发教学创造力》（211-223 页），明报出版社。

魏美惠（1994）：《创造力的认识与培养》（The learning and development of creativity）。载《幼儿教育年刊》第 7 期，117-129 页。

钟启全、崔允漷及张华（2001）：《为了中华民族的复兴，为了每位学生的发展：基础教育课程改革纲要（试行）解读》（Essence of elementary educational refonn），华东师范大学出版社。

第八章 华人学生创造力的挖掘与培育①

吴静吉（Jing-Jyi Wu）

富布莱特学术交流基金会（台湾）

169　　亚洲华人社会的政府和民间组织都十分重视挖掘和培养学生的创造力，这就意味着华人学生的创造力还有待开放和培养。究其原因，作者认为几乎所有华人社会的教育政策都忽视或阻碍了学生的好奇心、独立思考能力、内在动机以及其他九种有利于创造力的因素。作者根据在中国台湾展开的研究就如何挖掘和培养华人学生创造力提出五点建议，同时，教育者和研究者必须做到：（1）制定一个创造力目标框架；（2）在

170 创造性生活模式下制定各种活动；（3）以多元智力为架构并培育创造力；（4）采用综合取向和多学科之间整合为方向的创造力研究；（5）逐渐形成一种能够包容非正式创造行为的创意文化；（6）如必要的话挑选合适的监督人；（7）包容和尊重多样性和个体差异；（8）强调创造的过程以及乐在其中的体验；（9）将创造力融入课程之中，充分利用小组学习；（10）教授创造力相关技巧和特定领域创意技巧；（11）重视个体和团队、多元和真实的评量；（12）牢记上行下效比掌控管教更有效。

---

　　① 本文是作者在由香港浸会大学儿童发展中心于 2001 年 6 月 26 日至 28 日举行的"第二届儿童发展国际研讨会"上所作中文陈述的修订译稿。本文的中文版刊登于《运用心理学研究》2002 年第 15 期（pp 17-42）（Taiwan：Wu-Nan Book Co. Ltd.）。特别感谢 Amy L. L. Cheung 女士将本文翻译成英文以及本杰明·马维尔博士对译文的专业建议。

1. 引言

1999 年 9 月 8 日的《新闻周刊》（*News Week*）以"当美国人拥抱测验时，亚洲却在追求创造力"作为其封面故事。近几年来，华人社会的政府和民间都争先恐后地开始重视创造力。中国大陆、新加坡、中国香港和中国台湾几乎同时开始强调创造力教育的重要性，实施各项计划和改革。这就意味着华人学生创造力的确仍处于"卧虎待启、藏龙待醒"的阶段，还需要进一步地挖掘和发展。

或许可以从获得 2001 年第 73 届奥斯卡最佳外语片的电影《卧虎藏龙》说起，剧中有两对恋人：一对是李慕白和俞秀莲，这对恋人有几个特点："他们都是汉人、尊奉儒家、讲江湖义气，在江湖上成就斐然、备受尊重。"另一对年轻的恋人，女的叫玉娇龙，男的叫罗小虎，他们的特点是双方都很年轻，男的是回族人，女的是蒙古族人，两人都敢爱敢恨，随心所欲地表达自己的感受。他们的爱情是付诸行动且感性的。他们勇于接受挑战，不受行之多年的规矩和传统所约束。他们学习积极，敢于冒险，有很大的潜力成为新一代的武林宗师。像李慕白和俞秀莲这样的 *171* 人，他们是在江湖义气的行为典范和儒家传统思想中成长成功，因此成了这种典范的守门人，守护着这种人们已经认可的生活方式。然而在他们内心深处还藏着另一种完全不同的典范，那就是玉娇龙和罗小虎所代表的典范。李、俞二人将这种典范压抑在内心不敢表露，然而他们十分清楚自己内心的这种"卧虎藏龙"，只待因缘际会，便会龙腾九天，虎跃平野。是的，终于等来了这么一个机会。李慕白死在俞秀莲怀里之前，他们互相表白爱意，但也只是含蓄凄美之词。

随着知识经济的到来，知识的创造，尤其是团队创造已成为企业和教育共同的目标。但在创造力如此备受关注的时候，我们还是禁不住要问，为什么华人学生的创造力仍处于卧虎待起、藏龙待醒的阶段呢？

如果把学术期刊上发表的文章数作为教育对创造力研究重视程度的

一个指标，我们就可以发现近几年来该领域的研究已受到越来越多的重视。以美国为例，1950 年 J. P. 吉尔福德在美国心理学会强调创造力的重要性时曾作过统计，在《心理学摘要》发表的与创造力相关的文章还不到 0.2％。1995 年，R. J. 斯滕伯格和 T. I. 吕巴尔统计从 1975 年到 1994 年，有关创造力的文章大约占《心理学摘要》的 0.5％。2001 年，R. J. 斯滕伯格和 N. K. 德斯则把文章数目重新进行了统计，他们发现在心理信息数据库 psycINFO 中，1950 年关于创造力的文章有 16 篇，1959 年有 56 篇，1999 年就上升到了 328 篇。除了与创造力相关的学报以外，还有至少两个专门发表创造力相关文章的专业期刊：《创造性行为期刊》（*Journal of Creative Behavior*）（1967 年创刊）和《创造力研究期刊》（*Creativity Research Journal*）（1988 年创刊）。在 2000 年，美国国家科学基金会和其他私人机构都赞助了创造力计划（Sternberg & Dess，2001）。美国心理学会的学术刊物《美国心理学家》甚至以"创造力"作**172** 为新千年第一期的主题，以此来强调创造力的重要性（Sternberg & Dess，2001）。

在亚洲华人学者眼中，虽然美国创造力的研究与教育也经历了"卧虎藏龙"的阶段，但其现在的成就与进步是令人称羡的。迄今为止，亚洲华人社会对创造力的研究虽为数不少，但此起彼伏，尚未形成有利于创造力发展的气候。我们的教科书常常引用古人发明造纸术、指南针、印刷术和火药并以此为傲，但这些发明创造并没有形成一个独立的知识体系。在传统的社会气氛下，华人学生的创造力也并未崭露头角，脱颖而出。至少在台湾，学术机构和企业的领导者都曾公开表示台湾学生缺乏创造力。以 1999 年国际教育成就调研为例，虽然台湾的数学和科学分别名列第三和第一，但台湾的教育者包括上述领导者并不以此为荣，甚至批评台湾学生只是考试的技术工人（李远哲，2000）。我与我的团队所做的研究也表明，台湾学生的创造力虽有所提升，但与同年级的美国学生相比还是偏低（吴静吉、叶玉珠，1993）。

🌐 2. 为什么华人学生的创造力还处于 "卧虎藏龙" 的阶段？

从学校教育和家庭教养上来说，基于台湾过去所做的研究，我个人认为华人社会仍存在以下现象：

2.1　过于强调智商而忽略创造力

吉尔福德于 1950 年在美国心理学会演讲时，就曾公开指出美国教育太过重视智商而忽略了创造力。但对华人来说，创造力还是一个奢侈的 **173** 名词。以台湾的资优教育为例，除了艺术资优，其他所谓的天赋异禀实质还是以智商和学业成绩作为主要的判断标准。

2.2.　重视外在动机而忽略内在动机

一位在美国加州的华裔美籍高中生（Hung，1999）讲述了她在高一的一整年都是挑灯夜读，大部分的日子她都是睡眼惺忪地从一门课程冲进另一门课程，却在课堂上频繁 "点头"。虽然她所有课程都拿到了 "A"，GPA（平均成绩）也得了 4.43 分，她的父母也为她出色的学业成绩欢呼鼓舞，但是这些外在动机的满足并没有让她感到快乐。幸好到了第二年，她开始反思自问，然后决定这种生活不是她想要的。最后，她和她的父母领悟到了："如果你没有注入心灵，学业成功并不代表任何东西，而最后书本所教的永远比不上生活所教给你的多。"

这里的 "注入心灵" 就是指内在动机，全 "A" 的成绩和父母的赞扬就是外在动机。比较亚裔美籍学生和非亚裔美籍学生的动机信念（Eaton & Dembo，1997）后，研究人员发现亚裔学生在标准化的数学成绩上表现较好，更重视勤奋努力，很在意父母对其学习能力的评价。另一项比较美国小学生和中国大陆小学生的成绩目标的研究表明，在学习导向（learning goals）方面，美国小学生高于中国小学生，而在表现动机

(performance goals) 方面则刚好相反。实际上，过去的研究也表明台湾学生的学习导向与创造性的生活经验和创造力表现呈正相关（刘士豪，1998）。

174   2.3   强调知识来自权威的传授，忽略意义的主动构建

大陆的"满堂灌"，台湾的"讲光抄"和"背多分"都是长期存在的现象，我们也都比较重视以教师为中心的教学模式，而忽略了以学习者为中心的学习模式。我们很少问学生他们所学的对他们自己来说有什么意义。根据最近一项对 12398 名网民（中国教育研究网）的研究，77%上网的中国大陆学生表示对大学课程和教材不满，认为许多材料脱离实际（Walfish，2001）。此外，虽然权威授课对于每个年龄层的学生来说都是一个问题，但其对于儿童来说尤为严重，因为儿童更需要的学习方式是亲自动手参与而不仅只是听课。

2.4   强调竞争表现、孤军奋战，忽略团队合作、知识分享

在知识经济新时代，团队合作与团队创造力是迎接挑战的必要手段（Senge，1990；吴静吉 & 林伟文，2001）。但自从孙中山批评"中国人是一盘散沙"以后，中国人的团队学习和团队创造力到目前为止仍未获得有力的证明。一项以职高学生为对象的研究表明，二人互动的合作学习有利于学习成绩，但是这些学生并不喜欢合作学习所要求的互相依赖和过程分享（张金淑，1990）。台湾的学生在使用"向同辈学习"策略上显著地少于美国学生（王敏晔，1997）。

175   2.5   强调考试结果，忽略学习过程

有一个故事可以说明这一现象：一个小孩考完试回家，他的父母问他："多少分？"孩子回答："97 分。"他的妈妈很严肃地问道："还有 3 分哪里去了？"1986 年诺贝尔化学奖得主李远哲博士在引用这个例子时还提到，在以色列，孩子回家后父母会问他："你今天在学校提了多少问题？"

这个例子正好说明中国父母重视考试成绩，而以色列父母看重学习过程。从成绩目标的角度来看，无论是美籍华裔学生还是中国大陆和中国台湾的学生都较重视表现的成绩导向（Eaton & Dembo，1997；Xing et al.，1997；刘士豪，1998）。

2.6　重视纸笔测验、记忆背诵，忽略真实评量、多元表现

据我个人观察，中国大陆、中国香港和中国台湾的测验方式仍以纸笔为主。例如：台湾的高中和大学联考，大陆的高考，甚至于台湾公务员的资格和提升考试，都是以纸笔测验为主，而忽略了其他真实评量的方式。重视纸笔测验，忽略真实评量，这就使得学生很难有机会提升多元表现的能力。纸笔测验还有一个缺点就是要求记忆背诵考试科目，因此忽略了包括创造力在内的高层次思考。在这种教育制度中长大和生存的学生，在众多的学习策略中，仍选择以演练复习为主（程炳林、吴静吉，1993）。

2.7　支持乖男巧女、标准答案，排斥好奇求变、独立思考　*176*

之前的道德推理比较研究发现，多数华人大学生仍停留在乖男巧女、循规蹈矩的阶段。他们遵守法律和社会秩序的道德逻辑。虽然这是人类进步必不可少的一步，但是根据 L. 科尔伯格的道德逻辑发展阶段理论，多数学生应该已经超越传统而进入独立判断、社会契约的宇宙性原则之道德逻辑的境界之中。当团队成员能够独立思考，认识到自己的优点时，他们就较容易表现出创造力。如果他们只是追求标准答案，遵循"对号入座"的常规模式，这样的团队就比较容易达成同一目的（Swann，Jr.，Milton & Polzer，2000）。布鲁纳认为产生有效惊奇（effective surprise）的能力是创造力的有效保障（Kelly & Littman，2001），而互相矛盾和不一致又是惊奇和创新的来源。然而，采取整体观逻辑（holistic reasoning）的中国学生比美国学生更容易接受明显矛盾的现象（Peng & Nisbet，1999）。同理可得，同样采取整体观逻辑的韩国学生在遇到矛盾情况

时，产生的有效惊奇明显少于美国学生，而且容易表现出后见之明
（Choi & Nisbet，2000）。

2.8　重视创造力知识的传授，忽略创造过程的体验

在华人社会，无论是由教育机构还是政府组织安排的创造力课程或
活动中，创造力和其他学科一样被当作知识来传授，传授方法也是演绎
多于归纳。多数情况下都不是通过团队合作或者由学生亲身去体验创造
177 力的过程和发现。我在网络上搜寻创造力相关课程时发现，多数课程都
是以工作坊的形式进行，让参与者亲身体验产生的过程，如创造力教育
基金会、创造性领导力中心等。我常被华人社会邀请去讲解创造力相关
课程和课题，考虑到时数、班级大小和授课模式，我还是以"演讲"为
主。近三年来，我也开始要求以时数长、人数少的工作坊方式，让参与
者实际体验创造力的过程。这就使得主办单位和自我之间要经历一段创
意的解决冲突的历程。

2.9　强调努力认真，忽略乐在其中

我们可以用"痛快"来描述创造历程和发现的感受，因为创造过程
中有痛苦也有快乐或者说先苦后乐，这看起来自我矛盾，但却是合情合
理的。任何创造的诞生都要经历一个"衣带渐宽终不悔，为伊消得人憔
悴"的努力过程，一项严肃的事业也可以充满快乐。这就是麻省理工学
院媒体实验室的 M. 施拉格（1999）的研究发现：严肃的玩乐是世界上
最佳的刺激创新的最大动力。华人社会过度强调努力认真而忽视了乐在
其中的玩性。在为学生缺乏创造力或创造力表现不佳寻找原因时，教师
通常把努力不够作为一个重要原因（王敏晔，1997），但这里所谓的努力
并不属于"趣味性"努力。

2.10　重视创造力的言教要求，忽略潜移默化

以学习者为中心的教学法旨在让学生有机会主动建构意义，而以教

师为中心的教学法则普遍强调言教要求，忽略潜移默化。华人社会的父母和教师普遍强调言教要求，然而父母刻意要求孩子进行创造或者以言教的方式要求孩子表现出创意，这实际上对孩子的创造力是没有帮助的，*178*反而应该通过父母生活方式的改变，家庭摆设的变化，创意生活的实际行动来让孩子在潜移默化中培养创造力（张嘉芬、吴静吉，1997）。

2.11 重视学科本位，忽略课程整合

近几年的教育改革都期望教师能够从学科本位的心态转向课程整合。台湾地区自 2001 年开始实施"九年一贯"课程，即把人文和艺术学科纳入从小学一年级到初中三年级的七大主科中。我与一些小学教师讨论这一课程时可以明显感觉到他们的紧张和不安，因为过去只教音乐或艺术的教师此后不仅需要同时教这两门课，还需加入舞蹈、戏剧等艺术表演内容的课程，此外还要加上包含其中的人文因素。这些紧张不安一方面来自过去的教师培训过于强调学科本位，忽略学科整合；另一方面则因为多年的教学经验正好强化了这种观念。在这种环境下成长起来的高科技人才，他们的创造力大多来自课外活动的培养，而不是正式的课程学习（叶玉珠、吴静吉、郑英耀，2000）。

🌑 3. 如何挖掘华人学生的创造力？

由于过去过分重视学习成绩、记忆背诵和纸笔测试，因此很难挖掘创造潜力，了解创造过程和成就，评估影响创造力的个人和环境因素也 *179* 非易事。我希望以下建议可以抛砖引玉。

3.1 从学生的多元成就，挖掘创造力

创造力表现基本上是多元的，知识在实际生活中的运用亦是多元的。用一种单一的标准来评估学生的成绩就像用一个模子来制造完全相同的产品，这样只能发现学生单一方面的成绩，而难以挖掘学生的创造力。

也正是因为这样的框框，孩子其他方面的创造力就很可能被扼杀或忽略。从多元智力（Gardner，1999）的角度来看，每一个学生都有自己的潜力和特质，自然也就可以在不同领域发挥创造力，而不同的创造力又需要不同的评估标准。以肢体动觉智力为例，即使是在同一个智力范畴内，在评估编舞者和舞蹈者时都不能用同一个标准。一个演员所需的表达创造力的肢体语言也不同于所有舞者。每个运动员创造力的成就也不会是一样的。

过去每次在演讲、上课或者工作坊中要求学生列举在八种智慧中每种智力上有杰出成就的古代中国人时，他们的答案常常让我惊讶且沮丧。他们最常列举的是语文、自省和人际三种智力。比如在语文方面成绩斐然的中国著名文人有屈原、李白、杜甫和苏东坡等。过去的科举制度提供了展示语文创造力的机会，但一旦进入官场或受儒家思想影响的生活以后，人际和自省智慧就成了重要的测量指标。如果学生缺乏获得官场成功所必需的人际交往技能，就很可能举步维艰。相反地，近代整个华人社会都特别重视理、工、医等领域，尽管华人在这些科目能取得好成绩、高学历，但其创造力的水平又如何呢？当社会独尊理工医时，却也忽视了在其他领域的表现成就。今天当我们强调多元评价的方式来评估学生的多元成就时，就因为我们相信学生具有不同的潜能！H. 加德纳（1999）就反对用纸笔测验去评估学生在空间、音乐和肢体动觉方面的潜能。如果马友友一直在重视纸笔测验、数理语文成绩的华人社会长大，那他还会取得今天的成就吗？这值得探讨。

3.2 重视基于中国文化特色的创造力测试

自从心理学家开始强调产品的测量，尤其是强调使用共识技术来测量时，许多学者就开始采取相同的办法做研究，甚至是企业界也开始以产品导向来鉴定创造力（Kao，1991）。在实际生活中，企业界和艺术界的奖项也基本上是采用共识的方式来评审。如果产品能达到"新奇"、"适当"或者再加上"高质量"，那么它就算得上一件有创意的产品

（Sternberg & Dess，2001）。除了产品评估外，在学校教育中，创造过程的评估也是一个重要方向，因为教育本身就是一个培养问题解决能力与创造力的过程。至于创造过程的评估，除了使用记录创作里程的档案等方式来评价外，一些学者还使用由吉尔福德（1950）、托兰斯（1974）及沃勒克和科根（1965）提出的心理计量典范来评估个别差异的创造过程或创造力教学的效果，这些测试大部分都已有中文修订版。香港已经有托兰斯测试的修订本（Spinks，Ku-Yu，Shek，Lau，& Bacon-Shone，1995），此外还有沃勒克和科根的测验修订，并已经将此测验电脑化 *181* （Lau & Cheung，2000）。虽然我也曾是托兰斯的学生并把他奉为榜样，并曾协助修订过他的一些测试，但最近我意识到基于这些理论来评估创造力的同时还必须重视中国文化的特点。因此，我们开始了一些基于中文特点的创造力评估实验。

从认知的角度来看，创造力需要打破心向（mental set）（Schooler & Melcher，1995）。从过去与近期关于创造顿悟（creative insight）理论取向中，我们可以归纳出三点重要因素：（1）打破脉络引起的心向（breaking context-induced mind set）；（2）重新建构；（3）潜意识的心理态度。因此，综合上述"创造过程评估"、"心理计量典范"和"打破心向的创造顿悟"，我和我的同事开始以华人和中文为基础来设计创造力测试。以图形创造力为例，我们用中国字"人"作为图形刺激来测量创造力。"人"在中国字中是一个象形字，包含语言和视觉元素。当我们习惯性地使用这个汉字时，已经将这个符号当作一个语言元素。我们要求被试者把"人"看作图形而非语言来处理，此时，被试者只有打破原有的心向才能将"人"当作一个单纯的图形刺激。在研究中我们发现，一些被试者无法将"人"看作图形，还有一些被试者需要花些时间才能打破把"人"作为语言的心向。只要被试者能够以图形的思维来思考，就会出现许多有趣的图形。在语言创造力方面，跟华人生活联系最密切，三餐都不离手的就是"筷子"。自从使用筷子以来，华人就通过模仿或自己的思考发现了筷子其他的使用方法，比如将筷子当武器或者发簪等。想要发现筷子除了夹食物以外的功能，被试者就必须打破过去形成的心向。在我们的研究中，除了一些比较常见的反应以外，还是有许多有创意的想法。

182 ### 3.3 强调积极创意生活方式的评估

在消费者行为研究中，"生活方式"是一个关键词。我们主要从三个方面来评估消费者的生活方式：活动（A，activity）、兴趣（I，interest）和意见（O，opinion）。我过去在台湾地区进行的一项研究表明，"兴趣"和"意见"这两个向度不太能有效区分消费者行为，最具区分力的是"活动"。举个例子，如果我们以"古典音乐"来衡量生活方式，许多被试者都表示他们对古典音乐感兴趣且重视古典音乐（"意见"），但至于会不会采取实际"行动"去听音乐会、买唱片或亲身学习，那就不一定了（吴静吉、郭俊贤、王家棟、罗添耀、田文彬，1995）。由此可见，我们社会中许多人言行未必一致。在研究父母的教养方式对儿童创造力的影响时，我们发现父母创造性的生活方式是预测子女创造行为最好的指标（张嘉芬、吴静吉，1997）。也就是说，父母是否实际参与创造性活动对子女的创造力有直接影响。因此，我们需要从"活动"方面来评估创造性生活方式。

3.4 强调创造性文化（包括动机氛围）的评估

在挖掘学生创造力时，还应该注意社会脉络（social context）的影响。S. 阿瑞蒂（1976）认为个体创造力在很大程度上受到文化的影响。阿马比尔（1996）及 S. G. 艾萨克森、K. J. 劳尔、G. 埃克瓦尔和 A. 布里茨（2001）也都从氛围的角度来探讨环境中促进或扼杀创造力的因素。阿马比尔（1983）对创造性气氛的形成进行了研究，他发现组织给予越多的鼓励，提供越多的资源和越好的创造力管理技术，就越有助于成员的创作行为。对台湾新竹科学园区研发人员和技术人员的研究也说 *183* 明，组织管理层的创造气氛越浓烈，科技人员对新想法的消极态度就会越弱（苏锦荣，1998）。因此，在挖掘学生创造力的同时也应该评估学生周围的文化是否重视和支持创意。

除了家庭，学校是学生最重要的生活环境。M. L. 马厄和C. 米奇利（1996）从教室和学校的目标结构来探讨学校文化，他们根据成就动机的目标导向理论，研究了学校和教室的目标结构，最后发现了两种目标结构：学习导向和成绩导向。如果学校和学生的目标导向都是学习导向为主时，那么学生就会形成适应行为型态。如果学校的气候是成绩表现导向，学生以竞争、成绩作为读书的动机，那么学生就容易形成适应不良行为型态（Maher & Midgley，1996）。因此，在挖掘学生创造力的同时，还需评估教室和学校的目标结构以及学生自己的目标。

阿马比尔（1996）的研究强调内在动机是创造力发展的前提条件，以学习为导向的目标就是一种内在动机。因此，如果学生能在一种以学习为导向的氛围中学习，这将有利于培育他们的创造力。要形成这样一种促进创造力的社会文化，教师的角色自然十分重要，这也就是我们接下来要谈到的"重视守门人对创造力的影响"。

3.5 重视守门人对创造力的影响

M. 奇克森特米哈伊和R. 沃尔夫（2000 年）运用前者提出的创造力系统理论来分析教育机构中的创造力是如何产生的。在该模式中，学 **184**
校由三部分构成：第一个部分是领域（domain），即传授给学生的知识；第二个部分是专业（field），即控制知识传递的教师；第三个部分是学生，学生的工作就是获得知识。所以教师就根据学生获得知识的结果进行评估。根据这一模式，校长、教师和相关教学人员都是该系统的守门人。在家里，父母是第一守门人；在学校，教室里的教师是最重要的守门人。以此类推，当学生参与学校以外的竞争或课外活动时，也会有相关守门人。守门人决定学生的创意被欣赏、接纳还是被忽视扼杀，所以必须十分重视守门人的影响。因此，在挑选守门人时，必须注重其挖掘学生创造力的能力，因为这是守门人重要的职责。

4. 如何培育华人学生的创造力？

4.1 积极建立创造力的价值和态度

柏拉图曾说："一个社会看重什么，这个社会就会出现什么。"因此，为了培育华人社会的创造力就必须做到以下几点：（1）以一种积极热情的态度来对待创造力的产生；（2）把创造力作为教育的目标和评价标准，不仅课堂上的纸笔测试需包含创造力问题，还需把对过程、产品和结果的评估作为评价标准。早在 19 世纪 60 年代，E. P. 托兰斯和 J. A 哈蒙（1961）就建议研究生把创造力作为学习目标，并帮助他们建立了创造性的阅读心向，果然，这组学生的创造力表现优于其他学生。R. J. 斯滕伯格等人也发现种瓜得瓜，种豆得豆，设定什么目标就会在最后收获什么成就（Sternberg，Torff，& Grigorenko，1988）。L. A. 奥哈拉和 R. **185** J. 斯滕伯格（2001）对 110 名耶鲁大学学生进行了研究。研究目的之一就是找出如果在学生写论文之前加上创造力说明，看看创造力是否会成为学生写论文的目标。他以三元智力理论（Triarchic Theory of Intelligence）为建构设计了以下实验说明："在你的反应中表现创造力，如发明、原创、创新和想象等。研究生会根据你的创造力，即你的创造表现、设计发明、独创和想象等来评估你的论文。"研究结果表明接受了创造力说明的学生所写的论文果然最具创造性。

4.2 塑造创造性生活方式

台湾一项以小学生为目标的研究表明，在父母创造性教育的十大因素中，父母要求子女"表达自己，开放经验"与子女"创意生活经验"之间的相关最高。而在"创意生活经验"各个因素中，"解决科学创新问题"、"运用新知识精益求精"、"开放心胸"、"制造惊喜"和"旧瓶装新酒"等因素相关又最高。即使是相关不高的几个因素如"表演艺术创新"

（$r=0.33$）、"视觉生活设计"（$r=0.38$）、"生活方式的改变"（$r=0.30$）和"电脑程序设计"（$r=0.25$）等也有中度正相关（张嘉芬、吴静吉，1997）。台湾对消费者的研究还发现活动、兴趣和意见三大方面中，活动最能区分生活方式。因此，实际参与创造性活动是构建创造性生活的最佳方式。如果父母或教师能亲身参与创造性活动，或者和儿童一同参与，并乐在其中，那他们就能构建一个创造性生活方式，增加儿童的创造经验。学生的好奇心是创造力的主要来源，因此，在培养学生创造力时，要充分利用好奇心来提升创造力。在教学中，还应设计能满足学生好奇心同时适合学生能力的活动，使学生接受的挑战与其能力相得益彰，达 *186* 到"流畅"（flow）的境界，启发学生的创造潜力和积极创造经验（Csikszentmihalyi，1996；Csikszentmihalyi & Wolfe，2000）。

4.3　以多元智力为建构培育创造力

今天的华人社会仍十分重视理、工、医、法的学科，忽视艺术人文才能的陶冶。然而，在知识经济的时代，文化背景和艺术即将成为知识产业。加州大学圣巴巴拉分校就特地设立了创造力研究学院来培育学生在人文艺术或其他方面的创造力。哈佛大学为增强学生的智能而实行的"哈佛零点计划"也特别通过强调陶冶学生艺术方面才能（Harvard Zero Project，Graduate School of Education of Harvard University，2001），通过艺术来启发学生的创造潜能。H. 加德纳（1983）提出的多元智力理论指出每个学生都有不同的潜能和各自的智力水平，可在不同领域表现出杰出的创造能力。研究还表明，在教育中成功地运用多元智力理论还有一个前提，即学校校长和全体教师必须坚定不移地努力支持每一个学习者（Project SUMIT，Graduate School of Education of Harvard University，2001）。因此，我们可以通过多元智力框架培养每个学生各方面的创造力，让学生互相学习，甚至获得组建团队的经验。

4.4　采取汇合取向和科际整合取向研究创造力

在培养学生创造力的过程中，既要考虑学生的个体因素，也要考虑

187 培养创造力的环境、文化因素，因此，无论是在研究中还是在教学中，我们都需要采取汇合取向（confluence approach，Sternberg & Lubart，1999）来思考创造力。"汇合取向"就是指同时从各个方面来研究培养创造力，包括自我、环境、文化、过程和产品，并且考虑这些方面之间的关系，而不是从单方面来讨论发展创造力。在未来的教育中，知识将变化得很快，而科技将变化得更快。无论是创造知识还是运用知识，都需要科际整合，因为实际生活中的问题解决与各个学科都有关系，并非各自独立。跨学科的思考还可以从各个角度定义同一问题并提供解决方案。这样的相互碰撞有利于激发创造性想法。

台湾"国科会"支持吴思华和我主持了一项"技术创造力的整合研究计划"，该计划的研究团队由各个领域的学者组成，如商学、教育、心理学和工程学等，因此我们切实地感受到了科际整合对提升创造力的益处。第一个阶段结束以后，这个研究团队产出了创造力，又接着进行了一项以"创造力实践"为主题的三年整合研究计划（吴静吉 & 吴思华，1997—2000）。新一代的教育提倡"主题教学"、"问题解决教学"和"计划教学"，与此同时，教师也需要进行课程整合。因此，在培养学生创造力时，无论是为了研究还是实践，跨学科整合都成了关键的一环，正如奇克森特米哈伊和沃尔夫（2000）所说："创造力问题的脱颖而出，常常是在各学科的交界处。"探索如何帮助学生统领学到的知识，是有其必要的！

188 ## 4.5 逐渐形成创造性文化

从西蒙顿、奇克森特米哈伊、阿马比尔和斯滕伯格等人提出的汇合取向创造力理论中，我们可以看到创造性文化对个人和群体的创造力都有极大影响。因此，要培养华人创造力就必须形成一种能促进创造力发展的文化。艾萨克森等学者（2001）的研究发现，有利于创造力的气氛有以下特点：挑战与投入、自由、信任与开放、额外的创意时间、娱乐性与幽默、适度冲突、支持新观念、辩论和敢于冒险。另一方面，还需建立"学习导向"的目标结构来激发学生的内在动机。同时也要强调团队合作学习的创造性文化。从申请专利的历史过程来看，过去专利的获得是以个人为主，随着科技的发展，现在专利则主要是以团队或小组为主，因此，培养学生通过团队合作发展创造力在当今知识经济时代尤为重要。如果学生能发现自己的优势和杰出智慧，展现自我独特的生活方式，那么他们在参加团队合作时就能找准自己的位置，既发挥出自我最好水平又懂得互相欣赏，这样一来，团队成员就更能发现和欣赏各自的优点、长处，从而产生异质交流的创造性表现（Swann Jr. et al，2000）。

4.6　选择合适的创造力守门人

既然校长和教师都是学生创造力关键的创造力守门人，那么在甄选学生进入教师这个行业之前，以及学校在甄选教师之时，也应该考虑教师是否能胜任创造力守门人之职。同时，在教师培训课程中，也必须培养有利于教师扮演守门人角色的态度、知识和技能。研究发现，教师自 *189*
评的教学创造行为或学生的教学创造性行为感知，以及教师的创造性生活经验感知，都和学生创造力和创造性生活经验呈正相关（李慧贤，1996；陈淑惠，1996），杨智先（2000）比较了从 1993 年至 1999 年在各科（音乐、绘画、数学和科学）教材编写中获奖的 229 名教师和 229 名未获奖的普通教师，结果发现前者在创造性生活经验和创造性教学行为方面的确明显高于后者。由此可见，守门人在某一领域自身的创造性经验是胜任守门人角色的重要条件。在《卧虎藏龙》电影中，俞秀莲在追蒙面盗剑贼时已经知道玉娇龙的身份，但她却能依旧保持守门人的风度，因而只想要用其他非指导性的方法，让玉娇龙主动构建还剑的意义。而李慕白也扮演了心情复杂的守门人角色，他欣赏玉娇龙的才华，想收她为徒，传她主流武功，也想"收她的心"，算是深知"卧虎藏龙"的内涵。正是由于两位守门人的努力，玉娇龙也在最后一刻幡然醒悟。

4.7　包容、尊重多样性和个体差异

包容、尊重多样性和个体差异是民主社会的一个基本条件。正如奇

克森特米哈伊和沃尔夫（2000）所说，"在一个机构中应该尊重创造力的基本特质。具有创造潜能的学生的态度、价值与行为本身就是不寻常的，

190 因此，这种现象经常和强调学生应该服从和守纪律的教师有所冲突，结果许多本来可以贡献创造力的年轻人，在备受威胁下变得平凡无奇"（第89页）。F. H. 法利（1981年）指出，刺激寻求动机高的学生如果得到适当的社会支持，就可能发展创造性行为；相反，如果他们得不到任何支持，他们的行为就可能出现偏差。我们在台湾以大学生、中学生和少年犯为对象进行了研究，结果支持这一理论。监狱里少年犯和在运动、戏剧和艺术上有天赋的学生，在刺激寻求动机方面不相上下。不同的是，监狱里的犯罪青年在其成长过程中没有得到家庭和学校的适当支持，而那些有天赋的学生则得到了家庭和学校比较恰当的支持。不过有趣的是，过多或过少的支持都不利于创造力，只有适度的支持才能真正促进创造力表现（吴静吉，1990；杨蕢芬、吴静吉，1988）。

4.8   强调创造过程及乐在其中的体验

几年来，以学习者为中心的教育（美国心理协会，1997）已成为一个重要趋势。让学生学会在学习过程中发现问题、提出问题、进一步解决问题应该成为未来学校课程的重要部分（Csikszentmihalyi & Wolfe，2000），这也是华人地区社会教育改革的方向。让学生参与个人或团体的创造性活动，亲身去体验创造力、实践创造力，已是刻不容缓。近年来，档案评测已成为真实评量的一个重要趋势。借学习建立一个真实记录和反映个体或团队的创造性经验的过程档案，本身也是强调创造性过程的一个重要工具。除了强调创造性过程，如何帮助学生在创造过程中领会到"衣带渐宽终不悔，为伊消得人憔悴"的欢喜投入，即奇克森特米哈

191 伊（1996年）所说的"乐在其中"的境界，也是十分重要的一点。学生只有乐在其中，才能持续地投入创造性活动中，真正做到创意生活化，生活创意化，时时处处都表现出创造力。为了达到这一目标，教师或负责制定教育政策的专家在设计活动时就需要设计出有挑战性的活动，并

且这些挑战必须符合学生参加这项活动所需的技能。提供的专业知识和信息必须能够激起学生的兴趣，让他们乐在其中地去接受新知识，提出问题，而不是为了追求学习成绩。同样地，教师应该鼓励学生尽可能地去探索各种信息来源。在这个"无国界的时代"（Ohmae，1999），新科技是创造信息交流最有用的工具之一。华人社会，无论是在家里还是学校里，当孩子在做一件他喜欢或者有满足感的事情时，父母常常会敦促孩子去做他们觉得更重要的事情，比如准备考试或参加一些社会活动。在学校，学生可学习自己喜欢的东西并乐在其中，但学校固定不变的课程时间设置，常常使乐在其中的学生遭遇挫折。因此，学校应给予学生一定弹性的自主权力，让其按照自己的学习速度和方式提出问题并产出作品。

4.9　将创造力融入各科课程与课程综合

根据我以往的经验，创造力常常被当作一门独立的学科进行教授，但是这样往往效果不佳。最好能将创造力融入其他学科，这样每一科的学习都可以培养创造力，也都需要培养创造力。所以，每一科的学习都应该把创造力作为教学目标和要求之一。学生在解决问题时，可让他们有机会主动地建设性地解决问题，教育机构和教师也可以设计内容和主 **192** 题开放的综合课程，让学生有机会发挥其才智，通过相互学习进而展现创造力。奇克森特米哈伊和沃尔夫（2001）认为，"综合不同学科的课程，比如为诗人开设的物理课只是这个方向的第一步，我们应该投入更多的努力去规划综合性课程。一方面保留独特领域的完整性，一方面让这些领域有机会互相交流"。这让我想起了《别闹了，费曼先生》（Feynman，1985）这本书。当1965年诺贝尔物理学奖获得者R. 费曼先生（1918-1988）遇到后来帮他写传记的R. 莱顿先生时，莱顿正在打鼓，而求知欲强、童心未泯、好打破砂锅问到底的费曼就缠着莱顿教他打鼓，之后两人就常常一起打鼓。费曼甚至去过巴西学习桑巴鼓。在一次宴会中，费曼心血来潮，表演了一段桑巴鼓，当他乐在其中，达到了人物两忘的状态时，一个名叫左赐恩的年轻人受到鼓声的感染，冲进浴室用剃须膏在T恤上画出许多可爱的图案，并用樱桃当作耳环，随着费曼的鼓声翩翩起舞。后来费曼和左赐恩成了好朋友，常常在一起彻夜讨论艺术和科学。因为科学家不懂艺术，艺术家不懂科学，所以他们就互相学习。尽管费曼在中学的时候就被证明在视觉艺术方面表现不佳，但他还是学会了绘画，这就是学科整合可以真正提高创造力的最佳例证。历史上许多有名的创造性人士都是兴趣广泛、经验丰富、跨学科的综合性人才。即使是日常生活用品的设计也需要学科整合。发明"便利贴"的费A.赖伊就是集化学家、指挥家和汽车修理技工于一身的人（Nayak & Ketteringham，1993）。在知识经济的时代，特别是学科越来越分化，华人学校分科系已是一个普遍现象，在这种情况下，跨学科与课程整合对于培养学生创造力来说就尤为重要。

193　　4.10　创造力相关技能与特定专业领域技能并重

创造力到底是特定领域的技能还是一般领域的技能？阿马比尔（1996）认为创造力表现同时需要有包括特定领域技能和创造力相关技能。我们可以通过实验、故事、创造力理念和产品的发展，以及对创造力过程所需的技能的理解和体验来研究创造力特定领域的技能。但任何领域的创造性行为都需要相同的"创造力相关技能"，这种技能可以融入不同学科的创造力技巧，同时这些技能还可以运用于日常生活的创造行为之中，即马斯洛（1968）所说的自我实现的创造。A. J. 克罗普利和K. K. 厄本（2000）认为培养学生的创造力需要增强下列十项能力，除了从不同情境中获得的丰富多样的经验、常识，以及某个特殊领域的知识等三种能力，还需七种创造力相关技能：

（1）积极的想象力；

（2）分析和综合能力；

（3）洞悉关联、重叠、相似和逻辑含义的聚合思维；

（4）远距联想、联结明显互不相关领域的双重联结技能，以及形成性格式塔的发散思维；

（5）包容而不融合的趋势；

（6）寻找、发现和界定问题的技能；

（7）执行或后设认知的能力，也就是计划、自评进步情况的能力。

阿马比尔（1996）认为创造力相关技能包括：打破知觉心向、探索新的认知通道、延迟判断、尽量保存选择的可能性、跳出熟悉的表演剧本或进一步采取典范转移、产生新颖观点的启发性知识或顿悟的技巧。简言之，我们也可以采用斯滕伯格和吕巴尔（1995）的看法，认为创造 **194** 力需要三种智能：（1）产生新想法的"综合智能"；（2）认清问题、构建问题、调度资源和评估想法价值的"分析智能"；（3）根据别人的反馈和批评来提高和完善自我想法的"实用智能"。

上述技能都是针对个体的创造力，我们当然也需要培养组织或团队创造力的技能。这些技能包括：创造利基、组建团队、聆听与分享、头脑风暴讨论中的认知刺激（Dogush，Paulus，Roland & Yang，2000）以及执行技能。以产品创意和服务闻名的 IDEO 公司就善于利用常被许多公司忽略的头脑风暴方法而创造出大量创意。

4.11　同样重视多元与真实、个体与团队、过程与产品的评估

在前面我们已经强调了：为了挖掘华人学生的创造力，我们必须重视过程与产品的多元评估和真实评估，同时也要特别关注对个体和团队的评估。过去在华人社会实行集体学习时，对个体和集体的评估，尤其是后者表明，由于缺乏一个合作或者独立的目标结构，容易出现社会闲散和社会补偿。当某个团队中的一些成员发现其他成员能力更强、热情更高时就会产生浑水摸鱼的社会闲散现象。而一些成员发现其他成员能力不足或积极性不高时就会承担过多的责任，这就是社会补偿现象

（Plaks & Higgins，2000）。社会闲散和社会补偿都很难让团队成员在合作中进行互动，充分表达创造力。因此，我认为个体与团队的评估同等重要。

195　**4.12　牢记"上行下效"比"掌控管教"更有效**

D. K. 西蒙顿（1994）以才华卓越或创造力杰出的著名人士为对象的研究表明：楷模示范有利于创造力。西蒙顿的台湾学生丁兴祥（2000）以中国历史上的杰出人物为对象所做的研究也得出了同样的结论。布鲁姆（1985）对音乐和运动等各领域的年轻人进行的研究发现，尽早接受专家的指导是实现创造力的主要因素。奇克森特米哈伊和沃尔夫（2000）指出，"学校可以通过增强规划和导师制将有创造潜力的年轻人和导师进行匹配"（第 89 页）。这样的"上行下效"在某些场合是一种非正式的关系或是通过课外活动建立起的关系，学生通过耳濡目染从导师身上学到东西。以台湾小学生和科技人才为对象的研究表明，"上行下效"比"掌控管教"方式更有效（张嘉芬、吴静吉，1997；叶玉珠、吴静吉、郑英耀，2000）。

5. 总结

《卧虎藏龙》影片中的两对原本无关的恋人，两个奉行儒家思想和江湖规矩的"专家"，因为一把青冥剑，而和两个初出茅庐但敢于选择自己道路、抛弃世俗、选择自己喜欢的、敢于无所顾忌地表达自己的一对恋人产生了互动。我们应该像电影中那样，释放每一个学生的创造潜能，让孩子们龙腾九天、虎跃平野。正如莎士比亚所说，"人生就是一个舞台"。
196 其实人生处处是舞台，在我们日常生活中，时时处处都在扮演不同的角色（Scheibe，2000）。家庭是一个舞台，教室是一个舞台，学校乃至整个社会都是一个舞台，未来整个知识经济的世界也可能是一个新的舞台。

参考文献

Amabile, T. M. (1983). *Social psychology of creativity*. New York: Springer Verlag.

Amabile, T. M. (1996). *Creativity in context*. Boulder, CO: Westview Press.

American Psychological Association's Board of Educational Affairs (1997). *Learner-Centered psychological principles: A framework for school redesign and reform*. Retrieved November, 1997, from http: //www. apa. org/ ed/lcp. html.

Arieti, S. (1976). *Creativity-The magic synthesis*. New York: Basic Books.

Berlyne, D. E. (1960). *Conflict, arousal, and curiosity*. NY: McGraw-Hill.

Bloom, B. S. (Ed.) (1985). *Development of talent in young people*. New York: Ballantine Books.

Choi, I. , & Nisbett, R. E. (2000). Cultural psychology of surprise: Holistic theories and recognition of contradiction. *Journal of Personality and Social Psychology*, 79 (6), 890-905.

Cropley, A. J. , & Urban, K. K. (2000). Programs and strategies for nurturing creativity. In K. A. Heller, F. J. Monk, R. J. Sternberg, & R. F. Subotnik (Eds.), *International handbook of giftedness and talent* (pp. 485-498). NY: Elsevier.

Csikszentmihalyi, M. (1996). *Creativity*. NY: HarperCollins.

Csikszentmihalyi, M. , & Wolfe, R. (2000). New conceptions and research approach to creativity: Implications of a systems perspective for creativity in education. In K. A. Heller, F. J. Monk, R. J. Sternberg, & R. F. Subotnik (Eds.), *International handbook of giftedness and talent* (pp. 81-94). NY: Elsevier.

Dogush, K. L. , Paulus, P. B. , Roland, E. J. , & Yang, H. (2000). Cognitive stimulation in brainstorming. *Journal of Personality and Social Psychology*, 79 (5), 722-735.

Drucker, P. (1985). *Innovation and entrepreneurship*. New York: Harper and Row.

Eaton, M. J. , & Dembo, M. H. (1997). Difference in the motivational beliefs of

Asian American and non-Asian students. *Journal of Educational Psychology*, 89 (3), 430-440.

197 Farley, F. H. (1981). Basic process; individual differences: A biologically-based theory of individualization for cognitive, affective, and creative outcomes. In F. Farley & N. J. Gordon (Eds.), *Psychology and education: The state of the union* (pp. 9-13). New York: McCutchan Publishing Corporation.

Feynman, R. (1985). *Surely you're joking, Mr. Feynman—Adventures of a curious character*. Toronto: Bantam Books.

Gardner, H. (1983). *Frames of mind: The theory of multiple intelligences*. NY: Basic Book.

Gardner, H. (1999). *Intelligence reframed: Multiple intelligences for 21st century*. NY: Basic Book.

Graduate School of Education of Harvard University (2001). *Project Zero*. Retrieved 2001, from http: //pzweb. harvard. edu/History/History. htm.

Graduate School of Education of Harvard University (2001). *Project SUMIT*. Retrieved 2001, from http: //pzweb. harvard. edu/Research/SUMIT. htm.

Guilford, J. P. (1950). Creativity. *American Psychologist*, 5, 444-454.

Hung, J. (1999, September 20). *Surviving a year of sleepless night*. Newsweek, 9.

Isaksen, S. G. , Lauer, K. J. , Ekvall, G. , & Britz, A. (2001). Perceptions of best and worst climates for creativity: Preliminary validation evidence for the situational outlook questionnaire. *Creativity Research Journal*, 13 (2), 171-184.

Kao, J. J. (1991). *Managing creativity*. NJ: Prentice Hall.

Kelly, T. , & Littman, J. (2001). *The art of innovation: Lessons in creativity from IDEO, American leading designing firm*. NY: Double Day/Currency Books.

Lau, S. , & Cheung, P. C. (2000). *An electronic version of Wallach-Kogan Creativity Tests*. Hong Kong: Quality Education Fund.

Maher, M. L. , & Midgley, C. (1996). *Transforming school culture*. CO: Westview.

Maslow, A. H. (1968). Toward a psychology of being (2nd ed.). New York: Van Nostrand-Reinhold.

Nayak, P. R. , & Ketteringham, J. M. (1993). *Breakthrough*! New York : Mercury.

Newsweek (1999, September 8). *As Americans embrace testing, Asians pursue creativity* (cover story).

O'Hara, L. A. , & Sternberg, R. J. (2001). It doesn't hurt to ask: Effects of instructions to be creative, practical or analytical on essay-writing performance and their interaction with students' thinking style. *Creativity Research Journal*, 13 (2), 197-210.

Ohmae, K. (1999). *The borderless world (Rev. ed.): Power and strategy in the* **198** *interlinked economy.* NY: Harper Business.

Peng, K. , & Nisbett, R. E. (1999). Culture, dialectics, and reasoning about contradiction. American Psychologist, 54, 741-754.

Plaks, J. E. , & Higgins, E. T. (2000). Pragmatic use of stereotyping in teamwork: Social loafing and compensation as a function of inferred partner-situation fit. *Journal of Personality and Social Psychology*, 79 (6), 962-974.

Scheibe, K. E. (2000). The drama of everyday life. MA: Harvard University Press.

Schooler, J. W. , & Melcher, J. (1995). The ineffability of insight. In S. M. Smith, T. B. Ward, & R. A. Finke (Eds.). *The creative cognition approach* (pp. 97-134). Cambridge, MA. : MIT Press.

Schrage, M. (1999). *Serious play: How the world's best companies simulate to innovate.* MA: Harvard Business School Press.

Senge, P. M. (1990). *The fifth discipline: The art and practice of the learning organization.* NY: Doubleday Currency.

Simonton, D. K. (1994). *Creativeness-Who makes history and why.* N. J. : LEA.

Spinks, J. A. , Ku-Yu, S. Y, Shek, D. T. L. , & Bacon-Shone, J. H. (1995). *The Hong Kong Torrance Tests of Creative Thinking: Technical report.* Hong Kong: Hong Kong Government.

Sternberg, R. J. , & Dess, N. K. (2001). Creativity for the new millennium. *American Psychologist*, 56 (4), 332.

Sternberg, R. J. , & Lubart, T. I. (1995). *Defying the crowd-Cultivating crea-*

tivity, *in a culture of conformity*. New York: The Free Press.

Sternberg, R. J., & Lubart, T. I. (1999). The concept of creativity: Prospects and paradigm. In R. J. Sternberg (Ed.), *Handbook of creativity* (pp. 3-15). NY: Cambridge University Press.

Sternberg, R. J., Torff, B., & Grigorenko, E. L. (1998). Teaching triarchically improves school achievement. *Journal of Educational Psychology*, 90, 378-384.

Swann, Jr., W. B., Milton, L. P., & Polzer, J. T. (2000). Should we create a niche or fall in line? Identity negotiation and small group effectiveness. *Journal of Personality and Social Psychology*, 79 (2), 238-250.

Torrance, E. P. (1974). *Torrance tests of creative thinking: Norms — technical manual*. Lexington, MA: Ginn.

Torrance, E. P., & Harmon, J. A. (1961). Effects of memory, evaluative and creative reading sets on test performance. *Journal of Educational Psychology*, 52, 207-214.

199 Walfish, D. (2001). Students dissatisfied, poll in China suggests. *The Chronicle of Higher Education*, May 25, p. A46.

Wallach, M. A., & Kogan, N. (1965). *Models of thinking in young children: A study of the creativity-intelligence distinction*. NY: Holt, Rinehart, and Winston.

Xing, P., Lee, A. M., & Solomon, M. A. (1997). Achievement goal and their correlates among American and Chinese students in physical education. *Journal of Cross-Culture Psychology*, 28 (6), 640-660.

丁兴祥（2000）：《当代中国杰出科技人才创造发展的环境：一种传记资料的分析》(Sociocultural context of techno-scientific eminence in modern China: A biographical data analysis)。

王敏晔（1997）：《教师对学生创意表现、创造力之归因及其相关因素之研究》(A study on teacher attribution of student creativity)。台湾政治大学教育研究所未发表之硕士论文。

李远哲（2000年12月7日）：《台湾教育学生成考试技工》(Taiwan educates students to become successful examination technicians)。载于《中国时报》，A7版。

李慧贤（1996）：《原住民学生创造力发展及其相关因素之研究》（The development of creativity in aborigine students）。台湾政治大学教育研究所未发表之硕士论文。

吴静吉、叶玉珠（1993）：《十年前后台湾地区学生语文创造力发展之比较研究》（Taiwan student's creativity development：A ten years comparison）。于中国科学院心理研究所主办"中国超常儿童研究和教育 15 周年学术研讨会"（北京）宣读之论文。

吴静吉、吴思华（1997-2000）：《技术造力特性与开发研究：各类创意领域之间的比较》（Characteristics and development of technological creativity：Comparisons among different domains）。

吴静吉（1990）：《女性青少年的刺激寻求动机、社会支持与偏差行为、创造力之关系》（Effects of female adolescents' sensation-seeking and social support on their delinquent behavior and creativity）。载《教育与心理研究》第 13 期，35-60 页。

吴静吉、郭俊贤、王家棣、罗添耀、田文彬（1995）：《一般生活风格量表之建立》（Development of a general life style inventory）。于中国教育学会教育统计与测量研究会、中国心理学会心理测量专业委员会与北京师范大学主办"海峡两岸心理教育测量学术研讨会"（台北）宣读之论文，1995 年 11 月。

吴静吉、林伟文（2001）：《创意团队的领导》（Leadership of creative team）。载于创意团队教材编撰小组（编）：《创造力与创意设计师资培育计划——工程类手册》。

陈淑惠（1996）：《台潜地区学生创造力发展及其相关因素之研究》（Creative develop- *200* ment and its correlates among Taiwan students）。台湾政治大学教育研究所未发表之硕士论文。

程炳林、吴静吉（1993）：《国民中小学生学习动机、学生策略与学业成绩之相关研究》（Relationship between motivated learning strategies and academic achievement among Chinese elementary and junior high school students）。《国立政治大学学报》第 66 期，13-40。

张金淑（1990）：《合作学习对学习效果之研究》（Effects of cooperative learning）。台湾政治大学教育研究所硕士未发表之论文。

张嘉芬、吴静吉（1997）：《国小高年级学生依附风格、创意教养环境与创造行为之关系》（Elementary students' attachment style，their perceived child-rearing practices for creativity and creative behavior）。中国心理学会 1986 年度年会宣读之论文，

台北，1997 年 9 月。

叶玉珠、吴静吉、郑英耀（2000）：《影响科技与资讯产业人员创意发展的因素之量表编制》（The development of inventories for factors that influence creativity development for personnel in technology and informational industries）。载《师大学报：科技教育类》第 45 期，15-28 页。

杨智先（2000）：《教师工作动机、选择压力与社会互动对创造力之影响》（Effects of teacher's task motivation, selection pressure, and social interaction on creativity）。台湾政治大学教育研究所未发表之硕士论文。

杨蒉芬、吴静吉（1988）：《刺激寻求动机与创造力、偏差行为之关系》（Sensation seeking, creativity and delinquency）。载《国立政治大学学报》第 58 期，189-216 页。

刘士豪（1998）：《年龄、性别、成就目标、目标导向与创意生活经验、创造力之关系》（The relationships among creative life experiences, creativity, age, gender, achievement goals and goal orientation）。台湾政治大学教育研究所未发表之硕士论文。

苏锦荣（1998）：《新竹科学园区资讯电子产业研发人员、技术人员与非科技人员创造力之研究》（The creativity of R & D staffs, technicians, and non-technologists in the information technology industry in the Hsinchu Science-Based Industrial Park [HSIP]）。台湾政治大学科技管理研究所未发表之硕士论文。

第九章　创造力的社会心理学：
一个多元文化视角的开端①

贝丝·亨尼西（Beth A. Hennessey）
美国马萨诸塞州卫斯理女子学院 心理学系

　　西方社会长达 25 年之久的创造力研究表明：动机在创造过程中起着 **201**
关键性作用。仅有深刻的概念性理解和高超的技能是不够的。许多实证
研究表明，在西方社会工作和学习的个人想要发挥自己的创造力潜能就
必须具有内在动机。所谓内在动机是指，单纯为了工作本身的乐趣和享
受投身工作，而非出于某些外在目的。日前，心理学家们指出，当人们
实施某项工作时，动机倾向与创造力可能性之间存在直接联系，并且环
境的某些特征在很大程度上将决定动机。本文概括出了基于社会心理传
统的一些调查，这些调查显示，典型的美国教育环境以教学和课程特色
为特征，却因此扼杀了学生的内在动机和创造力，所有学生——从幼儿
园到高中——都未能幸免。此外，该研究还展示了在沙特教育环境中收
集到的新数据。作为首批关于课堂环境对非西方社会学生动机和创造力 **202**
影响的实证研究之一，这些发现引起了对创造力社会心理学的普遍适用
性的质疑。同时，作者建议在学校采用创造性多元文化研究框架，尤其
适用于亚洲国家的课堂。

---

　　① 本章的部分内容曾于 2001 年 6 月 26—28 日在香港浸会大学举办的第二届儿童发展研讨
会"创造力：灵光乍现"上发表。

1. 课堂里的创造力社会心理学：多元文化视角的开端

一位在欧洲学习的高中生回忆起自己在准备考试时感受到的压力时如是说："这种压力对我的负面影响之大，以至于期末考试结束后的整整一年里，关于任何科学问题的思考都让我感觉索然无味。"（Einstein，1949，p. 18）如此愤懑的表达足以让关心这个孩子学业成绩和动机的父母或老师感到忧心忡忡。事实上，这句话之所以激起轩然大波，是因为它出自当时 15 岁的阿尔伯特·爱因斯坦。爱因斯坦在他的自传中讲述了自己对学习的兴趣——包括他的创造力——如何被课堂因素破坏，这些因素对他的学习形成了外部控制。学生间的激烈竞争和学校里僵化的标准化练习一同系统地扼杀了他对科学的热情。这些力量如此巨大，最后，爱因斯坦不得不离开这所学校，转入一家以强调学生自主性学习和人文主义倾向而闻名的瑞士学校学习。换了学校之后，爱因斯坦日记中的语气明显变得欢快了起来，他饶有兴趣地记录着学校的自由精神和"老师们的简单真挚"（Holton，1972，p. 106）。抛开了外界规章制度的阻碍，爱因斯坦对于科学的激情获得了重生。也正是在这所瑞士学校里，爱因斯坦开展了他的第一个"思想实验"（thought experiment），该实验最终促成了相对论的诞生。

然而，课堂环境的外部制约也并非对每个学生都会产生如此巨大的影响，创造力文献阐释得很清楚，在西方国家，如果想让学生的动机和表现更上一层楼，我们就得密切关注学校环境因素。环境因素是通过何203种机制影响工作兴趣和创造力的呢？要回答这个问题，首先要了解西方研究人员和理论学家们在创造力方面都了解了些什么，这一点显得尤为重要。

2. 背景简介

西方关于创造力的实证性研究历史悠久，成果丰硕。早在 1870 年，

F. 高尔顿就发表了对于一些著名创造性人物的传记和自传的研究，他指出正是独特的智力和品格让这些人脱颖而出。高尔顿的研究强调个体差异变量形成了高水平的创造力，这种思想一直延续至今。从20世纪20年代开始，另一组调查人员和理论学家开始完善这一研究。他们将注意力转向创造过程，力图确定创造力生产步骤的普遍顺序（e. g.，Wallas，1926）或进行创造必要的认知技巧（Newell，Shaw & Simon，1962）。这些研究对高尔顿的研究进行了补充。事实上，这些作品大多数都将注意力集中在创造力的内在决定因素上，而将外在因素——如对创造力有利的环境条件——排除在外。创造力并非凭空产生（Lubart，1999）；但令人好奇的是，对创造力心理学感兴趣的研究人员偏偏选择分析创造过程。创造力的实证性研究通常都忽略了实施创造性行为的个人以外的因素。

直到20世纪70年代中期，一小群美国的社会心理学家认识到了创造力文献的这一缺陷，于是他们将注意力转向情景因素对创造力的影响。该方法强调，众多环境及人的变量都会影响创造力。更确切地说，创造力社会心理学的研究是建立在创造力表现的三要素构想（three-part conceptualization）基础之上。如果想要发挥创造力，一个人在处理问题时就必须具有一定的专业技能、创造力技能（愿意冒险、试验等）和工作动机。理想环境下，这三种因素汇合形成阿马比尔（Amabile，1997）所说 **204** 的"创造力十字路口"（creative intersection）。

专业技能（domain skills）和某些创造力技能是可以教授（和学习）的（e. g.，Parnes，1987；Parnes & Noller，1972；Torrance & Presbury，1984），西方研究人员发现动机倾向更加短暂。换言之，一个人的创造力技能（如对头脑风暴及对相关技巧的熟悉程度或延迟判断的能力）或专业技能（如化学、物理、工程学知识或使用画笔的灵巧度）可能是非常稳定的，而动机状态（motivational state）则可能是多变的，并且在很大程度上依赖环境。这是关于环境如何帮助塑造美国研究人员和理论学家所关注的动机倾向的问题。这项工作依据的模型告诉我们，在西方社会，对一项工作的动机倾向和在该项工作中的创造力表现之间存在直接联系，且动机倾向在很大程度上由环境决定。过去 25 年开展的大量研究都支持这一观点。

3. 内在动机和外在动机的操作化

这项研究由 M. 莱珀、D. 格林和 R. 尼斯比特发起。早在 1973 年他们就研究过预期回报对儿童动机和艺术表现的影响。他们收集到的数据显示，让那些原本就对"魔术画笔"表现出浓厚兴趣的学龄前儿童为了预期的"最佳选手奖"而进行绘画会大大削减他们对绘画的兴趣。与无奖励期待组（unexpected reward group）和控制组（control group）（无奖励）相比，在接下来的自由活动时间里，为获得最佳选手奖的孩子们使用魔术画笔的时间要比那些无奖励期待的同龄人少得多。此外，这种对兴趣削减的影响至少持续到最初实验阶段后一周；同样，在全球范围内的实验显示，预期获奖条件下画作的"质量"要比无奖励期待组或控制组差得多。

单凭这样一个以一次比赛论胜负的最佳选手证书是如何影响那些对绘画充满激情的学龄前儿童的动机和表现的呢？正是这个问题一直推动我和许多同事不断进行研究探索。

我们的创造过程模型区分了两种动机。其中，内在动机是指为了某件事本身而去做，纯粹是为了该项工作本身的乐趣和享受。而外在动机是指为了某些外在目的而去做某事的动机。这些年来，理论学家们进一步完善了这些概念，他们认为内在动机性活动具有最佳创新性（Berlyne，1960；Hebb，1955）、能胜任感和掌控感（Harter，1978；White，1959），而外在动机性活动则与外部控制感密不可分（deCharms，1968；Deci，1971；Lepper et al.，1973）。重要的是，内在和外在动机的每个特点都非常注重某些内在的现象学状态。无论是由新颖性、能胜任感还是控制感所引起，每个人的动机倾向都源自一种内在的个体化过程——我们才刚开始认识到这一过程的复杂性。

✿ 4. 基本研究范式

过去 25 年，美国和其他几个高度工业化的西方国家进行的经验性研究将我们引向创造力的内在动机原则：内在动机有助于创造力的产生，而外在动机则无一例外地阻碍创造力（Amabile，1983，1996）。当初的动机倾向和创造力表现之间的关系后来被发展成为实验性研究假设。这里要感谢社会心理学家们在了解促进创造力的心理社会因素方面付出的大量努力，他们搜集到了许多清晰明确的研究证据，将这一主张发展成为毋庸置疑的原则。

在一个基本的研究范例中，研究对象被随意分配到限制或无限制的 **206** 条件下（如有预期回报或无预期回报），生产出一些看得见的产品，这些产品可以用于评价创造力。同时也测量出了他们的动机倾向（如：内在或外在）。

1986 年，我和我的同事们共同发表了一篇论文（Amabile，Hennessey & Grossman，1986，Study 1），该文章从上文这一研究传统中概括出了一个原型研究（prototypical investigation）。在该项研究中，我们为小学生提供的并不是有形奖品，而是一个有趣而令人激动的活动——孩子们完成目标试验任务后可以玩宝丽来照相机。也就是说，分配在有奖赏条件下的孩子需要签订一份协议保证之后要讲一个故事，才有使用照相机的机会。无奖赏条件下的孩子们都能够使用照相机，然后才得到要讲故事的指示；前后两件事情并无关联。

为了检验奖励期待对孩子言语创造力的影响，研究人员会让参与研究的孩子们根据一本只有图画没有文字的书讲一个故事，并把讲述的内容录下来（参见 Hennessey & Amabile，1988）。讲故事活动有三项具体的评价标准。首先，细化言语流利度的个体差异，因为这些差异可能导致基准表现（baseline performances）的高度可变性。为了达到这一目标，活动规定孩子们针对每一页图画只能讲"一个故事"。第二，由于该活动目的在于检验创造力假设，所以活动过程可以采用各种形式。也就是说，该目标活动是开放式的，孩子们的各种反应都是有可能的（Amabile，1982b；Hennessey & Amabile，1999；McGraw，1978）。第三，像这类研究的所有创造力任务一样，为了证明孩子们觉得该活动确实是有趣的，预先测验讲故事的过程也非常重要。

207 　　参与该项实验的小学老师都非常熟悉这个年龄阶段的孩子喜欢的故事类型，因此他们会根据每个故事的创造力和其他方面进行评估，这样就达到了较高的评分者间可信度（inter-rater reliability）。结果显示，总体来看，无奖励条件下孩子们讲的故事要比有奖励条件下孩子们讲的故事更有创造力。事实上，这个实验当中奖励所产生的主要影响具有很重要的统计学意义。我们不能忽视的一点是，所有参与研究的孩子都用照相机拍过照片，唯一的不同之处就是有奖励和无奖励条件下儿童如何看待拍照这件事——即能否获得拍照的权利是否取决于讲故事活动。

5. 同感评估技术

　　在上述研究中，小学生的创造力是根据他们在讲故事活动中的表现进行评估的，同他们在教室里进行的其他语言艺术活动并无区别。从这个方面来看，我们对创造力的操作和测量与该领域的许多其他研究人员大不相同。不同于传统的托兰斯创造性思维测验（Torrance，1974）采用书面形式来评估创造力，我们要求研究参与者生产出真实的产品。更确切地说，托兰斯测验和相关测量方法侧重于一种或几种创造能力或倾向，并且我们认为一种更为全面的测量方法有待开发。同时，我们还发现许多社会和环境因素都会影响托兰斯创造性思维测验的结果，因此这些测验的建构效度（construct validity）也受到严重质疑。这一效度问题尤为麻烦，因为它是以多个创造力测验为支撑的。最后，我们还关注到一个事实，尽管多数公开发表的创造力测验使用的评分程序（scoring procedures）都声称自己的程序是客观的，但事实上创造力表现是根据测验构建者（test constructor）自己对什么是具有创造力的直觉概念（intuitive notion）来评估的。

但是我们这样的研究人员又如何判定在回报期望条件下生产的产品 **208**
多多少少比控制或无奖赏条件下生产的产品更有创造力呢？同感评估技术（The Consensual Assessment Technique/CAT）（Amabile，1982b；Hennessey & Amabile，1999）正是基于这样的需要产生的，它建立在这样一种设想的基础上：各个成员间相互独立，无法相互谈论或与研究员讨论有关产品创造力（product creativity）——这样一个专业评分小组才能作出最好的评判。其实，过去20年来在西方国家进行的研究已经清晰地表明，产品创造力可以根据专家们的共识来进行可靠而有效的评估。虽然某个产品的创造力的具体特征很难描述，在西方社会中它却能被加以辨别并获得一致评价。

同感评估技术基于创造力的两种互补性定义。建立创造过程的理论框架使用的基础概念定义（underlying conceptual definition）规定：具有创造力的产品应具有以下特征：（1）新颖、恰当、实用，能对手头的工作作出正确或有用的反应；（2）具有启发性而非规则性（Amabile，1996）。同感评估技术依据的操作性定义能够轻易地运用到经验性研究中："判断一个产品或反映具有创造力的标准应该是恰当的观察者都认为它有创造力。所谓恰当的观察者是指那些熟悉产生该产品或反应的领域的人。"（Amabile，1996，p.33）这个同感定义重要的一点在于它是基于创造性产品而不是创造过程。不仅创造过程的清晰阐释有待开发，且任何对创造性思维过程的鉴别最终必须依据思维过程的成果——产品或反应。

阿马比尔和她的同事们试图找出同感评估技术中创造力概念性定义的基本特征（Amabile，1982b；Hennessey & Amabile，1999）。首先，给研究对象布置一些具有较大灵活性和反应创新性空间的任务。其次，这些任务的适当反应范围在参与者说明中已明确列出。最后，采用的实验 **209**
活动都具有启发性——评审员只对开放性任务进行评估，所谓开放性任务是指该任务具有不止一种解决方法，其中每种解决方法又有不同的实现途径。

我们发现这种方法尤其适用于研究课堂环境对创造力的影响。与同感评估技术不同的是，现有的大多数评估方法都像性格或智商测试一样认为创造力是一种持久的性格特质。无论是要求思考砖头的不寻常用途，还是选择描述自己的形容词、完成一幅画作，抑或发现看似不相关的事物之间的联系，大多数的纸笔测量法都是为了最大化个体差异。这些测量方法所要做的正是我和我的同事们作为社会心理学家所要极力避免的。采用社会心理学方法的研究人员必须控制并消除测量方法的组内差异（within-group variability）。他们的目标是通过对社会和环境因素的直接实验性操作（direct experimental manipulations）探索普遍性的组间差异（between-group differences）。在我们关于课堂环境对创造力的影响及动机对孩童影响的研究中，个体差异包括误差方差。我们对某个小孩是否能够一直表现出高水平的创造力不感兴趣，我们也不会把创造力当作一种相对持久和稳定的特性进行研究。相反，我们的注意力集中在创造力表现的个别例子上，这样我们就能看到一种转瞬即逝的微妙动机状态：一种由环境因素引起的状态，例如：有无奖励因素的存在。我们需要的是一种不强调研究对象个体差异的创造力测量工具，一种具有较大灵活性和反应创新性、不严重依赖孩子技能水平或经验范围的测量方法。同感评估技术恰恰能满足以上各项要求。

在之前提到的 1986 年（Amabile et al.，1986，Study 1）的研究中，我们的创造力"专家"和评分人员都是小学教师。评分人员之间互不相识，但都是土生土长的美国人。评审人员并不是依据某些抽象的标准进行评估，而是使用七点尺度量表（seven-point scales），以自己和对创造力的主观定义为指导，对相互关联的故事录音进行评估。在该项研究中，故事创造力的评分者间信度非常高（0.91）。首先由三位评审人员针对每个产品作出评分，并用电脑对分数进行计算，再用这一计算结果作为余下产品创造力分析所依据的唯一测量方法。

210

🌐 6. 创造力 "杀手" —— 创造力文献回顾

与上述研究一样，大多数探索环境约束对动机和表现影响的早期研究主要集中于预期回报的影响（e. g. , Deci，1971，1972；Garbarino，1975；Greene & Lepper，1974；Kernoodle-Loveland & Olley，1979；Kruglanski, Friedman, & Zeevi，1971；Lepper et al. , 1973；McGraw & McCullers，1979；Pittman, Emery, & Boggiano，1982；Shapira，1976）。在许多研究范式中，研究对象都会生产出某种真实的产品，然后根据一系列特定的程序对这些产品进行评估。同感评估技术已经延续了30年之久。早在20世纪80年代早期，许多研究就已采用了该研究体系（Amabile，1982b；Hennessey & Amabile，1999）。随着时间的推移，试验方法变得越来越复杂，但是基本的研究结果仍然相同。数百项研究显示，根据工作投入情况作出的奖励承诺常常会影响内在工作动机和工作表现的质量，其中包括创造力（更详细的创造力文献回顾，请参考 Amabile，1996；Hennessey，2000；Hennessey & Amabile，1988）。这种强烈的影响会持续一生，无论是学龄前儿童还是经验丰富的专业人士，都受到其负面的影响。

近年来，研究人员又揭示了许多其他环境约束对工作动机和表现创造力的破坏性影响，如截止日期、监督和竞赛（例如 Amabile，1982a；Amabile, Goldfarb, & Brackfield，1990）。致力于评估影响的研究发现，对工作将会受到评估的预期也许是影响工作效果的最有害的外部约束（extrinsic constraint）。可能是因为评估情境涵盖了动机和创造力"杀手"**211**的各个方面，承诺对工作进行评估会严重影响各个年龄阶段人群的工作兴趣和表现。从学龄前儿童到经验丰富的专业人士，各行各业人们的生计都依赖工作的创造力，所以他们都毫无例外地受到了不利的影响。

1982年，阿马比尔在加利福尼亚实施了一项非常有代表性的关于评估影响的研究（1982a）。该项研究的主要目标是要检验竞争激烈的评估环境对 7 岁到 11 岁小女孩创造力的影响。这些年幼的实验对象被随意分配到周六或周日的"艺术派对"（"Art Party"）上。参加周六派对（非竞争控制型）的小女孩们会在入口处看到一张桌子上摆满了让人喜爱的玩具和礼物，研究人员会告诉她们这些玩具和礼物是供她们在派对结束时进行抽奖的礼品。后来，她们整个下午都在参加各种有趣的活动，包括美术拼贴（collage-making），这些女孩子在没有任何评估预期的情况下完成了该项任务。参加周日派对（竞争型）的小女孩们的经历几乎完全相同，她们与参加周六派对的孩子们玩相同的游戏，用相同的材料做美术拼贴，除了一点例外：当她们抵达派对，看到满桌的奖品时，研究人员却告诉她们这些东西会奖励给那些做拼贴做得"最好"的孩子们。

艺术家评审员根据同感评估技术列出的步骤（Amabile，1982b；Hennessey & Amabile，1999）对孩子们的设计进行创造力及其他方面的评价。创造力测量的评分者间可信度是 0.77，分析显示非竞争条件下小女孩们做的美术拼贴比竞争条件下孩子们做的拼贴更具创造力。

同奖励文献（reward literature）一样，这些年来，调查预期评估影响的研究也变得越来越复杂。现在，研究人员对评估的影响有了更深刻的理解，他们指出不是所有的评估情境都会产生同样的破坏性影响。例如，理论学家们认识到，为研究对象提供的任务类型会在很大程度上影响实验结果。有时，在面对一项异常困难的任务时，能力确认评估（competence-affirming evaluation）或迫切的评估预期会增加外部动机，并且不会给内在动机或表现带来任何负面影响。实际上，在某些情况下，评价预期能够提高表现的创造力。预期评价的这些复杂影响在近期发表的几部著作中都有相关论述（e. g.，Jussim，Soffin，Brown，Ley，& Kohlhepp，1992；Harackiewicz，Abrahams，& Wageman，1991）。

如此看来，其中的一个重要因素可能是自我决定感的保留。正如 E. L. 德西和 R. M. 瑞安（1985）解释的一样，任何增强胜任感（sense of competence）而又不破坏自我决定的外部因素都能够有效地促进内在动机。因此，只有那些能增益个人表现的有用信息性奖励或评估才能够促进工作参与度，并且不会带来不利影响，而非那些作为高压控制工具的奖励或评估。

并不是只有 E. L. 德西和 R. M. 瑞安（Ryan）这两位理论学家对人类动机研究中使用的相对狭隘而在很大程度上机械压力式的（指外在动机增加时，内在动机就一定会减少）研究方法表示不满。J. 陶尔和 J. M. 哈拉基维茨（1999）也致力于将内在动机和基于任务表现的研究方法同注重评估期待状态下工作的个人的现象学经历相结合。这些研究人员指出，评估偶然性情况的影响并不普遍。只有在评估环境中的人际氛围（interpersonal atmosphere）让人感到害怕或不自在的情况下，评估预期才会产生不利影响；在个人感觉能够掌控自己命运的环境中，动机和创造力都不会受到妨害。

7. 针对上述破坏性影响提出的一个机制

总之，许多西方研究人员都已发现奖励或迫切的评估承诺很容易破坏工作动机和创造力。说明它们怎样扼杀动机和创造力非常简单。然而，揭示引起预期回报和迫切评估破坏性影响的内在机制却不是那么简单。

我们已经知道，并非多数西方人都知晓他们的动机和行为方式的内 *213* 在原因。我们的研究参与者就像是自己行为的旁观者，他们像用评估准则解释他人行为方式的原因一样解释自己的行为。存在看似合理的内部和外部行为原因的情况下，我们的实验对象更倾向于外部原因而忽视内部原因。例如，在影响深远的"魔术画笔"研究（Lepper et al，1973）中，学龄前儿童也许会这样想："我之所以必须画这幅画不是因为它很有趣或者我很喜欢画画，而是因为这个人说我能拿到最佳选手奖。"小爱因斯坦可能会这样分析："我之所以必须研究这些事实和理论不是因为我对科学着迷，而是因为知道我的表现会被打分，同时我需要维护我在老师和同学心目中的形象。"

一些社会心理学家把这种思维过程称为"折扣原则"（discounting

principle)（如 Kelley，1973）。其他理论学家也提出了一种相关的解释，即"过度辩证"假说（"overjustification" hypothesis），这一构想源于 D. 贝姆（1972）、H. 凯利（1967，1973）和 R. 德查姆斯（1968）的归因理论（attribution theories）。不论使用哪个术语，所指的均是在西方社会，当存在多种对任务参与实验中行为的动机解释时，受试人群无论老少，都倾向于忽略自身的内在兴趣，而偏向于外因对行为的影响。

但是倾向于外在动机的趋势是如何降低表现创造力的呢？阿马比尔（1996）认为开放性的"创造型"任务就像是一个迷宫，只有一个起点，一个入口，却有多个出口和许多条通往这些出口的路径。对于面对预期奖励或评估的问题解决者来说，他的目标就是进入并走出这个迷宫，尽快完成任务。他们会选择"最安全"、最直接的路径，并且所有的行为和努力都只是为了确保生产出可接受的产品或解决方法。然而，为了能够产生创造性的想法，常常需要暂时"脱离"环境约束（Newell，Shaw，214 & Simon，1962），完全沉浸于问题本身，即迷宫之中。具有创造力的问题解决者必须愿意探索迷宫并尝试不同的路径。注意力必须集中在那些看似偶然的道路上；相反，一个人的注意力越是集中在奖励或评估上，就越不可能冒险走弯路，也就不会去探索解决问题的多种途径。

8. 典型美国式课堂的蓝图？

美国学生可能会选择最安全最直接的路径吗？或者说他们的课堂环境鼓励他们沉浸在学习中，尝试不同的问题解决方法吗？令人难以置信的是，前文列出的内在动机和创造力杀手（预期回报、预期评估、监督、时间限制和竞争［见 Amabile，1996；Hennessey，1996］）似乎就是典型美国课堂的蓝图。有时，我会让我的大学生们想象他们是火星人——一群被派到地球上调查美国教育实施情况的侦查员。他们将宇宙飞船停靠在一所小学的操场上，然后悄悄潜入教学楼。他们不了解美国学校，但却对本文之前所提到的那个研究有所耳闻，因为亨尼西和同事们的研究无疑已经名震寰宇。火星来客们通过窗户窥视，不敢相信他们所看到一切：奖励图表、表征系统、比赛和竞赛……他们开始怀疑美国人是否故意要破坏孩子们的动机和创造力，并对这些地球人是如何形成如此具有破坏力、无法获得任何收益的教育方法感到惊奇。我不得不相信，我国的教育家们总是怀有最善意的想法，但不可回避的事实是，大多数的美国学校都在设法将一长串的动机和创造力杀手加入他们的教育项目中。问题是教师和管理者（还有父母）都错误地以为奖励是激发孩子的必要措施。他们没有意识到外在激励因素给创造性任务和学生感兴趣的任务 *215* 带来的长远而消极的影响。

◐ 9. 迈向多元文化视角

无论一个学生具有何种特殊天赋，技巧和创造性思维能力都会在课堂环境条件下对他的创造力水平产生重要影响。在西方，人们发现内在动机是创造过程中的一个主要推动力；超过 25 年的研究证据表明，社会环境在很大程度上决定了动机倾向。最初，对明确动机和创造力之间的具体联系感兴趣的研究人员都将注意力集中在实验环境上。他们直接操纵社会环境的各个方面并找出思想和产品创造力的相应变化。许多近期的研究也采用了非实验性的方法，如调查、采访、基于课堂逸事志（classroom-based ethnographies）和档案源检验。研究方法的拓展让研究人员更加相信，要想激发学生的内在兴趣和创造力，就需要全面地重新审视当前的西方教育实践。

作为一名小学教师出身的研究员，能够在课堂教学中作出实质性改变让我感到很欣慰；但是，在我看来，仍然存在一个很重要而又让人感到不安的问题。我们的每一个理论模型，与它们依据的研究一样，都完全基于西方（如美国）文化传统。我和我的同事们不禁要问：这些环境因素、表现的内在动机和创造力杀手在不同的文化环境中也是如此吗？如果小阿尔伯特·爱因斯坦不是生长在西方，他还会感受到学校环境的严重负面影响吗？如果承诺向参加任务的亚洲小朋友们提供奖励，他们是否会像纽约的小朋友一样受到负面影响呢？

216 亚洲的研究员和理论学家们为创造力研究作出了许多巨大贡献（也许比任何非西方团体所付出的都多），但是他们通常都没有关注创造力的社会心理学层面。相反，亚洲的许多文献都是为了说明人们如何看待创造力或创造力在亚洲文化中扮演的角色这类大问题（如 Rudowicz & Hui, 1997, 1998; Rudowicz, Hui, & Ku-Yu, 1994; Rudowicz & Yue, 2000; Yue & Rudowicz, 2002）。还有一些亚洲作者的重要著作则注重于性格和创造力之间的联系（如 Rudowicz & Yue, 2003）或被认定为有天赋的学生群体。

除了极少数的研究外，亚洲研究人员都不会选择将精力集中在环境对动机倾向或创造力的影响上。其他的非西方研究传统亦是如此。简单地说，几乎没有经验性数据说明预期回报、预期评估和竞赛的消极影响是一种全球性现象还是一种特定的文化现象。

为了填补这一研究空缺，最近我和我的学生们做了一项多国调查。在适用于美国研究参与者的基本实验范式也同样适用于非西方国家学生这一设想的指导下，我们随意将 58 名学生（28 名美国学生和 30 名沙特阿拉伯学生）分配到预期奖励组和无奖励（控制）组。所有的研究参与者都在自己的国家接受测试。孩子们需要做一个拼贴，讲一个故事。活动完成后，所有学生都要作一个关于工作动机的自我汇报。沙特的小学教师评价沙特学生所做产品的创造力和其他方面，美国教师评价美国学生的产品。

非西方国家目前还没有尝试使用同感评估技术的作品发表。但是，已经发表的研究成果为同感评估技术能够成功运用到多种文化环境中提供了强有力的支持。在应邀对大学生艺术作品创造力进行评估的中国评审员中，牛卫华和斯滕伯格（2011）达成了高度共识。实际上，在这个例子中，中国评审员在创造力构成这一问题上达成的共识比美国评审员**217** 还高。同样，陈传升、J. 卡梭夫、A. J. 希姆塞尔、E. 格林伯格

(Greenberger)、董奇和薛贵（2002）观察到，应邀对几何图形绘画创造力进行评估的中国评审员之间也有着高度的可靠性。同时，研究人员还发现，欧裔美国评审员对产品的评价与亚洲评审员相似。

我们的研究包括沙特和美国评审员，受到这一事实的鼓励，我们也能从两组评审员中获得高度可信的产品评估。我们主要的实验问题是：是否无论在何种文化环境下强行增加外部约束都会破坏工作兴趣和表现创造力？不出所料，我们从美国样本中得出的数据和之前的研究相同。在有约束（预期回报）条件下，孩子们的内在工作动机明显降低，生产出产品的创造力也明显低于控制（无奖励）组。

而沙特得出的数据却是另外一番情景。沙特学生在拼图任务中的反应和美国学生大致相同——奖励条件下内在工作动机明显降低。但是对动机的破坏并没有造成表现创造力像预期那样降低。在讲故事任务中，动机和创造力的组间（预期奖励/无奖励）差异性并不大。换句话说，在沙特小组中，预期回报约束在降低内在动机上产生的影响非常有限，对创造力则毫无影响。

创造力的内在动机原则（Intrinsic Motivation Principle of Creativity）能运用在沙特阿拉伯学生身上吗？所有文化中人们的动机倾向和创造力表现之间是否存在着某种联系呢？我们花了整整几个月时间实施在沙特的研究，相信我们考虑到了方方面面的因素，采用的研究方法和实验设计都尽量做到"文化公平"（"culture fair"）和公正。我们聘请了以阿拉伯语为母语的人为我们翻译实验协议和书面措施，由一位曾在我们搜集数据的这所学校上过学的沙特大学生担任实验人员。我们预先测试过奖品，确认它对来自两种文化的孩子都具有强大的吸引力，同时，我们也 *218* 非常仔细地试验过所有程序，确保孩子们能够理解我们的说明。从表面上看，我们似乎已经涵盖了"所有的基本要素"。可是我们却没能走出西方的框架，从沙特学生的角度来审视实验程序以及支持这些程序的设想。我们没有考虑到沙特的文化环境。

R. P. 韦纳在他的著作《创造力与超越》（*Creativity and Beyond*）

中指出，19 世纪 70 年代以前，西方世界还没有创造力这个词。直到 20 世纪 50 年代，这个词才得到广泛使用。在阿拉伯语中，可以用一系列的短语来表达创造力的概念，却没有一个词能完整地表达出它的意思。讲阿拉伯语的人们似乎觉得没有必要创造这样一个术语，然而在西方，谈论和追求创造力却是常事。创造力的概念及其相关的积极意义是现代、世俗、民主和资本主义倾向的副产品。由于西方思想在创造力问题上的全球支配性地位，研究人员、理论学家和我们都很容易忘记关于创造力这一现象可能还有与我们不同的概念。

R. P. 韦纳认为，对产品创造力的关注和认为物品是独特而有价值的人工制品的想法让西方人无法考虑到更大的文化结构，这个囊括了我们所有人的文化结构。西方学者认为，只有通过可见的成果才能明确和认识创造力。然而，东方的观点则比较不注重产品或其他生产出"成果"的有形证据。相反，创造力被看作是内在本质和终极现实的自我实现或表达（Lubart，1999）。

换言之，非西方文化对创造力的理解可能与我们不同。我们曾以为没有外部约束会激发沙特儿童（或者使他们感觉得到了许可）在实验任务中展现创造力，也许我们的这种想法是错误的。从更本质的角度出发，我们的沙特研究参与人员很可能并不赞同西方对创造性思想或产品的内在价值和先天"优质"的看法。在沙特，人们并没有将注意力集中在任何个人的能力或天赋上，创造力的社会结构似乎更注重不断加深的社区意识和对祖先及传统的强烈意识和尊敬。此外，我们自己在学校的观察和在沙特阿拉伯成长并接受教育的实验人员提供的信息让我们认识到，从学生们幼年开始，就被要求以个人的努力促进整个课堂小组的发展，这也是一种教育他们逐步社会化的活动。在这里，个人成就，包括个人展现出的高水平创造力不会受到鼓励和称赞；参与实验的许多孩子很可能以前从未在学校受邀展示过他们的创造力。

实际上，个人对创意和新颖艺术形式的追求与群体凝聚力和传统的维护之间的冲突是不同文化之间创造力的研究和理论化的核心。文化认同和社会稳定的维护需要延续和重视熟悉的事物。要求人们对集体以及他们所继承的传统和信仰承担义务的文化被称作"集体主义"和"传统文化"。至少从表面上看来，这些群体都有着固定的社会角色和结构，这些角色和结构决定了人们的言行。相反，被理论学家们称之为"个人主义"或"现代"社会的发展则取决于人们的创造性活动。从这些方面来看，将沙特视为传统型社会并不为过，然而我们的研究范式和理论都源于一种更为现代的观点。但是如果我们想开展一项有效的创造力内在动机原则跨文化研究，我们就必须跨越这种过于简单的二分法，认识到创造性行为是非常复杂和多面的。

　　黄奕光（2001）撰写的《为什么西方人比东方人有创造力》（*Why Asians are Less Creative than Westerners*）一书对个人与社会或文化的互动进行了深刻而细致的分析。黄奕光注重创造性行为和从众行为（conforming behavior）之间的冲突，他的许多观点都建立在亚洲和西方经验的第一手资料上。他认为，创造力的挑战与我们生活的社会是紧密联系的。**220** 事实上，黄奕光还坚持认为，由于不同文化间的差异较大，不应该也不能直接进行比较。他认为，从本质上来说，这些比较既不恰当也不公平。提及这种不公平性，黄奕光指出，西方人可能更具创新优势，因为西方赋予个人更多的自由。个性受到高度重视、鼓励和期盼。然而，另一方面，东方人却更能控制自己的情感。同时，黄奕光也提醒我们，情感在创造过程中发挥着重要作用。

　　就我个人而言，我特别欣赏黄奕光在创造力理论化过程中强调"自我"的做法。黄奕光将个人与情境间（此乃我作为社会心理学家关注的重点）的互动和自我与文化之间的互动进行比较。我们都知道，东方和西方对自我的看法大不相同。控制假设的跨文化比较能清楚地体现这些差异。在东方，人们强调环境的控制力量，个人只能去适应环境。换句话说，亚洲人正是在进行黄奕光所谓的"次级控制"（secondary control），即改变他们自己的内在需求和愿望，以最大限度地适应现实环境。而在西方，人们则期望能够超越外部强加的约束，甚至改变环境。在这种文化环境中，个人需要感受到初级控制（primary control），如有必要，他会改变现有环境以满足个人愿望和需求。

为了进一步扩大这些对比，黄奕光提醒我们，西方人很小就已开始自主性训练，甚至连婴儿都是独自睡觉，教育小孩子在运动场上（摔倒了）要自己站起来。然而，在东方，首要的文化目标就是和他人发生联系。人们并不认为向他人的操纵屈服或让步是性格软弱的体现。相反，对个体控制力的训练主要是朝向内心的，针对人们自身那些可能破坏和谐平衡关系的感觉和愿望。

总之，典型的亚洲人和西方人的心理结构大不相同。黄奕光认为，
221 两组孩子在自我感觉上尤为不同。西方儿童一直都在努力提高自己的独立性和自主性，因此，很容易理解为什么老师或实验人员强加的外部约束如奖励承诺会产生有害的影响了。然而，多数独立的亚洲（还有沙特）学生都认为自己是更大的社会关系网络的一部分，因此强加的奖励未必会破坏内在工作动机和创造力表现。

创造力的内在动机原则在东西方社会都适用吗？内在兴趣是创造过程的必要组成成分吗？又或者，创造力社会心理学是严重依赖文化的吗？毫无疑问，我们需要开展更多的研究才能找到这些问题的答案，但是上述沙特/美国研究至少验证了我们的实验性推测：老师或其他控制人员的奖励承诺不会破坏沙特学生的内在工作动机和创造力，而美国学生的动机和表现普遍会降低。与黄奕光不同的是，我不准备放弃设计和开展其他关于创造力、动机和相关现象跨国研究这一目标。我相信，将来自不同文化的人们暴露在相同的环境条件下，对他们的行为和认知进行比较，一定能够从中习得很多东西。显然，这类文化公平研究的构成需要的不仅仅是细致入微的翻译、公正地选择实验任务、表现偶然性和环境约束。研究人员必须揭示研究参与者的现象学原因。他们必须从研究对象的文化视角去检视实验步骤，尤其需要从人际关系层面进行考虑。

笔者在最近发表的一篇论文（Hennessey，出版中）中提出，虽然那些对环境、动机倾向和创造力表现的影响颇感兴趣的西方研究人员都接

受过社会心理学培训，但是除了进行创造的个人外，其他任何人都没有纳入他们的考虑范围。研究人员将注意力集中在个人和环境的非人际交往（impersonal interaction）上，奖励承诺和最终接受奖励（或其他偶然性）被视为一种机械过程。实际上，实验人员和研究参与者之间的互动 **222** 以及老师和同学之间的互动都被忽视了。我们不能否认的是，实验室和教室里存在着多个个体，他们的行为并不是孤立的，而是与他人有着直接的联系和交流。正如黄奕光所说，同整个西方文化一样，西方创造力研究人员将注意力集中在个别天才和创造力行为上。但是，从本质上来说，创造力是一种社会现象。创造力表现并非凭空产生。

在跨文化研究中，对创造力能够在怎样的社会环境中得到，或者无法得到发展进行界定尤其必要。研究人员必须确定研究参与者如何看待自身情况，即他们在创造过程中的地位和角色。参与者和研究人员有相同的理解和目标吗？他们愿意接受被人探索自己的创造潜能吗？他们是带着一种强烈的个人使命感完成实验任务的吗？或者，他们愿意"退居二线"听从其他组员吗？他们是被一种强烈的自主和掌控形势的感觉驱动呢，还是满足于从自身寻找控制的证据呢？最后，他们是否感觉能够找到有创意的想法或解决问题的方法，并为之兴奋呢？他们又是否会因为缺乏对这类开放性情形的经验而摇摆不定，不愿意探索各种可能性呢？

黄奕光并不认为西方人天生就比亚洲人有创造力。他想要传达的信息是，由于文化传统的原因，亚洲人想要以创新的形式行动、思考和摸索相对困难。我的同事们和我一起不知疲倦地揭露美国学校扼杀学生动机和创造力的各种方式，我也希望全世界的研究人员和熟悉多种文化传统的调查人员会因此受到启发，去探索他们的社会结构和期望对本国人们动机和创造力的影响。

为了完成这一目标，研究人员和理论家们必须愿意"从零开始"。我们不能为现有西方模型所桎梏，必须开发新的甚至完全不同的方法来研 **223** 究创造力的社会心理学和"创造力十字路口"的运作方式（Amabile，1997）。例如，调查亚洲文化创造力的研究人员可能不会将注意力集中在环境对工作动机的影响上，他们的初步研究可能会致力于文化对创造力技能发展的影响。或者，涉及非西方人口的研究可能会把对创造过程的动机性成分作为研究目标，并着手研究在强调集体利益高于任何个人发展的社会中内在动机是否起着重要作用。所有这一切都让人为之振奋。

参考文献

Amabile，T. M. (1982a). Children's artistic creativity：Detrimental effects of competition in a field setting. *Personality and Social Psychology Bulletin*，8，573-578.

Amabile，T. M. (1982b). Social psychology of creativity：A consensual assessment technique. *Journal of Personality and Social Psychology*，43，997-1013.

Amabile，T. M. (1983). *The social psychology of creativity*. New York：Springer Verlag.

Amabile，T. M. (1996). *Creativity in context*. Boulder, CO：Westview

Amabile，T. M. (1997). Motivating creativity in organizations：On doing what you love and loving what you do. *California Management Review*，40，39-58.

Amabile，T. M.，Goldfarb，P.，& Brackfield，S. C. (1990). Social influences on creativity：Evaluation, coaction, and surveillance. *Creativity Research Journal*，3，6-21.

Amabile，T. M.，Hennessey，B. A.，& Grossman，B. (1986). Social influences on creativity：The effects of contracted-for reward. *Journal of Personality and Social Psychology*，50，14-23.

Bern，D. (1972). Self-perception theory. In L. Berkowitz (Ed.)，*Advances in experimental social psychology* (Vol. 6). New York：Academic Press.

Berlyne，D. E. (1960). *Conflict, arousal, and curiosity*. New York：McGraw-Hill.

Chen，C，Kasof，J.，Himsel，A. J.，Greenberger，E.，Dong，Q.，& Xue，G. (2002). Creativity in drawings of geometric shapes：A cross-cultural examination with the consensual assessment technique. *Journal of Cross Cultural Psychology*，33，171-187.

deCharms, R. (1968). *Personal causation*. New York: Academic Press.

Deci, E. L. (1971). Effects of externally mediated rewards on intrinsic motivation. *224*
Journal of Personality and Social Psychology, 18, 105-115.

Deci, E. L. (1972). The effects of contingent and noncontingent rewards and controls on intrinsic motivation. *Organizational Behavior and Human Performance*, 8, 217-229.

Deci, E. L., & Ryan, R. M. (1985). *Intrinsic motivation and self-determination in human behavior*. New York: Plenum.

Einstein, A. (1949). Autobiography. In P. Schilpp (Ed.), *Albert Einstein: Philosopher-scientist*. Evanston Il: Library of Living Philosophers, Inc.

Galton, F. (1870). *Hereditary genius*. London: Macmillan, London, & Appleton.

Garbarino, J. (1975). The impact of anticipated reward upon cross-age tutoring. *Journal of Personality and Social Psychology*, 32, 421-428.

Greene, D., & Lepper, M. (1974). Effects of extrinsic rewards on children's subsequent interest. Child Development, 45, 1141-1145.

Harackiewicz, J. M., Abrahams, S., & Wageman, R. (1991). Performance evaluation and intrinsic motivation: The effects of evaluative focus, rewards and achievement orientation. *Journal of Personality and Social Psychology*, 63, 1015-1029.

Harter, S. (1978). Effectance motivation reconsidered: Toward a developmental model. *Human Development*, 21, 34-64.

Hebb, D. O. (1955). Drives and the CNS. *Psychological Review*, 62, 243-254.

Hennessey, B. A. (1996). Teaching for creative development: A social-psychological approach. In N. Colangelo & G. Davis (Eds.). *Handbook of gifted education* (2nd ed.) (pp. 282-291). Needham Heights, MA: Allyn and Bacon.

Hennessey, B. A. (2000). Rewards and creativity. In C. Sansone & J. Harackiewicz (Eds.), *Intrinsic and extrinsic motivation: The search for optimal motivation and performance* (pp. 55-78). New York: Academic Press.

Hennessey, B. A. (2003). Is the social psychology of creativity really social?: Moving

203

beyond a focus on the individual. In P. B. Paulus & B. A. Nijstad (Eds.) *Group creativity: Innovation through collaboration* (pp. 181-201). New York: Oxford University Press.

Hennessey, B. A., & Amabile, T. M. (1988). Story-telling: A method for assessing children's creativity. *Journal of Creative Behavior*, 22, 235-246.

Hennessey, B. A., & Amabile, T. M. (1999). Consensual assessment. In M. Runco & S. Pritzker (Eds.), *Encyclopedia of creativity* (pp. 347-359). New York: Academic Press.

Holton, G. (1972). On trying to understand scientific genius. *American Scholar*, 41, 95-110.

225 Jussim, L. S., Soffin, S., Brown, R., Ley, J., & Kohlhepp, K. (1992). Understanding reactions to feedback by integrating ideas from symbolic intereactionism and cognitive evaluation theory. *Journal of Personality and Social Psychology*, 62, 402-421.

Kelley, H. (1967). Attribution theory in social psychology. In D. Levine (Ed.), *Nebraska symposium on motivation* (Vol. 15) (pp. 192-238). Lincoln: University of Nebraska.

Kelley, H. (1973). The processes of causal attribution. *American Psychologist*, 28, 107-128.

Kernoodle-Loveland, K., & Olley, J. (1979). The effect of external reward on interest and quality of task performance in children of high and low intrinsic motivation. *Child Development*, 50, 1207-1210.

Kruglanski, A. W., Friedman, I., & Zeevi, G. (1971). The effects of extrinsic incentive on some qualitative aspects of task performance. *Journal of Personality*, 39, 606-617.

Lepper, M., Greene, D., & Nisbett, R. (1973). Undermining children's intrinsic interest with extrinsic rewards: A test of the "overjustification" hypothesis. *Journal of Personality and Social Psychology*, 28, 129-137.

Lubart, T. I. (1999). Creativity across cultures. In R. J. Sternberg (Ed.), *Handbook of creativity* (pp. 339-350). New York: Cambridge University

Press.

McGraw, K. (1978). The detrimental effects of reward on performance: A literature review and a prediction model. In M. Lepper, & D. Greene (Eds.), *The hidden costs of reward*. Hillsdale, NJ: Lawrence Erlbaum Associates.

McGraw, K., & McCullers, J. (1979). Evidence of a detrimental effect of extrinsic incentives on breaking a mental set. *Journal of Experimental Social Psychology*, 15, 285-294.

Newell, A., Shaw, J., & Simon, H. (1962). The processes of creative thinking. In H. Gruber, G. Terrell, & M. Wertheimer (Eds.), *Contemporary approaches to creative thinking* (pp. 63-119). New York: Atherton.

Niu, W., & Sternberg, R. J. (2001). Cultural influences on artistic creativity and its evaluation. *International Journal of Psychology*, 36, 225-241.

Ng, A. K. (2001). Why Asians are less creative than Westerners. Singapore: Prentice Hall. Parnes, S. J. (1987). The creative studies project. In S. G. Isaksen (Ed.), *Frontiers in creativity research: Beyond the basics* (pp. 156-188). Buffalo, NY: Bearly Limited.

Parnes, S. J., & Noller, R. B. (1972). Applied creativity: The creative studies project: Part II - Results of the two-year program. *Journal of Creative Behavior*, 6, 164-186.

Pittman, T. S., Emery, J., & Boggiano, A. K. (1982). Intrinsic and extrinsic **226** motivational orientations: Reward-induced changes in preference for complexity. *Journal of Personality and Social Psychology*, 42, 789-797.

Rudowicz, E., & Hui, A. (1997). The creative personality: Hong Kong perspective. *Journal of Social Behavior and Personality*, 12, 139-157.

Rudowicz, E., & Hui, A. (1998). Hong Kong Chinese people's view of creativity. *Gifted Education International*, 13, 159-174.

Rudowicz, E., Hui, A., & Ku-Yu, H. (1994). Implicit theories of creativity in Hong Kong Chinese population. Creativity for the 21st century. *Selected Proceedings of the Third Asia-Pacific Conference on Giftedness* (pp. 177-196), Seoul, Korea, August, 1994.

Rudowicz, E. , & Yue, X. D. (2000). Concepts of creativity: Similarities and differences among Hong Kong, Mainland and Taiwanese Chinese. *Journal of Creative Behavior*, 34, 175-192.

Rudowicz, E. , & Yue, X. D. (2003). Compatibility of Chinese and creative personalities. *Creativity Research Journal*, 14, 387-394.

Shapira, Z. (1976). Expectancy determinants of intrinsically motivated behavior. *Journal of Personality and Social Psychology*, 39, 1235-1244.

Shi, J. , & Zha, Z. (2000). Psychological research on education of gifted and talented children in China. In K. A. Heller (Ed.), *International handbook for research on gifted and talented* (pp. 751-758). New York: Pergamon Press.

Tauer, J. , & Harackiewicz, J. M. (1999). Winning isn't everything: Competition, achievement orientation, and intrinsic motivation. *Journal of Experimental Social Psychology*, 35, 209-238.

Torrance, E. P. (1974). *Torrance Tests of Creative Thinking: Norms-technical manual*. Lexington, MA: Ginn.

Torrance, E. P. , & Presbury, J. (1984). The criteria of success used in 242 recent experimental studies of creativity. *The Creative Child and Adult Quarterly*, 9, 238-243.

Wallas, G. (1926). *The art of thought*. New York: Harcourt, Brace.

Weiner, R. P. (2000). *Creativity and beyond: Cultures, values, and change*. Albany, NY: State University of New York Press.

White, R. W. (1959). Motivation reconsidered: The concept of competence. *Psychological Review*, 66, 297-333.

Yue, X. D. , & Rudowicz, E. (2002). Perception of the most creative Chinese by undergraduates in Beijing, Guangzhou, Hong Kong and Taipei. *Journal of Creative Behavior*, 36, 88-104.

第十章　创造者眼中的美：从心理学和跨文化视角记录孩子们对绘画艺术的理解

林少峰（Siu Fung Lin）
英国伯明翰大学心理学学院

⬤ 1. 引言

> 艺术不是复制我们看得见的东西。艺术是让我们能够看得见。　　　**227**
>
> ——无名氏

"这幅画真棒，是我画的。"一个小孩如此说道。这个六岁的小女孩表达了自己对一幅铅笔画的喜爱，这幅画是她照着自己拍的彩色照片画的。这一切都说明，她创作了这幅图画。作为创作者的这个小孩就是本章研究的中心问题。

客厅的全真皮沙发上"装饰"满了各种涂鸦和标记。一个两岁的小女孩用一只红色的圆珠笔在一分钟内就完成了以上杰作，并且自己感觉非常满意，"奶奶的沙发上一点图画都没有，我想把它弄得漂亮一点"。这就是所谓的"萝卜青菜各有所爱"。因此，我们将从艺术家和欣赏者两个方面对这个小孩进行研究。

228 2. 框架： 世界－艺术家－图画－欣赏者之间的相互作用

2.1 何谓艺术？何谓艺术家？

给艺术下定义是近乎不可能的事情。J. 杜威认为艺术是一种经历 (1934/1987)，N. 古德曼则着重探讨艺术再现 （1976，pp. 21-31，252-255)。形式主义者注重形式、色彩和空间 （Bell，1914/1987；Fry，1926），工具主义者强调道德和社会功能 （Plato，1965；Tolstoy，1930)。所有主流思想的融合或结合形成了一种能够促进艺术理解框架的定义：

> 无论是有意识还是无意识的表达，任何作品都是艺术家对自己的世界和/或世界上物体感知的再现。它在形式上必须具有内在美学质量，如充实和构成。无论艺术家本人是否刻意如此，作品自身都应该传递感觉和思想。

除了暗示艺术可能具有传递意义的功能外，这一定义还列举了艺术品的四个基本要素：（1）表达；（2）创造；（3）重现；（4）美学特征。

因此，艺术品与艺术家的知识和经历息息相关；艺术家运用自己的美学技巧和洞察力"美化"了普通物品的外观。引导欣赏者以一种全新的方式看待世间的普通物体。艺术家们相互借鉴思想，仿效他人的风格，采用别人使用过的主题，生产出观众们想要的效果，因此获得了"艺术家"的头衔。这样，艺术家、欣赏者、艺术品和世界就相互联系在一起。"合作"（"Collaboration"）（Collingwood，1938/1958，p. 319）是对它们之间相互作用或相互影响关系恰如其分的描述。例如，身为画家和心理学家的约翰·马修斯曾坦承，在某些阶段，他的画作深受他三个孩子和运动与图像之间关系的影响。

图 1. 框架：世界－艺术家－图画－欣赏者之间的相互作用

3. 儿童作为创作主体

3.1　孩子们何时会作画？

孩子们似乎天生就会作画。他们从能抓起能留下标记的东西时就开始画画（见图 2），甚至用洒在地毯上的牛奶涂鸦（Matthews，1994）。孩子们早期的创造性绘画努力引起了许多西方心理学家的注意，并让他们为之惊奇（如：Cox，1993；Eng，1931；Gardner，1980；Goodnow，1977；Matthews，1994，1999）。G. H. 吕凯（1913）通过对自己大女儿的绘画及其女儿对小儿子的影响进行仔细观察，记录下了孩子们的绘画发展历程。H. 恩（1931）仔细研究了自己的侄女从出生到八岁的绘画过程，详细记录了她的绘画历程，并大致介绍了儿童的绘画心理。J. 马修斯（1994，1999）也详尽地记录了自己孩子的绘画发展过程。这些记录让我们相信世界各国的孩子在能够使用精细运动技能时就开始绘画了，他们想在什么时候画画就什么时候画。

3.2　孩子们为何绘画？

认知发展学者认为，"孩子们之所以画画是因为他们想（用图画）表现他们在生活中接触和了解到的人和事物"。

230 图2. 六合彩（宾果乐透摇奖机），Wing Hei（男孩，3岁，香港）

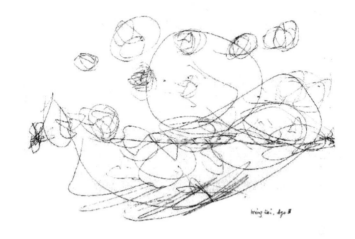

一位心理分析学家则认为"孩子们的图画仅仅是一种情感表达"。

"孩子们是在运用他们知道的'语言'通过一种他们能够操纵的方式来表达自己的情感和经历。"一位艺术治疗师兼艺术教育家完全赞同这种看法。

"从我个人的观察来看，这纯粹是一种游戏或者说是一种运动方式，"心理分析学家反驳道。

"但是，别忘了孩子们不是生活在真空中，他们会向对他们来说重要的人学习；他们画画是因为他们在模仿成人写字和画图的行为，"行为主义者也加入了讨论的行列。

"他们会画画是因为肚子不饿！"人类学者笑道。

231　人们普遍认为儿童绘画是一种情感表达形式（详见 Lin，1998）。这里，我们关心的不是运用孩子们的画作评价性格或当时情感状态的有效性和可靠性。实际上，关于孩子绘画情感表达的研究方法已经遭到了广泛批评，其中包括对其在解释绘画情感表达时缺乏理论依据的批评。但是，这并不影响人们相信孩子们画画是为了自由地进行自我表达的看法（Duncum，1988；Lowenfeld，1947，1952；Lowenfeld & Brittain，1975；Strauss，1978；Wilson，1992）。许多临床医生和艺术治疗专家甚至运用弗洛伊德心理分析中提到的净化概念来论证这种看法。

认知发展心理学家们最感兴趣的是通过孩子们的画作探索他们的认知发展过程——例如：研究孩子们对空间/面、线条和形状的使用。20 世纪 80 年代，以 N. H. 弗里曼和 M. 考克斯为代表的心理学家非常热衷于此类研究。发展心理学家们普遍认为，孩子们用绘画来"代表"他们知道和理解的现实世界（如 Piaget & Inhelder，1969）。J. 马修斯对这种解释进行了扩展，他认为孩子们早期的象征性绘画是一种"动作表征"（1984，1989，1991），因为绘画是孩子的行为及其与创作图像间关系的探索和区分。D. 沃尔夫和 M. D. 佩里（1988）也提出了类似的观点，他们将孩子早期的绘画行为称作"姿势表征"（gestural representation）。认知发展心理学家尤其注重绘画任务中的绘画过程及与年龄相关的变化（如 Thomas，1995；Thomas & Silk，1990；Thomas & Tsalimi，1988；van Sommers，1984，1989，1991；Willats，1981，1985，1987，1995）。他们认为绘画是一项复杂的活动，需要进行规划，同时也要具备空间/面、形状及其相互关系的观念。因此，有人认为绘画是孩子们在发展过程中对周围已知和未知事物的探索。同时，他们也在使用学到的技巧并将其运用到新的绘画任务中。这是一种元认知行为。

3.3 孩子们画的是什么？

232

孩子们画的是他们看到、知道、理解和感觉到的东西。换句话说，儿童最初是根据自己的经历进行绘画的，无论是现实生活（见图 2）还是故事情节（见图 3）。不用说，人物形象仍然是各个年龄阶段儿童最常见的绘画主题。虽然人物形象在儿童创作的不同阶段以许多不同的形式展现，有时可以辨认，有时则未必，但是孩子们却从未失去对人物画的兴趣和激情。孩子们自发地画人物画——有时是自己，有时是爸爸、妈妈、爷爷、奶奶和兄弟姐妹。大一点的孩子的创作里会出现邻居、同学和老师。其他比较典型的主题有汽车、房子、太阳、花朵和动物（Cox，1992，1993；Thomas & Silk，1990）（见图 4，5 & 6）。

图 3. 无标题，**Wing Hei**（男孩，4 岁，香港）

233 图 4.《伸出你的手》（*Gimme Five*），罗伯特（男孩，5 岁，英格兰）

图 5.《房子和人》，Wing Hei（男孩，4 岁，香港）

图 6.《出租车》，一个男孩所画（4 岁，香港）　　*234*

在与儿童学习相关的其他研究中，我们总是会问这样一些问题，如：应该怎样激发孩子的学习动机？同样，我们也应该问：是什么动机激发孩子们进行绘画的？

我们在香港为越南难民儿童举办了一场艺术营活动。研究人员在一所乡村学校的地板上为孩子们铺上了一大块画布。孩子们可以在这块布上随意使用液体涂料。一些小孩安静地独自绘画，不惹人注意也不愿被人打扰；一些孩子绘画是为了与艺术家帮手们进行交流，因为我们说的是不同的语言。一个上午，画布频繁地更换。令人震惊的是，这些画布上都画满了船、大海和许多阴郁的狂风暴雨般的图像，另外一些画看起来像大大小小的鱼。但是一个小孩一直在画的东西引起了我的注意，因为它看起来像是一个大盘子，上面只有一只巨大的眼睛。于是，我们请来了一位翻译，询问那个孩子画的是什么。那个孩子说，他在海上（来香港的路上）看到过这个东西很多次。他不知道那是什么，但是他在用自己的语言给我们描述的时候显得很兴奋。艺术营结束后的一天，我才知道那是一种鱼，我们在香港很少看得到。孩子们在这个活动中都画了些什么？是什么激发他们进行绘画的呢？孩子们画的是他们的经历，一种不同寻常的经历。他们画的是他们曾见过的景象：大海、船只、鱼；画的是他们知晓的事情，即前往香港；画的是他们的感觉，画出了他们的好奇、恐惧和茫茫大海的黑暗。

235 　　他们自由地绘画，因为他们感觉很安全；他们有饭吃，能感觉到周围大人们友善的支持和帮助。没有人强迫他们必须画什么、以何种形式绘画。他们可以自由地表达。他们找到了愿意倾听他们心底声音的观众，无论那个声音多么微弱，人们都愿意倾听。这就是增强自由表达能力的途径，这也是通往真正的创造和"加载"思想和记忆的途径。马斯洛认为人们具有不同层次的需要，我非常同意他的看法。在低层次的需要得到满足之前，我们很难重新加载内在思想并将思想转化为创造性思维和行为。这绝对不是一种唯物主义思想，而是一种对创造力和自由创作的呼唤。

　　小孩子们像毕加索一样大胆、欣然、自信地进行绘画。与艺术家和成人不同，孩子们并不在意视觉效果。他们没有花费任何时间考虑"恰当的"比例，或让欣赏者能够清楚地辨认。他们倾向于一口气画完图画，然后就抛开不管（见 Winston, Kenyon, Stewardson, & Lepine, 1995）。我相信，大人们都特别羡慕这种行为（包括像毕加索、保罗·克莱和瓦西里·康定斯基一样的艺术家），因为我们做不到，至少现在已经无法做到。尽管我们很羡慕，但是孩子们的大胆和成果却很少得到赞赏，至少在中国人中并不常见。奶奶之所以用靠垫把沙发上的涂鸦掩盖住，

214

是因为奶奶认为那些涂鸦看起来杂乱无章而又无法擦掉。大人们总想在孩子们的绘画里寻找一些"事物"，并希望孩子们能够画出一些以大人的标准看来是恰当的"事物"。

孩子们绘画的"愿望"随着时间的推移而逐渐变成画出"容易辨认"、视觉上越来越真实的物品。他们"要求"自己的画和所描摹的物品相似。我认为这种变化并非意外，它恰恰对应了普通观众和我们所在世界的"要求"。一个五岁女孩的妈妈告诉我她的女儿是多么热爱艺术，并催促孩子向我展示她的艺术作品。然后，这个叫比恩的五岁小女孩，就非常认真地给我展示了她在周六下午的一对一艺术课上画的图画。隔页上的图画都经过仔细描绘和上色，相邻的页面上贴着"工作表"。这个工作表给我留下了深刻印象，因为它看起来就像是字母表的翻版。老师要求小比恩练习怎样绘画，如狮子的鼻子、爪子等。她向我展示了她的图 **236** 画，可以清楚地看出来那是一只五彩缤纷的大鸟。我发现那只鸟背部的上方有许多铅笔记号，于是就问她那是什么。她非常愤怒地对我说，"难道你不知道我重画了多少次吗？""对不起，我不知道。是谁让你重画的呀？为什么要重画呢？""是我的老师。因为鸟画得太小了。她对我画的那些小鸟不满意。""她给你展示过图片之类的东西吗？""展示过，就跟这只鸟一样（她指着自己的图画）。"当这个孩子跟我谈论她的作品时，我没有从她身上看到任何快乐，更不用说欣喜了。事实上她感到很失望，因为我没有对她付出的大量努力表示赞赏。

针对是否应该教孩子们绘画策略和孩子们是否应该通过临摹学习绘画这两个问题，心理学家和艺术教育家们提出了许多看法（如 Cox，1992；Matthews，1999）。我想问的是：孩子们的绘画一定是具有代表性的吗？这里谈到代表性，我们面对的是相似度的重要性问题。J. 马修斯（1994）提醒我们，对一个小孩来说，"什么是现实"可能会随着年龄和环境的变化而变化。对于这个年龄阶段的孩子，我们应该关心的是什么？有人可能会说，绘画能促进孩子的认知发展，因此加强孩子利用图画从不同的维度表现"事物"的能力是非常重要的。比较有代表性的例子是，孩子们很难画特定视角的图画，尤其是八岁以下的儿童。皮亚杰采用了G. H. 吕凯的主张：实质上，孩子们绘画时本意是想做到写实，如果他们没能做到写实，那就证明他们观察事物的视角还未成熟。但是对于七岁以上的孩子来说，没能做到写实是因为没用心而不是缺乏认知能力。对七岁以下的孩子而言，没能在包含特定视角的绘画任务中做到写实则是因为缺乏认知能力（Cox，1981；Davis，1983）。M. 唐纳森（1978）证明了四岁的小孩可以根据讲述的故事画出部分图画。如果四岁的孩子都能在适当的环境画出特定视角的图画（Thomas & Silk，1990），我们又怎能不相信孩子们在自由绘画时没有画出特定视角的图画是他们自己的选择呢？我们根据类似情况得出结论，孩子们是在选择用自己的方式 237 来呈现人物形象（Golomb，1992）。在最近一个比较和对比孩子们利用两种媒介（绘画和相片）描述几个物体（例如一个洋娃娃）的实验显示，孩子们会选择画洋娃娃的正面像，但却从不同的角度给娃娃照相（Lin & Thomas，2001）。

孩子们描绘人物形象的方式一直是心理学家们争论的问题。早在1887年，意大利人科拉多·里奇就提出，孩子们并不是想要展现物品的实际外观，而是为了表达他们对物品的认识。一个世纪以后，克申施泰纳（1905，引自 Thomas & Silk，1990）认为，孩子们画的是他们知道的而不是他们看到的事物。半个世纪后，R. 阿恩海姆（1956）采纳了格式塔理论的核心思想——关注物体的总体结构和形态，他认为孩子们"画的是他们看到的东西"。迄今为止，这些争论仍然在继续（如 Cox，1992；Freeman，1980；Karmiloff-Smith，1990；Thomas & Tsalimi，1988），并且心理学家们发现很难在这点上达成一致。如果我们继续关注不同研究得出的证据，我们会感到前所未有的困惑。这些研究得出的结果都是正确的，但是它们不能帮助我们排除各种可能性，除了那些在特定实验中暴露出来的问题。研究孩子绘画本身很有乐趣，也令人很愉快，但它同时是一个关系到内在问题的复杂课题。首先，这个研究很困难，因为它有着无数的变量，这些变量来自儿童自身也来自环境。其次，因为年幼的孩子尚不能言语，而绘画本身就是另外一种语言，我们可能找不到确切的语言对其进行解释。

因此，我建议退后一步，从思考这两个问题入手："我们需要学习恰当的语言来表达情感吗？""我们学习过如何哭泣和尖叫吗？"没有。这是我们与生俱来的本能。一些人认为，小孩子们经常在不同的主题中使用一些图形语言，即"图式"，这样做有一定的感知和美学原因（Arnheim，1956，1974；Golomb，1992），尽管不是所有人都同意这一观点（Freeman，1980）。这一点有待依靠孩子们对艺术作品的反应来证明（见第四小节）。

我曾说过，我不反对艺术教育，也肯定艺术教育对提升儿童创造力的影响。A. 卡米洛夫－史密斯（1990）认为，小孩子们"天生"就会画画，而且他们的绘画策略很难改变。尽管卡米洛夫－史密斯这样认为，但**238**是在伯明翰进行的研究（Thomas，1995）却发现孩子们的绘画策略具有很大的灵活性。实际上，M. 考克斯（Cox）的研究（1992，1993）就曾表明，孩子们的绘画是能够通过训练改变的，绘画指导在其他几项研究中的效果也很明显（如 Philips，Inall & Lauder，1985；Wilson，Hurwitz，& Wilson，1987）。艺术才能的不同在很大程度上取决于我们的学习经历和其他因素，如环境和教育（Lin & Thomas，2002）。

这样看来，我们似乎应该从儿童的视角来研究他们的绘画；事实上，我们却总是从大人的角度来进行研究。考虑到我们很难理解儿童绘画和创建图像的能力，我们应该从儿童的角度采取其他措施并搜集一些办法。事实上，早在 10 多年前，G. V. 托马斯和 A. M. J. 西尔克就已提出，"论证儿童艺术能力更有力的证据是证明他们能够对自己和他人的绘画作出适当的审美判断"。

🎨 4. 儿童作为欣赏者

早在 1958 年，约翰·杜威在谈论艺术时就将其简单地归结为"作为"（doing）和"感知"（perceiving）。如果作为和感知不是完全独立的实体，那么它们两者之间就存在相互作用和依存的关系。因此，硬币的另一面，即儿童作为欣赏者的角度，是值得我们研究的。

为了比较孩子们对自己和他人创作的鉴赏，我首先将对绘画艺术进行研究，因为绘画艺术相对比较简单，在学校和日常生活中也较为常见。

既然幼童们只会乱涂乱画或画出像蝌蚪一样的人形，他们对他人的图画又会有怎样的反应呢？小孩子们可能会喜欢跟自己画得差不多的图画，这样的推测符合逻辑吗？或许他们最喜欢的还是市面上比较常见的抽象艺术（abstract art）或漫画艺术（cartoon art）作品。同样，如果孩子们的绘画通常都是写实再现的，那么他们对他人类似的图画又有何反应呢？比起具体的写实再现图画，他们是否会更喜欢漫画和抽象画作呢？

人们认为艺术敏感度（aesthetic sensitivity）可以通过以下两个方面来测量：（1）标准化的艺术作品；（2）运用适当的标准评价欣赏者的言语反应（Child，1964）。西方在艺术理解发展研究和概念化方面确实取得了一些进展，这方面研究的代表人物包括：I. L 蔡尔德和他的同事（Child，1964；Child & Iwao，1973）、哈佛大学教育研究学院零点项目/方案团队（the Project Zero team）（Carothers & Gardner，1979；Gardner，1973，1976；Rosenstiel，Morrison，Silverman，& Gardner，1978；Winner，Rosenblatt，Windmueller，Davidson，& Gardner，1986）、M. J. 帕森斯（1987）、R. P. 乔利，Chi & G. V. 托马斯（1998）、N. H. 弗里曼（1996）及林少峰和 G. V. 托马斯（2002）。这些研究取得的重要成果之一就是证明了某些明显的年龄差异对图形艺术（graphic art）的决定作用（如 Gardner，Winner，& Kircher，1975；Lin & Thomas，2002；Parsons，1987）。例如，小孩子们似乎并不了解必要的艺术方法和技巧。同时，他们的反应通常零散而浅显，只有十岁及十岁以上的儿童才会自发地注意到艺术作品的表现力。然而，令人惊讶的是，各个年龄阶段的孩子对不同流派的图形艺术的反应大体相同，他们关注的都是图画的主题（Lin & Thomas，2002）。林少峰和托马斯试图对此提供一份综合性的发展记录，当他们将这些发现和见解联系起来，一些新的证据出现了。首先，无论是哪个流派的画作，各个年龄阶段的孩子都很偏爱图画的主题（例如，抽象艺术中就没有明显的或确定的主题）。另外，孩子们对各个流派不同图画的反应与以下四个方面密切相关：（1）风格；（2）本质和信念；（3）个人成长和具体经历；（4）艺术教育的效果。孩子们观察到的和创作的是他们看见的东西。孩子的创作是否与上述因素密切相关呢？令人不解的是，各个年龄阶段的孩子都把主题放在首位。在他们的成长过程中发生过什么？更重要的是，怎么才能让他们将注意力转移到主题以外的其他方面呢？如果对绘画艺术主题的关注只是一种文化现象而非普遍的行为，那么紧接着，我们下一步就应该 **240** 对远东的孩子们展开研究。

4.1　中国香港－英国的孩子们对不同艺术流派的反应比较

中国香港被英国统治长达 150 年之久，深受英国文化和西方意识形态的影响。此外，香港的国际地位也促进了世界各国思想和实践的融合，尤其受到来自邻国的影响，如日本和韩国，当然还有多半通过媒体（如电影和音乐）所带来的美国影响。与英国和其他地方的情况极为相似的是，土生土长的香港人有很多机会接触各种西方艺术。大多数人每天都会接触到的绘画艺术包括杂志、书籍、贺卡、壁画、有插图的日历、音乐 CD 封面等的图片。并不是所有这些图画都被视为当代香港文化的精华，但是毫无疑问，它们都符合可复制型艺术品（autographic artworks）的标准。因此，在香港实行与伯明翰相同的研究方法是可行的。

华人占香港总人口的 99％。在香港生活的第一代华人都是在大陆长大的，他们很好地保留了中国传统。尽管有着大量来自西方的影响，但是通过父母的影响和对孩子的抚养，中国根深蒂固的传统习俗都已经传递给了第二代和如今的第三代香港人。因此，香港仍然属于集体主义社会（Hui, 1990）。从孩子一出生，父母和整个大家庭就开始引导他们，替他们作决定。所以，年轻人是有依赖性的。通常，从三岁起，香港小孩的大部分时间都在学校度过。学校特别重视学术技能（academic skills)，尤其是算术和写作。幼儿时期的教育主要是为小学教育/初等教育作准备，因此特别强调前学业技能（pre-academic skills）。S. 奥珀（1996）曾批评人们过度强调前学业技能而忽略了社会技能。

241　　长久以来，人们都认为创造性活动是普遍存在的，如艺术和音乐。但是，迄今为止却没能从文献中获得更多的证据。因此，我们希望囊括中国香港和美国儿童在内的跨文化研究能够在以下两个方面反映出一些文化差异：（1）他们怎样看待一幅画；（2）他们最喜欢什么样的画。这次的研究重点会放在童年早期和中期，因为孩子们在这两个时期对绘画的兴趣仍然很强烈。该研究从四五岁的小孩着手是基于一个得到普遍认同的发展心理学观点，即小孩到了四五岁就能够理解大众心理学的一些基本原则（如 Harris，1992）。同时，该项研究要求孩子们作出言语反应，这就让我们很难将年龄更小的孩子纳入其中。此外，如果我们要知道这些小小创作者对事物的看法，就需要观察他们会独立画出什么样的图画。而普遍的认识是，画图式画（schematic drawings）通常会出现在 3—8 岁的儿童身上（Lowenfeld，1947）。为了便于操作，这里的图式画局限在特定类型，不同于格林·托马斯提出来的类型（Thomas，1995）。因此，4—5 岁的孩子应该处于"前表征阶段"（pre-representational stage），在这个时期他们通常会画一些图式画（Arnheim，1956；Winner，1982）。7—8 岁的儿童会从图式画转向视觉上的写实画（visually realistic pictures）；"X 光"画（"X-ray"drawings）在这个阶段是比较常见的绘画类型（Thomas & Silk，1990）。

　　如果想要引起孩子们通常的自然反应，就应该观察他们对日常生活中绘画艺术的反应。在英国进行的研究中，我们将普通的贺卡和图画明信片作为刺激物。这样做有一个好处，几乎所有艺术流派的作品在贺卡和明信片中都能找到。也许有人会争辩说，这样就无法保留原作的特质。但是，随着科技的进步，艺术已经成为进入人们日常生活中的一种形式（Berger，1972）。我们一共准备了 25 张卡片，分成 5 个流派，这些流派基本上都是这类绘画艺术的代表作品。它们分别是：（1）抽象艺术（abstract art)；（2）美术（fine art）；（3）现代艺术（modern art）；（4）幽默艺术（humorous art）；（5）漫画艺术（cartoon art）（详见 Lin & Thomas，2002）。每个艺术流派都有 5 张图画，并且都一一做了编号：**242** A1—A5（抽象艺术），F1—F5（美术），M1—M5（现代艺术），H1—H5（幽默艺术），C1—C5（漫画艺术）。

我们在当地的一所幼儿园（儿童年龄在 4.5—5.1 岁之间）和一所小学（儿童年龄在 7.6—8.5 岁之间）共选取了 40 名儿童，并且这当中的小学生都毕业于同一所幼儿园。这样的选择是为了保证参与这项研究的孩子们都接受过相同的艺术教育。即使无法消除人文科学研究中容易出现的所有变量，但是我们仍希望，这样做能够将经历和艺术教育的变量保持在最低水平。我们在一个安静的教室里对所有学生进行单独访问，向每个学生展示这五组图片，一次一组，并要求学生说出每组中他们最喜欢的图片。将五个流派中他们最喜欢的图片放在一边，等他们选择完后，再对他们进行进一步访问。我们要求每个孩子对自己喜欢的图片分别进行陈述，并说出喜欢该图画的原因。然后，我们根据针对此项目修订过的手册对孩子们的反应进行剖析。简单地说，我们把孩子的反应归为九大类：色彩、主题、表达、媒介、历史、关联、故事情节、功能和其他方面（手册和评分细则请参考 Lin & Thomas，2002）。

与一些早期研究（如 Child et al.，1967；Rosenstiel et al.，1978；Valentine，1962）及林少峰和托马斯得出的研究结果一致，即由于年龄的不同，欣赏者的反应在质量和数量上存在较大差异。更重要的是，这次研究得出的结论与在英国的研究结果相同（Lin & Thomas，2002）。总体来说，在本次研究中，年龄大点的孩子对图画的讲述内容要比年龄小的孩子多（见表 3）。此外，本次研究中，孩子们都特别注重图画的主题，对艺术其他方面的关注相对较少（见图 7）。这与在英国研究的情形一样。年龄小点的孩子通常对图画的主题谈论得比较多。随着年龄的增加，对主题的关注会逐渐减少。年龄稍大点的孩子则更喜欢谈论图画的其他方面。的确，大多数的反应都属于前四种类型（色彩、主题、表达和媒介）。

243 图 7. 孩子们对绘画艺术的反应表

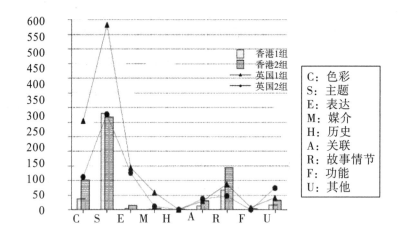

C: 色彩
S: 主题
E: 表达
M: 媒介
H: 历史
A: 关联
R: 故事情节
F: 功能
U: 其他

香港1组
香港2组
英国1组
英国2组

孩子们有趣的评论（表3）能为我们提供被铺天盖地的数据掩盖的有用证据。尽管就数据而言，这次的研究发现看起来同之前在英国进行的研究得出的结论相符，但是为了能够得到更多的信息，我们应该对这些评论进行话语分析。我们转录下了孩子们对"你为什么选这幅画？"和"你为什么喜欢这幅画？"这类问题的反应，并且进行了定量分析，在下面的讨论中会向大家展示。

4.1.1 排名前五的图画

中国香港的孩子们最喜欢什么样的图画？本次研究反映出了孩子们普遍喜欢的图片类型了吗？

244 4.1.1.1 中国香港儿童

令人惊讶的是，4—8 岁儿童普遍喜欢的图画类型是抽象艺术和美术（表1）。人们通常认为，漫画才是儿童喜欢的类型，尤其是年龄较小的孩子。在本次研究中，漫画仅位居第四。实际上，它和幽默图画的得分相同。仔细观察两个年龄组的比例，我们会发现两个组最喜欢图片的顺序稍有不同。幼儿园组的顺序是 H3，Ml，F2/C1 和 A4，并且这五幅图片的得分非常相近。小学组中，A4 被选中的频率高达 80%，然后是 F2，Ml/H1 和 C1。这就告诉我们，与年龄大点的孩子相比，年龄小的孩子们喜好的差异性更大。在他们的发展过程中是什么原因引起了这种变化？是文化或教育让孩子们走上墨守成规的道路吗？

表 1　中国香港儿童喜欢的图画

排名	四岁	图画	八岁
第一名	（25％）	A4［抽象艺术］	（80％）
第二名	（40％）	F2［美术］	（60％）
第三名	（45％）	M1［现代艺术］	（50％）
第四名	（40％）	C1［漫画］	（40％）
	（50％）	H3［幽默图画］	（30％）
第五名	（20％）	H1［幽默图画］	（50％）

艺术是阐释文化的特有价值、感觉和信念最有力的方式之一。因此，许多人认为艺术理解属于特定文化领域的知识范畴（如：Goldsmith & Feldman，1988）。不同于皮亚杰和科尔伯格的做法，帕森斯并不想为其阶段理论的普遍适用性寻找任何证据，即使他的阶段三、阶段四和阶段五是依据社会建构起来的。他认为中国人和俄罗斯人谈论艺术的方式不同于西方人。早在 17 世纪，M. 沙利文（1973）和 Y. S. 埃杰顿**245**（1980）就曾指出，中国人熟悉如何对事物进行三维空间的描画，但是他们却选择忽略这点，力图达到超验空间的效果；在印度，在如地毯这类商品中找到人和物体的垂直斜投影也并不是什么难事。

近期的一些研究确认了变量对审美判断的影响，如社会经济因素（Golomb，1992；Lange-Kuttner & Edelstein，1995）。

视觉感知研究人员已经开展了一系列识别刺激实验，如"人-鼠演示"（rat-man demonstration）（Goldstein，1989），这些实验展示了欣赏者的感知和解释是如何被他的期望影响的，图画的意义又是如何通过一个人的经历预先进行设定的。如果孩子们受到不同文化的影响（一个人遵从的信仰和价值观，学校和家庭的教育方式，性格，等等），他们面对同一件艺术品时可能会有截然不同的感知和/或解释。

因此，我们预设来自香港和伯明翰的孩子会对不同的画感兴趣。因为有充足的画作可供选择，所以他们选择同一幅画的可能性也不会很大。这种预期是基于这样一种设想：传统价值观、信仰、生活方式以及环境差异会对两组孩子的审美理解和偏好造成普遍影响。如果建筑真的是文化最直接的表现（Marland，1998），那么伯明翰人和香港人的品位应该是完全不同的。英格兰有我见过最美丽的建筑和风景：宏伟、高贵而又典雅。英格兰的生活方式与中国香港完全不同，从建筑到家庭装饰品、从小孩用的文具到他们的休闲方式、兴趣爱好和喜欢的事物都大不相同。与远东文化形成鲜明对比的是，个人主义在英格兰文化中居于主导地位。孩子们独立学习，自己作决定。他们像自己的父母一样决定吃穿问题。246 当然，他们在购买自己喜欢的音乐、书籍等方面也具有很大的自主性。与中国香港小孩相比，英格兰小孩的学业压力要小得多。至少，学校和幼儿园里没有听写练习这种事情。

尽管两座城市在文化、抚养小孩的方式和学校教育上存在很大差异，但是，在本次研究中，中国香港和英国儿童最喜欢的图画却完全相同（第一到第三）。

4.1.1.2. 英国儿童

仔细观察孩子们喜欢图画的比例分布（见图8、图9和表2）就会发现：英国儿童的喜好分布比中国香港儿童的更均匀，也就是说，英国儿童的喜好更加趋于多样化。在中国香港儿童中，年龄较小的儿童的选择更加多样化，但是随着年龄的增加，分布就变得越来越集中。这种现象很让人担心。我最关心的问题是：是什么促使孩子的品位趋同？詹姆斯·马克·鲍德温（1911）认为，审美体验是个人的自我理解过程，也是通过物体的内在生命认识观察者内在生命的过程。鲍德温认为，缺乏个体含义（personal meanings）的事物是丑陋的。如果在其发展过程中，孩子们对图画的反应越来越"墨守成规"，几乎就没有个体含义可言。那么，孩子们眼中的美究竟是什么样的呢？如果这反映了孩子们构建现实的方式，我们又为他们提供了什么样的心理和现实环境呢？

表 2 英国儿童喜欢的图画

排名	四岁	图画	八岁
第一名	（25％）	A4［抽象艺术］	（80％）
第二名	（40％）	F2［美术］	（60％）
第三名	（45％）	M3［现代艺术］	（50％）
	（40％）	H3［幽默艺术］	（70％）
第四名	（35％）	A5［抽象艺术］	（55％）
	（20％）	C4［漫画艺术］	（50％）

图 8. 中国香港儿童对 5 个流派 25 幅图画的偏好比例图

247

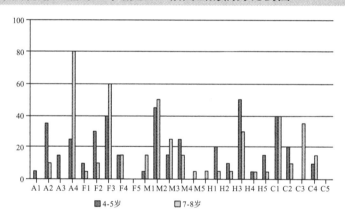

图 9. 英国儿童对 5 个流派 25 幅图画的偏好比例图

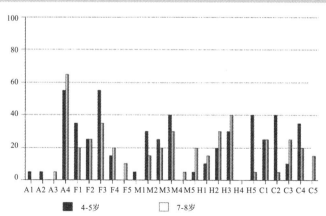

4.1.2 你为何喜欢这幅图画?

248 表3. 孩子们对自己喜欢的画的反应

图画	小组	中国香港儿童	英国儿童
A4 (抽象艺术)	K	• 有彩虹	• 图上有彩虹 • 因为有许多漂亮的颜色,还有很多东西,很有趣 • 我喜欢彩虹 • 我非常喜欢这个(红线),我喜欢那些小点和中间那部分光,深黑色就在那儿变成了浅色
	P	• 有彩虹 • 彩色的	• 这是一幅很好的图画,让人感到很开心 • 因为它很明亮,色彩丰富,画中有很多物品 • 因为……嗯……就像你能想象画里的东西一样,不是一幅会让人生气的图画 • 嗯……所有的效果和物品 • 因为上面有彩虹,我很喜欢彩虹。喜欢它的颜色。上面有我最喜欢的颜色——绿色 • 因为画了好多东西在里面 • 它与众不同;就像所有的画都融进了一幅画,嗯……像所有一切都装在一起大画笔里……很抢眼 • 因为它的颜色和画法 • 让我感到很快乐,因为颜色很丰富,看着很舒服 • 这幅画很有趣……如果你从旁边走过,它就会吸引你的目光,然后你就会看到它 • 我看不懂它画的是什么 • 很模糊,你能真正看懂的就是鸟,但是你却不敢确定其他东西是什么,需要自己思考
249 F2 (美术)	K	• 很多东西 • 很美的 一幅画 • 很多颜色	• 因为我喜欢……画了一些很有趣的茶杯(广口瓶)…… • 因为画得很好 • 床画得很好 • 因为这幅画挂在墙上时,我总是看它;我以前看过 • 我很喜欢 • 我喜欢那张床 • 因为我喜欢在床上睡觉 • 因为有一把椅子……两把椅子……毛巾、门和瓶子 • 因为……卧室的色彩很丰富,还有黄色的垫子;我喜欢那个窗户 • 因为这幅画很古老。房子很旧 • 因为看起来很整洁

续表

图画	小组	中国香港儿童	英国儿童
F2 （美术）	P	· 很好的 　一幅画 · 很多颜色 · 整齐；整洁	· 不是太花哨，不是太明亮，不是太暗，不是太花哨。门画得刚刚好 · 因为我喜欢文森特·凡·高的画 · 我喜欢画笔的笔触，因为颜色很好地融合在一起，我喜欢这种混合颜色的方式，将不同的颜色融合在了一起 · 我不知道，颜色吧 · 因为是蜡笔和铅笔画的老式图画，就这样 · 因为我觉得画得很好，很好的一幅画。很显眼 · 因为我知道是谁画的
H3 （幽默艺术）	K	· 我喜欢猫	· 因为它……它在睡觉。呃……很有趣。它（猫的身体）有条纹 · 因为它是我最喜欢的画，很好 · 嗯……我只是喜欢这幅画的颜色 · 因为我喜欢老鼠 · 嗯……我不知道
	P	· 一只很可爱的正在睡觉的猫	· 有很多细节，看起来很有趣，很棒；这张卡片上的图画很漂亮，可以送给许久没见的朋友 · 嗯……我不知道。因为我喜欢猫。这只老鼠在拉一张很奇怪的脸 · 因为它的颜色 · 我喜欢动物和狗。看到它放松的方式很有趣，一切都很有趣 · 嗯，我喜欢猫和所有动物的图画 · 它让我感到很快乐 · 我真的不知道……就像……胃突出来了 · 我喜欢，嗯……这只猫在假装睡觉，所以它会跳出来捉老鼠 · 因为呃……呃……它吃得太多了，在睡觉。它起来的时候会肚子痛。所以我很喜欢这幅画 · 因为这幅画很有趣……因为你不会经常看到猫在箱子里睡觉，那只老鼠看起来很有趣，很卡通

250

5. 创造者眼中的美： 孩子作为艺术家和欣赏者

5.1 儿童欣赏者眼中到底是什么？

孩子们看到的是他们看到、知道、理解、感觉到和想象到的东西。

- 他们看到的——图画的主题和色彩：彩虹；猫。

- 他们知道的——图画里的信息：我知道是谁画的（文森特·

251 凡·高）。

- 他们理解的——图画里的概念或信息：它在休息；很有趣；古老。

- 他们感觉到的——传达的情感：它让我感到很快乐；我喜欢猫。

- 他们想象到的——根据自己的经历和想象来理解图画：那只猫
在假装睡觉，所以它会跳出来捉老鼠；它吃得太多了……它起来的
时候会肚子痛。

很明显，当孩子们像抽象表现主义画家一样绘画时，他们喜欢像康
定斯基这类艺术家的作品。甚至连那些图形模糊不清得像飘浮在未知空
间的作品，孩子们都能对其中不成文的观点、毫不相关的主题以及事物
和空间的片段进行创造性解读。这就引出了一个结论：对儿童艺术进行
过广泛研究的抽象表现主义画家，如康定斯基和其他许多画家（如
Fineberg，1998；Lyndon，1936）都很喜爱他们的儿童欣赏者。也许孩
子们的图画，因其天然去雕饰，而富于真情实感，因此对成人和儿童都
很有吸引力？因此，同之前讨论过的一样，艺术家、世界和欣赏者之前
存在相互作用。最初，是孩子们的创造激发了抽象表现主义画家去创作
像孩子们的图画一样的作品。现在看来，他们的努力在儿童欣赏者中已
经达到了理想的效果。

让人意想不到的是，孩子们也喜欢凡·高的作品，他们能够欣赏画

家运用透视画法，并将显眼的物品仔细安排在画面中的布局手法。在伯明翰和香港的儿童中间都出现了这种情况。英国儿童这样做是合乎情理的，因为学校里的艺术课会教授凡·高和他的绘画。英国儿童喜欢凡·高的作品，因为他们至少知道它，并且了解了很多相关的内容可以用来讲述。然而对中国香港儿童却并非如此，很难解释他们为什么喜欢凡·高的画，因为他们对这位画家陈述得很少。最初，他们是喜欢图画的"丰富厚重"，很多孩子都表达了这幅画很好，画面当中有很多东西，色 **252** 彩也很丰富。凡·高有意将很多物品摆放在一起，用强烈的笔触渲染了一种非常杂乱而丰富的效果。与名列第一的康定斯基的《哥萨克》（Cossacks）相比，这是我能看到的唯一共同之处。年龄大一点的孩子也认为画面很整洁美丽，也许孩子们也正是喜欢这种结构的平衡感。将凡·高的《阿尔的卧室》（Bedroom at Arles）与两地的孩子们没有选择过或很少选择的画作（A1，A3，F4，M4，H4 和 C5）相比，孩子们不喜欢的画作要么是结构过于简单，只有少量的物品，要么就是色彩单调。一个更深层次的原因可能是卡片传达信息的难度，如 H4，需要一定的文化背景和经历，也许还要加上一定的成熟程度，才能读懂其中的幽默。由此看来，对于这些小小欣赏者来说，对美的选择标准是不带有任何主观色彩的吗？

有趣的是，来自两种不同文化的孩子竟然喜欢相同的图画。在这里，我们要强调两点：第一，孩子们对图画都有一个基本的理解，并且这个理解的构建方式相同；第二，对艺术的感知是与生俱来的。

总体来说，本次研究的结果符合 R. 阿恩海姆的观点，"绘画形式的发展依赖神经系统的基本特质，神经系统的功能不会因文化和个体差异而有巨大的改变。"孩子们对凡·高画作的反应也许就如 E. H. 冈布里奇所说"一些天生的性情……将某些知觉与感觉基调等同起来"（1971，p.58）。这也许就是英国的电视节目《天线宝宝》（Teletubbies）在香港广受欢迎的原因。

到目前为止，M. J. 帕森斯的研究（1987）和本次研究都已经确认了某些跨文化差异。文化背景和亚文化可能会潜在地引起审美理解或审美体验的差异，如性别差异、社会经济背景、教育背景、经济和政治因素。

253 但是，我仍然认为对绘画艺术的理解具有普遍性。在心理学层面，我们需要的是一个理解过程的框架，一些评价操作和建构的结构性原则及一个跨越时间、空间和文化的框架。但是，普遍性并不等于趋同性！

5.2 儿童作为艺术家和欣赏者

> 发现别人看不见的东西。
>
> ——斯滕伯格、吕巴尔（1995）

孩子们在进行创造性绘画之前，首先应该学会创造性地观看（见图 2，10 & 11）。

在"观看"这个层面，孩子们的表现告诉我们，虽然他们喜欢相同的画，但是他们对图画的阐述却大相径庭。虽然东西方儿童看到的是相同的画作，但是东方儿童却无法做到像西方儿童那样进行口头表达和讨论。

显然，英国儿童对各个流派作品的谈论比中国香港儿童更有趣也更富有内容（见表 3）。英国儿童为谈论艺术作足了准备。他们使用的词汇更丰富，谈论的面也比较广——"只看图画本身通常是不够的。找到词汇描述和分析图画常常是帮助我们从被动的观看转向主动的唯一途径"（Woodford，1983，p. 13）。

图 10. 《战斗机和飞机》，Wing Hei（男孩，2 岁零 10 个月，香港）

图 11. 无标题，Wing Hei（男孩，4 岁，香港） *254*

正如 H. 加德纳（1994）指出的一样，所有孩子对主题的强烈反应 *255* 和对其他方面的淡漠反应表明了孩子们对技术导向性方法（technique-o-riented approach）的青睐，同时也体现了他们对写实再现技巧的重视（Duncum，1993）。正如埃伦·温纳（1989）所描述的，香港儿童并没有接受过循序渐进的临摹教育。在艺术欣赏和表达方面也很欠缺。S. K. 兰格（1953）提醒我们艺术是一种感觉形式，H. S. 布劳迪认为，艺术教育应该能够"恢复和加强感知物品所代表含义的能力，而不是猜测其含义"。

早在 1933 年，L. S. 维果茨基就提出，儿童对艺术的反应就像他们玩假扮游戏（pretend-play）或象征游戏（symbolic-play）的行为，他们会将自己的意愿融入假想事物。如果"看"和"做"都能极大地促进儿童的发展，我们就应该更加尊重和支持孩子们看似并不现实的创造性行为。孩子们可能并没有想过要用一种理性的方式重现事物。这种状态，用鲍德温的话说就是"兴趣"（1911），J. A. 拉塞尔则称之为"安全地带"（safer ground）（1989）。这反映了一个最重要的认知点，即处于某特定时刻，意识最"前面的部分"，J. H. 弗拉维尔，以及 E. R. 弗拉维尔和 F. L. 格林都曾对此展开论述。

在绘画艺术"做"的层面，如果香港的大人们继续要求儿童做出"工艺精细的"艺术作品，孩子们就会像"机器人"一样机械地运转。确实，香港太过强调前/学业技能（pre/academic skills）（Opper，1996），从而无暇顾及创造力和社会技能的发展。我们每天都会看到媒体、书籍和杂志上的图片，从中吸收知识和影响（见图 2、图 12）。重要的是我们应该带着一种批判性思维去主动而有创造性地看。E. 艾斯纳在 1998 年就曾提出，创造不是人们追随的不可改变的模式，而是一段缓慢开启的旅程。既然这样，那么小比恩在绘画课上不愉快的经历能够避免吗？为什么要仓促地将孩子推入写实重现阶段（realistic representation phase），甚至危及他们的全面发展呢？

256 图 12. 无标题，Wing Chuen（男孩，4 岁，香港）

🌐 6. 结论

艺术家、欣赏者、图画和世界相互作用的框架有助于构建理解和评价儿童图画创造力的可行途径。这是一种认识论的进步。从经验主义层面来看，从儿童的角度（孩子作为欣赏者）研究他们在绘画艺术中的创造性行为的开拓性尝试揭示了一些令人振奋的结果：儿童对绘画艺术的品位类似于他们自己的创作（如康定斯基和克莱）和他们喜爱的作品（如凡·高）的风格。我个人更倾向于诸多艺术家和心理学家提出的观点：儿童的许多潜能都是与生俱来的，包括绘画艺术潜能。跨文化研究表明，儿童在绘画艺术方面的艺术敏感性/能力似乎具有普遍性。

🌐 致谢　　　　　　　　　　　　　　　　　　　　　　　　*257*

我首先要感谢香港的 Wing Chuen 和 Wing Hei，以及伯明翰的罗伯特先生，感谢他们为本章提供精美绝伦的画作。感谢 G. V. 托马斯教授、S. D. 蒙特福德博士、C. L. Lai 博士和 M. C. H. Wong 先生在评论手稿方面给予的大力支持。特别的感谢归于 M. K. C. Lee 先生和 W. W. Y. Lee 女士提供的技术和文案支持，有了他们的帮助才能顺利地按时完成插图和本章内容。最后，我还要感谢本书的编辑 Juliet L. C. Lee 女士给予我的所有帮助。

参考文献

Arnheim，R.（1956）. *Art and visual perception：A psychology of the creative eye*. London：Faber and Faber.

Arnheim，R.（1974）. *Art and visual perception：A psychology of the creative eye* (The New Version). Berkeley：University of California Press.

Baldwin，J. M.（1911）. *Thought and things：A study of the development and meaning of thought or genetic logic* (Vol. 3). London: George Allen &. Co. Ltd.

Bell, C. (1987). Art. In J. B. Bullen (Ed.), *Art*. Oxford: Oxford University Press. (Original work published 1914.)

Berger, J. (1972). *Ways of seeing*. BBC.

Broudy, H. S. (1988). *The uses of schooling*. New York: Routledge.

Carothers, T, &. Gardner, H. (1979). When children's drawings become art: The emergence of aesthetic production and perception. *Developmental Psychology*, 15, 570-580.

Child, I. L. (1964). *Development of sensitivity to esthetic values*. New Haven, Con-necticut: Yale University.

Child, I. L. et al. (1967). *Bases of school children's esthetic judgement andesthetic preference*. Yale university, New Haven, Connecticut.

Child, I. L. , &. Iwao, S. (1973). *Responses of children to art: Final report*. New Haven, Connecticut: Yale University.

Collingwood, R. G. (1958). *The principles of art*. Oxford University Press. (Original work published 1938.)

258 Cox, M. (1981). One thing behind another: Problems of representation in children's drawings. *Educational Psychology*, 1, 275-287.

Cox, M. (1992). *Children's drawings*. England: Penguin.

Cox, M. (1993). *Children's drawings of the human figure*. East Sussex, UK: Erlbaum.

Davis, A. M. (1983). Contextual sensitivity in young children's drawings. *Journal of Experimental Child Psychology*, 35, 478-486.

Dewey, J. (1958). *Art as experience*. New York: Capricorn Books, G. P. Putnam's Sons.

Dewey, J. (1987). Art as experience. In J. A. Boydston (Ed.), *The Later Works: 1925-1953, Vol. 10: 1934*. Carbondale, III: Southern Illinois University Press. (Original work published 1934.)

Donaldson, M. (1978). *Children's minds*. England: Fontana.

Duncum, P. (1988). To copy or not to copy: A review. *Studies in Art Education*, 29 (4), 203-210.

Duncum, P. (1993). Ten types of narrative drawing among children's spontaneous picture-making. *Visual Arts Research*, 79 (1), 20-29.

Edgerton, S. Y. (1980). The Renaissance artists as quantifier. In M. A. Hagen (Ed.), *The perception of pictures* (Vol. 1) (pp. 179-212). New York: Academic Press.

Eisner, E. (1998). The importance of the arts: Promoting creativity. In K. Robinson (Ed.), *Facing the future: The arts and education in Hong Kong*. Hong Kong: Hong Kong Arts Development Council.

Eng, H. (1931/1999). *The psychology of children's drawings*. London: Routledge & Kegan Paul Ltd.

Fineberg, J. (Ed.) (1998). *Discovering child art*. New Jersey: Princeton University Press.

Flavell, J. H., Flavell, E. R., & Green, F. L. (1983). Development of the appearance-reality distinction. *Cognitive Psychology*, 15, 95-120.

Freeman, N. H. (1980). *Strategies of representation in young children: Analysis of spatial skills and drawing processes*. London: Academic Press.

Freeman, N. H. (1996). Art learning in developmental perspective. *Journal of Art and Design Education*, 15 (2), 125-131.

Fry, R. (1926). *Vision and design*. London: Chatto.

Gardner, H. (1973). *The arts and human development: A psychological study of the artistic process*. New York: Wiley and Sons.

Gardner, H. (1976). Shifting the special from the shared: Notes towards an agenda for research in arts education. In S. S. Madeja (Ed.), *Arts and aesthetics: An agenda for the future*. St. Louis: Cemrel.

Gardner, H. (1980). Artful Scribbles: The significance of children's drawings. London: Jill Norman Ltd. ***259***

Gardner, H. (1994). *The arts and human development*. New York: Basic books. (Original work published 1973.)

Gardner, H. , Winner, E. , & Kircher, M. (1975). Children's conceptions of the arts. *Journal of Aesthetic Education*, 9 (3), 60-77.

Goldsmith, L. T, & Feldman, D. H. (1988). Aesthetic judgement: Changes in people and changes in domains. *Journal of Aesthetic Education*, 22, 85-93.

Goldstein, E. B. (1989). *Sensation and perception* (3rd ed.). Belmont, California: Wadsworth Publishing Company.

Golomb, C. (1992). *The child's creation of a pictorial world*. Berkeley: University of California Press.

Gombrich, E. H. (1971). *Meditations on a hobby horse*. London: Phaidon Press.

Goodman, N. (1976). *Languages of art* (2nd ed.). Indianapolis: Hackett.

Goodnow, J. J. (1977). *Children's drawing*. Cambridge, Mass. : Harvard University Press.

Harris, P. L. (1992). From simulation to folk psychology: The case for development. *Mind & Language*, 7 (1 & 2), 120-143.

Hui, C. H. (1990). *West meets East: Individualism versus collectivism in North America and Asia*. Hope College.

Jolley, R. P. , Zhi, C, & Thomas, G. V. (1998). How focus of interest in pictures changes with age: A cross-cultural comparison. *International Journal of Behavioral Developmental*, 22, 127-149.

Karmiloff-Smith, A. (1990). Constraints on representational change: Evidence from children's drawing. *Cognition*, 34, 57-83.

Koppitz, E. (1968). *Psychological evaluation of children's human figure drawings*. London: Grune & Stratton.

Koppitz, E. (1984). *Psychological evaluation of children's human figure drawings by middle school pupils*. London: Grune & Stratton.

Lange-Kuttner, C, & Edelstein, W. (1995). The contribution of social factors to the development of graphic competence. In C. Lange-Kuttner & G. V. Thomas (Eds.), *Drawing and looking* (pp. 159-172). Hertfordshire, UK: Harvester Wheatsheaf.

Langer, S. K. (1953). *Feeling and form*. New York: Scribner's.

Lin, S. F. (1998). Emotional expression and children's production of art. *House of Tomorrow*, 6 (1 & 2). Hong Kong: Hong Kong Baptist University.

Lin, S. F, & Thomas, G. V. (2001). *Children's drawing and photography and their comments about the two media*. Poster Presentation, Cognitive Development Society, Annual Conference, Virginia Beach, USA, 2001.

Lin, S. R, & Thomas, G. V. (2002). Development of understanding of popular **260** graphic art: A study of everyday aesthetics in children, adolescents, and young adults. *International Journal of Behavioral Development*, 26 (3), 278-287.

Lowenfeld, V. (1947). *Creative and mental growth*. New York: The Macmillan Company.

Lowenfeld, V. (1952). *Visual education* (2nd ed.). Routledge and Kegan Paul Ltd.

Lowenfeld, V., & Brittain, W. L. (1975). *Creative and mental growth* (6th ed.). New York: Macmillan Publishing Co.

Luquet, G. H. (1913). *Les dessins d'un enfant* [Drawings of the child]. Paris: Alcan.

Lyndon, R. (1936). *Klee*. London: Spring Books.

Marland, M. (1998). The arts in secondary school. In K. Robinson (Ed.), *Facing the future: The arts and education in Hong Kong*. Hong Kong: Hong Kong Arts Development Council.

Matthews, J. (1984). Children drawing: Are young children really scribbling? *Early Child Development and Care*, 18, 1-39.

Matthews, J. (1989). How young children give meaning to drawing. In A. Gilroy & T. Dalley (Eds.), *Pictures at an Exhibition: Selected essays in art and art therapy*. London and New York: Tavistock/Routledge.

Matthews, J. (1991). The genesis of aesthetic sensibility. In S. Paine & E. Court (Eds.), *Drawing, art and development*. London: NSEAD and Longman.

Matthews, J. (1994). *Helping children to draw and paint in early childhood*. London: Hodder & Stoughton Educational.

Matthews, J. (1999). *The art of childhood and adolescence*: The construction of meaning. England: Falmer Press.

Opper, S. (1996). *Hong Kong's young children: Their early development and learning*. Hong Kong University Press.

Parsons, M. J. (1987). *How we understand art: A cognitive developmental account of aesthetic experience*. Cambridge University Press.

Philips, W. A., Inall, M., & Lauder, E. (1985). On the discovery, storage and use of graphic descriptions. In N. Freeman & M. V. Cox (Eds.), *Visual order: The nature and development of pictorial representation*. Cambridge: Cambridge University Press.

Piaget & Inhelder (1969). *The psychology of the child*. London: Kegan Paul.

Plato (1965). The Republic Book 10 (596. C6). In A. Sesonske (Ed.), *What is art? Aesthetic theory from Plato to Tolstoy*. Oxford University Press.

261 Rosenstiel, A. K, Morrison, P., Silverman, J., & Gardner, H. (1978). Critical judgement: A developmental study. *Journal of Aesthetic Education*, 12, 95-107.

Russell, J. A. (1989). Culture, scripts, and children's understanding of emotion. In C. Sarrni & P. L. Harris (Eds.), *Children's understanding of emotion* (pp. 293-318). Cambridge University Press.

Sternberg, R. J., & Lubart, T. I. (1995). *Defying the crowd: Cultivating creativity in a culture of conformity*. New York: The Free Press.

Strauss, M. (1978). *Understanding children's drawings* (P. Wehrle, Trans.). London: Rudolf Steiner Press.

Sullivan, M. (1973). *The meeting of Eastern and Western art from 16th century to present day*. London: Thames & Hudson.

Thomas, G. V. (1995). The role of drawing strategies and skills. In C. Lange-Kuttner & G. V. Thomas (Eds.), *Drawing and looking* (pp. 107-122). UK: Harvester Wheatsheaf.

Thomas, G. V, & Silk, A. M. J. (1990). *An introduction to the psychology of children's drawings*. Herfordshire, UK: Harvester Wheatsheaf.

Thomas, G. V., & Tsalimi, A. (1988). Effects of order of drawing head and trunk on their relative sizes in children's human figure drawings. *British Journal of De-*

velopmental Psychology, 6, 191-203.

Tolstoy, L. (1930). *What is art?* (A. Maude, Trans.). London: Humphrey Milford, Oxford University Press.

Valentine, C. W. (1962). *The experimental psychology of beauty.* London: Methuen & Co Ltd.

van Sommers, P. (1984). *Drawing and cognition.* Cambridge: Cambridge University Press.

van Sommers, P. (1989). A system of drawing and drawing-related neuropsychology. *Cognitive Neuropsychology*, 6, 117-164.

van Sommers, P. (1991). Where writing starts: The analysis of action applied to the historical development of writing. In J. Wann, J. A. Wing, & N. Sovik (Eds.), *Development of graphic skills* (pp. 3-40). London: Academic Press.

Vygotsky, L. S. (1976). Play and its role in the mental development of the child. In J. S. Bruner, A. Jolly & K. Sylva (Eds.), *Play: Its role in development and evolution* (pp. 537-554). Harmondsworth: Penguin. (Original work published 1933.)

Willats, J. (1981). What do the marks in the picture stand for? The child's acquisition of systems of transformation and denotation. *Review of Research in Visual Arts Education*, 13, 78-83.

Willats, J. (1985). Drawing systems re-visited: The role of denotational systems in **262** children's figure drawings. In N. Freeman & M. Cox (Eds.), *Visual order: The nature and development of pictorial representation* (pp. 78-100). Cambridge: Cambridge University press.

Willats, J. (1987). Marr and pictures: An information processing account of children's drawing. *Archives de Psychologie*, 55, 105-125.

Willats, J. (1995). An information processing approach to drawing development. In C. Lange-Kuttner & G. V. Thomas (Eds.), *Drawing and looking* (pp. 27-43). Hertfordshire, UK: Harvester Wheatsheaf.

Wilson, B. (1992). Primitivism, the avant-garde and the art of little children. In D. Thistlewood (Ed.), *Drawing research and development*. London: London

Wilson, B. , Hurwitz, A. , & Wilson, M. (1987). *Teaching drawing from art*. Worcester: Davis.

Winner, E. (1982). *Invented worlds: The psychology of the arts*. Boston, Mass. : Harvard University Press.

Winner, E. (1989). How can Chinese children draw so well? *Journal of Aesthetic Education*, 23, 41-63.

Winner, E. , Rosenblatt, E. , Windmueller, G. , Davidson, L. , & Gardner, H. (1986). Children's perception of properties of the arts: Domain-specific or pan-artistic? *British Journal of Developmental Psychology*, 4, 149-160.

Winston, A. S. , Kenyon, B. , Stewardson, J. , & Lepine, T. (1995). Children's sensitivity to expression of emotion in drawings. *Visual Arts Research*, 27, 1-14.

Wolf, D. , & Perry, M. D. (1988). From end points to repertoires: Some new conclusions about drawing development. *Journal of Aesthetics Education*, 2 (1), 17-34.

Woodford, S. (1983). *Looking at pictures*. Cambridge: Cambridge University Press.

第十一章 蓝苹果和紫橙子：
当孩子们像毕加索一样绘画①

苏启祯（Kay Cheng Soh）
新加坡南洋理工大学国立教育学院

1. 儿童是否具有创造力？

> 在当时那个年纪我已经可以像拉斐尔一样作画……可是我花了 **263**
> 好几年时间才学会像孩子们那样画画。
>
> ——巴勃罗·毕加索

萨缪尔是一个 4 岁的小男孩。他很喜欢画画，确切地说，是喜欢乱涂乱画。最近，他已经经过了涂鸦期（scribbling stage），正迈入前图示期（pre-schematic stage）（Lowenfeld & Brittan，1987）。这个阶段，孩子们想要表现人和事物。而且，他们还很重视老师和同伴们的认可，当然也很容易泄气。这一阶段的小孩非常渴望学习，但是却总是以自我为中心。他们的想象力非常丰富，不断寻求表达想法的方式（DeBord，1997）。

一天，萨缪尔找来几张大画纸和一盒记号笔，玩得不亦乐乎。他画了几个苹果和橙子，但是颜色都"不对"：苹果是蓝色的，橙子是紫色的。

---

① 感谢两位匿名评审员为本章提出的宝贵意见。由于本章并非学术论文，只为与老师和家长进行交流之用，故未采用学术风格引用格式。

264 和许多同龄的孩子一样，萨缪尔喜欢大片大片的色彩，但是他最喜欢的还是蓝色和紫色。

萨缪尔的妈妈一直都很鼓励他的行为，但是这次却没有。"什么？蓝色的苹果和紫色的橙子？苹果是绿色或红色的，橙子是橙色的。"

"不……我喜欢蓝色的苹果和紫色的橙子，"萨缪尔回应道。

"不是这样的，你看这些。"妈妈力图说服萨缪尔，给他看了一个绿色的苹果和一个橙色的橙子。

"不！不！我就喜欢蓝色的苹果和紫色的橙子！"萨缪尔继续反驳道。

"随他去吧，他很有创新精神。"一旁正在阅读关于儿童创造力书籍的爷爷说道。

图 1. 这幅《呐喊》为美国俄克拉荷马的 10 岁小朋友 C. 考特妮所作。挪威艺术家爱德华·蒙克的同名画作可能是受到了康妮的启发。

265 迫于爷孙的固执，妈妈最终还是放弃了。

我想问的是："小孩画出蓝色的苹果和紫色的橙子，他是否具有创新精神呢？"

在我们继续讨论之前，我们先看看从全球儿童艺术画廊（Global

Children's Art Gallery）（http：//www. naturalchild. com/gallery/）①
挑选出来的几幅图画。这些都是孩子们的杰作。

图2.《源自传说》由另外一位来自加拿大的 10 岁小朋友 U. 阿林娜所作。它是用微软画笔渲染而成的。毕加索 1937 年的画作《格尔尼卡》（Guernica）描写的是西班牙内战期间一座村庄的毁灭，熟悉这幅画的人可能会辨认出阿林娜画的主要图形正是《格尔尼卡》中被遮挡住的马和妇女的头，只是方向相反而已。

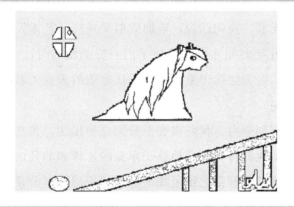

图3.《颠倒与翻转：夜晚时分太阳冉冉升起》（好长的标题！）是用微软画笔绘出的另外一部作品。作者 B. 玛丽娜来自加拿大，12 岁。玛丽娜是小凡·高还是马蒂斯呢？

266

① 这些插画都得到全球儿童艺术画廊（Global Children's Art Gallery）的许可：http：//www. naturalchild. org/gallery，该网站的画作主要用于募集资金之用。

我们最后看到的作品是《曼陀林和吉他》（*Mandolin and Guitar*）。它的创作者是来自西班牙的 42 岁"儿童"，他的名字叫巴勃罗·毕加索。

毕加索曾说过，"在当时那个年纪我已经可以像拉斐尔一样作画……可是我花了好几年时间才学会像孩子们一样画画。"他说这番话的时候已是 75 岁高龄。我们都知道，毕加索在他漫长的艺术生涯中曾几次转变风格。15 岁时，毕加索创作了一些古典风格的作品，让他的许多前辈们相形见绌。最后，年事已高的毕加索又转向孩童般的风格，这让他看起来总是那么天真无邪。换句话说，毕加索似乎逆转了艺术发展阶段。当他说"我花了好几年时间才学会像孩子们一样画画"时，他也许很高兴，甚至还很兴奋，因为他终于重新获得了孩童般的天真无邪，或者说他独有的成熟的单纯。

267　　孩子们很有创造力。我们很难不赞同这种说法，尤其是看到像萨缪尔一样充满创造性的行为和其他孩子洋溢的才华和非凡的想象力。毕加索对儿童艺术作品的仰慕之情更加为这一结论增添了分量。我们可以从许多伟大艺术家的传记中找到更多证据，正如 J. 法恩柏格（1995）所评价的：

> 许多伟大的艺术家，包括康定斯基（Kandinsky）、保罗·克莱（Paul Klee）、巴勃罗·毕加索和胡安·米罗，都对儿童艺术有着强烈的兴趣——对其进行搜集、展览（有时甚至与他们的作品一起），最重要的是，他们可以从其中得到一些有用的启示。

大众文学和儿童艺术节目广告都认为：孩子们很有创造力。严肃的心理学文献也支持这一观点。此外，创造力的年龄趋势研究表明，孩子们一旦进入学校创造力就会降低，并且，入学的时间越长，孩子们的创造力就越得到削弱（Dacey，1980）。

因此，我们不得不赞同孩子们具有创造力这一观点。但事实真的如此吗？当孩子们像蒙克、凡·高或毕加索一样作画时，他们真的运用到了他们的创造力吗？也许是，也许不是。这个问题的答案取决于我们怎样理解"创造力"这一概念。

2. 什么是创造力？

这个标题听起来很老套。既然已经有许多关于创造力的定义了，我们又何必大费周折再给创造力下一个新的定义呢？不，我们并不打算那样做，但是我们需要在儿童艺术背景下（与科学领域的创造力进行对比）重新思考创造力。

或许，最常引用的创造力特征是由杰罗姆·布鲁纳（1962）提出的——有效的惊喜（effective surprise）。"有效的"意味着有用的或适合的，我们对这一点没有异议。"惊喜"却有待商榷。惊喜意味着新颖独特、出乎意料、前所未有、不同寻常、不落俗套，等等。换句话说，具有创造力的事物是离经叛道的，但是并不是所有离经叛道的事物都具有创造力。实际上，国际儿童艺术基金会（1999）为创造力给出了更加宽泛的定义，**268** 超越了视觉艺术的范畴，即"通过概念上和情感上的心智活动按照一种新的顺序对形式、物品和事实进行重新排序"。但是，这一定义既包含了艺术领域的创造力，也包括科学领域的创造。"打破常规"和"开辟新天地"这类词语常常被用来形容有创意的思想——背离熟悉、习惯和可预见的情形。进行创造性思维用时下流行的说法就是"跳出思维定式"。

打破常规、开辟新天地和跳出思维定式意味着，能够这样做的人了解规则、界限和范围。当毕加索像儿童一样绘画时，他完全知道自己是在有意识地打破旧规则，包括他自己的规则，力图脱离他多年来养成的习惯。也就是说，他在摒弃自己学到的东西。

但是孩子们也像毕加索一样能意识到规则、界限和范围吗？当萨缪尔画出蓝色的苹果和紫色的橙子时，从他妈妈的角度来看，他的确打破了规则，背离了大人们熟悉、习惯和能推测到的规则。换言之，他跳出了绘画的固定模式。所以，从大人的角度来看，萨缪尔是具有创造力的。

他并不知道，从大人的经验和期望来看，苹果只能是绿色或红色的，而橙子也只能是橙色的。这是大人的规则、界限和范围。但是在萨缪尔看来，苹果和橙子可以是任何他喜欢的颜色，没有什么不可能。

当像萨缪尔一样的儿童随心所欲地绘画时，他们并不清楚常规，而是在自发地进行绘画。将这种行为等同于创造力的想法实际上是大人们拓展了自己的想象力，虽然只是一点点。也许因为大人们早就失去了像孩子一样的自发性，于是他们希望自己能够像孩子一样绘画，这种怀旧的心情让他们很自然地产生羡慕之情，最终给孩子们贴上创造力的标签。因此，人们普遍认为孩子们是具有创造力的。毕加索就是一个很典型的例子，他非常欣赏儿童绘画的特点。

如果具有常规意识并且能做到有意识地脱离是创造力的标志，那么合理的结论应该是：孩子们并不是像我们认为和希望的那样有创造力。
269 他们只是自发地用自己喜欢的方式做事情，不具备成人的知识，也无须考虑成人的顾虑。率性而为也许是（也许不是）创造力的一个重要因素，但是将两者等同起来却是另外一回事。

因此，回到我们的研究结论：孩子们进入学校后创造力就会降低，这里也许我们应该换一个词，孩子们进入学校后自发性就会降低。学校教育建议、引导、劝说甚至强迫孩子们控制自发性——学校训练他们这样做，他们自己也在学习这样做。也就是说，他们被"驯化"了。那些没能遵守规则的孩子则被视为不守规矩、无纪律、恶劣、未开化和叛逆的儿童。

3. 我们怎样才能保持孩子们的自发性？

> 每个孩子都是艺术家。问题在于你长大成人之后，是否还能保持艺术家的灵性。
>
> ——巴勃罗·毕加索

如果孩子们天生就具有自发性（尽管不是有意识的创造性），我们面临的问题就是怎样帮助他们保持这种自发性（而这样做可能会阻碍创造力）。下面的引文反映了保持自发性的必要性：

> 艺术家必须毕生能够像孩子那样看待生活，一旦丧失这种能力就意味着同时丧失了原真的、自我的表现方式。
>
> ——亨利·马蒂斯

又如，

> 我的年龄越大，对绘画的媒质掌握得越娴熟，就越感觉回到早前的时光。相信在生命的尽头，我将会重新获得童年的所有力量。
>
> ——胡安·米罗

关于儿童发展的书籍和儿童艺术网页并不缺乏怎样鼓励儿童创造力 *270*（自发性）的建议。仔细翻阅过后，你会发现一些主题反复出现，用一个缩略词就很容易记住：SOFT——刺激（stimulation）、机会（opportunity）、自由（freedom）、时间（time）以及接受（acceptance）。下面我会为大家逐一进行阐释。

3.1 刺激

人类的大脑天生就很活跃。它通过与环境中的刺激的相互作用来保持健康。感觉剥夺（sensory deprivation）研究显示，在恶劣环境中长大的儿童和在试验中缺乏聚合刺激（cohesive stimulation）的大学生的大脑机能（mental functioning）都十分低下。大量的刺激能够保证孩子们的心智健康，同时也为他们带来丰富的视觉、触觉、听觉和运动信息，孩子们借助这些信息在头脑中形成更多的组合和模式。这些就是自发性的本质，也就是潜在的创造力。言下之意，只专注于左脑学科的学校课程不能最大限度地开发儿童大脑的潜力。

3.2　机会

让孩子们搜集信息和材料并用不同的方式对其进行重新组合和排列能够让他们"练习"和发挥自己的先天自发性。缺少了进行探索和实验的机会，获取的信息就只是些呆板的数据，等待得到有效的利用。也就是说，强调重复性练习的课堂活动剥夺了孩子们进行必要探索的机会，因此阻碍了孩子们自发性的发展。

3.3　自由

告诉学生们"要有创新精神，要这样去做"是一种自相矛盾的行为。探索和实验要求给孩子们自由，并以他们认为合适的方式去做。除了进

271 行探索和实验的自由外，孩子们还需要能自由地提问、反对和做一些在大人们看来是错误的事情。如果孩子们不再提问、一味同意老师的说法、害怕犯错，自发性就消失了。

小萨缪尔的蓝苹果和紫橙子遭到大人的拒绝后，他会意识到大人们的期望，下次选择颜色（也可能是进行绘画的其他方面）时就会特别小心。这样一来反而剥夺了他表现的自由。接纳孩子的思想、努力和成果（即使以成人的标准看来是无法接受的）有助于保持儿童自发性的动力。

3.4　时间

缺乏时间是现代社会的普遍现象。迅速发展的信息技术让这种现象变得更加突出。但是时间的缺乏是创造力最大的敌人，因为从理论上来讲，创造力通常只有在人们为探索而精疲力竭时才会出现。一位平时总是匆匆忙忙的老师也一定会仓促地催促自己的学生，这样的课堂里是不大可能会产生创意的。即使有刺激、机会和自由这些因素，如果没有足够的时间，孩子们也无法保持自发性。

除了SOFT，竞赛和奖励的通常做法和结果也值得我们考虑。竞赛和奖励广泛用于激发学生学习和不断超越。举办竞赛的初步设想是能够

让学校鉴别优秀学生。因此，学校会对这些优秀学生给予奖励。与此同时，这些学生也会成为其他参赛者学习的榜样，希望他们能够更加努力，争取下次取得更好的成绩。这种方法究竟能起到多大的作用需要进一步的研究来证明。但是，有一件事是确定无疑的，那就是，当我们对三名学生给予肯定的同时，也让其他所有选手失望了。

对于奖励，心理学研究已经发现，当人们给予喜欢绘画的孩子与绘画活动不相干的奖励时，他们的注意力就会转向奖励，从而对绘画失去兴趣。具有讽刺意味的是，那些得到奖励的人并不需要奖励，而那些需要奖励的人却未得到奖励。对于喜欢某项活动的儿童（也许同样对于大 *272* 人）而言，最好的奖励就是进一步参与该活动的机会，因为诱人的活动本身就具有强大的动力，外在的和不相关的奖励可能会分散参与者的注意力，更严重的甚至会体现为对落败者的惩罚。这并不是说，儿童自发性（以及潜在创造力）不应该得到奖励。我们应该关注的是得到奖励儿童的本质、效果和观念，同时，我们在选择和施行奖励时，也应该考虑那些没有得到奖励的孩子。

4. 自发性和社会责任应该同时并举吗？

当今世界没有任何意义，所以为什么我的绘画要有意义呢？

——巴勃罗·毕加索

我们热切地想要保持儿童的自发性，那我们是否应该为此设定一个界限呢？可是如果我们设定了界限，难道不是在自相矛盾吗？这个问题的成年人版本是这样的："创造性人才应该对社会负责吗？"谈及此，我很清楚自己正踏入一个危险的雷区。

创造性人才孤立、不理性、激进和不被主流社会欣赏的浪漫主义形象正在快速消失，因此在他们的童年时期考虑这个问题不算为时太早。我们在努力保持儿童自发性的同时，也应该培养他们的社会责任感，这样他们长大后才能成为适应社会的人，才能以一种理性和值得尊重的方式疏离社会，而不是选择对抗性和怨恨的方式。这就意味着我们需要提高自发性儿童以下两个方面的意识：在恰当的时间和地点采取恰当的行为；在发展自身的同时也要为他人考虑。

4.1 时间和地点

艺术史和科学史已经目睹了太多失意的创造性人才，他们往往出现在错误的时间或者错误的地点，更悲惨者甚至时间与空间的错误并存。**273** 社会和创造性人才之间无法相容造成的冲突紧张的局面对双方都不利。如果说从 19 世纪往前的几个世纪因为没有意识到天才的存在而在历史上写下了罪孽的一笔，在 20 世纪人们又对天才的出现太过敏感，认识到这些教训后，我们在 21 世纪应该会做得更好。

要在适当的时间和适当的地点展现自发性，同时也要在恰当的时间和地点进行一定程度的自制。因此，我们需要培养孩子们对两者进行区分，并学会采取相应的行为。

如果这个世界确如毕加索所说毫无意义，年青一代就更应该努力让自己的世界变得富有意义，并帮助那些创造力较弱的人把他们的世界变得更有意义。只有由具有创造力的人在恰当的时间、地点使用恰当的程序和媒介进行表达、质问和探索，这种理想才能成为现实。

古典中国画中的竹子是黑色的，但是大自然中的竹子却是绿色的。星星有五个角的也有六个角的，这取决于不同的宗教信仰。在中国文化中，红色代表繁荣，白色意味着丧亡；但是在西方，这两种颜色则分别象征危险和纯洁。像这样的一些差异要求创造性人才培养对文化意义的意识和敏感性，特别是那些正在成长和将要置身于多元文化环境中的人们。

萨缪尔迟早会明白：享受艺术时，他可以画出蓝色的苹果和紫色的橙子；但是在科学课上，他画出的苹果只能是绿色的或红色的，橙子也只能是橙色的（随着基因技术的进步，或许有一天，萨缪尔的蓝苹果和紫橙子会被人们接受）。萨缪尔需要培养的是这样一种智慧：在考虑其他可能性的同时学会区分自己是在从事艺术活动还是科学活动。教导孩子们认识到这一点绝非易事，但是为了让萨缪尔和其他像他一样的孩子保持他们的自发性，使他们长大后能成为适应社会的人，更好地迎接未来的世界，我们必须这么做。

4.2 他人和自我

他人与自我互为补充，没有他人就没有自我。创造性人才和社会这两者本应该互为需要，不幸的是，它们在过去竟被视为相互对抗的双方。**274** 在这种观点的误导下，两者互不信任。在创造过程中，创造性人才需要从周围的环境中脱离出来并超越大众群体。他们这样做是为了给创造力一个自由的空间，但这只是短暂的脱离现实。永久性的脱离现实的停留是一种心理病态，避开这种病态对创造性人才本人和社会都大有裨益。许多例子都可以用来说明过去创造性人才和社会之间的紧张关系，但那些只存在于历史；未来有可能，也一定会不同。用感性的语言描述，未来的创造性人才应该能够自由地穿梭于纯属于他个人的世界和与他人共享的世界之间。如前所述，要教授这种能力说时容易做时难，但是我们必须为此努力。

5. 艺术之外的领域

到目前为止，我们的讨论都主要集中在视觉自发性（visual spontaneity）（或者叫潜在视觉创造力）上。读者肯定也已经意识到，为了能够更加简明扼要地表达，我们已经对这个话题进行了精简。本文提出的原则也同样适用于其他形式的自发性，无论是声音（音乐）、运动（舞蹈），还是文字（文学）。至少，我希望能够如此。这些原则的适用范围也许可以扩展到科学领域，尽管大家都认为科学创造力不同于艺术创造力，因为科学创造力更像一种逻辑的延伸而不是自发性的表现。

⊘ **6. 结论**

如果说创造力意味着要脱离我们所熟悉的事物，孩子们的确具有自发性，但不一定具有创造力。但是，自发性是创造力的基本要素，因此为了强化孩子们的潜在创造力，我们需要努力保持他们的自发性。为了能够保持儿童的自发性，教育需要为他们提供刺激、机会、自由和时间。将来，由于环境的变化，创造性人才与社会之间的紧张局面可能会逐渐**275** 消失。孩子们需要学会辨别发挥自发性和创造性的正确时间和地点，尤其要提高文化差异意识。此外，孩子们需要在自我和他人之间培养一种理性的关系，这样才能获得相互支持。

参考文献

Bruner, J. (1962). The condition of creativity. In H. Bruber, G. Terrel, & M. Wertheimer (Eds.), *Contemporary approaches to creative thinking*. New York: Atherton Press.

Dacey, J. S. (1980). Peak periods of creative growth across the lifespan. *Journal of Creative Behavior*, 23 (4), 224-242.

DeBord, K. (1997). *Child development: Creativity in young children*. Raleigh, NC: North Carolina Cooperative Extension Service.

Fineberg, J. (1995, April). The innocent eye. *ARTnews*. Global Children Art Gallery, http://www. naturalchild. com/gallery/.

International Child Art Foundation (1999). http://www. icaf. org/why. htm.

Lowenfeld, V. , & Brittan, W. L. (1987). *Creative and mental growth* (8th ed.). New York: Macmillan Publishing Co. , Inc.

第十二章　新加坡创造力教育：
一个培养建设性创造力的框架

陈爱月（Ai-Girl Tan）

新加坡南洋理工大学国立教育学院

本章主要介绍新加坡建设性创造力框架产生的教育环境。首先对新 **277**
加坡的创造力教育进行简要介绍。接下来，我们会为大家介绍一个建设
性创造力的框架，并重点讨论该框架对教育的意义。最后，文章指出了
该框架是如何促进教师的开放性并引导其走上教育的建设性创造力之路。

🌀 1.　简介

1.1　反思

最近一些对新加坡创造力接受度的综述明确指出了创造力教育当中
值得深思的问题（Tan，2000）。其中之一即有关建立创造力总体框架的
建议，该框架强调教师对创造力的看法、对创造过程的理解以及教师的
专业能力和适合培养创造力的个性。该框架被用于推动教师对学习能力
各异的小学生创造力看法的讨论（Tan，2003a；Tan & Goh，2003）。

有人认为创造力的总体框架不可或缺，因为它能为教师提供一个智 **278**
力和情感平台，通过他们对创造力教育的信念参与其中。我们来看看老
师们对于加强创造力有关的课堂经历的自我报告，就能发现这个说法是
有依据的。教师们在课堂中表现出知与行的明显矛盾，他们所了解的"应

该怎么教学"和实施的"实际上怎么教学"之间存在着很大的差异。在一项回顾性研究中,我们认识到教师们很少开展他们认为能提高创造力的学习活动。相反,他们的大部分时间都花在例行程序和以教师为中心的活动上。在教师们看来,他们的认识和行为不一致是由以下原因造成的:课程时间不足、缺乏支持、能力不够和信心不足(Tan,2001)。

所有教师都在一定程度上赞同这种说法:每个小孩或个人都在一个或多个领域具有创造性潜能(见 Gardner,1985)。我们对 207 名老师展开的调查也证实了这一说法。其中,91.8%的老师表示"大致同意"或"完全同意"每个孩子都具有创造力潜能的看法。但是,当我们问到是否"每个孩子都能进行创造性思维"时,只有 70.6%的教师选择了"大致同意"或"完全同意"。同时,约有 1/3 的老师持相反的观点。对怀有创造力潜能还是具有创造能力,教师们的看法似乎存在一定距离。另外,教师们还发现很难改变创造性人才在朋友当中不受欢迎的社会偏见。人们认为创造性人才不用付出太多努力,并通常将创造力与学业成绩优秀的学生群体联系在一起(Tan,2003a)。例如,在加强创造力的干预项目中,教师们可能会选择学业成绩较好(Tan & Goh,2003)或比较有天赋的学生(Ng-L,2001)。

从组织层面来看,支持新加坡创造力教育的是与创造力有关的座谈会、研讨会和会议。然而,在个人层面,将创造力运用到教育中的疑虑仍然集中在"创造力能否被教授"的问题上(如:Tan,2003b)。组织在拓展创造力潜能方面做出的努力与个人参与度之间似乎存在一定差距。是什么原因造成了这种差距呢?

279 在一次历时两个小时的每周例会中,一群课程参与者与应邀参加的演讲者就"如何成为一名富有创造力的教师"的话题展开了对话。该会议旨在针对新加坡创造力教育的现状进行自由讨论。其中一位课程参与者道出了长期以来困扰她的问题:她因为在课堂中开展创造性活动而遇到困难,也曾力图从上级部门寻找方向,却总是倍感压力。因为系统的结构性教育体系重视良好的学业成绩和竞争能力,而她,一名年轻教师,却踏上了培养创造力的非常规道路，在这样的环境中，她该如何调整自己的角色？当她发言时，从她的声音里传递出她内心的挣扎。

上面引用的这些经历激发了我们对教育目的的反思。是不明确的教育目的还是创造力在个人教育中的不确定作用引起了这种差距呢？

我们在文中使用"一个框架"（a framework）而非"特定框架"（the framework）是为了向读者指明本报告的范围。我们的框架是详细具体的，因为它是基于我们在新加坡的教学和管理经验。这样一个年轻的国度力争在社会经济、教育、科技和政治领域崭露头角。此前，我们已建立起一个着眼于解决创造力教育的一般性问题的框架（Tan，2003a；Tan & Goh，2003）。在此基础上修订过的框架会将个人创造力问题放到教育基础设施日趋丰富的背景中讨论。新的框架还特别强调建设性创造力，或者说合乎道德规范的、对人类有利有益的创造性行为的培养。

1.2 结构

本章分为四个部分。第一部分主要介绍建设性创造力框架产生的环境，以及本章涉及的组织。第二部分对新加坡创造力教育进行简要介绍。第三部分会为大家展示我们的建设性创造力框架，讨论的重点会放在该框架对教育的意义上。第四部分揭示该框架如何促进教师的开放性并引导其走上教育的建设性创造力之路。

2. 新加坡创造力教育概述 *280*

2.1 城市岛国

新加坡是东南亚的一个岛国，位于马来半岛南端，陆地面积狭小（682.3 平方千米，2001 年）。截至 2000 年 6 月 30 日，新加坡总人口（国内居民和外国人口）为 400 万。其中，华人占 76.8%，马来人占 13.9%，印度裔占 7.9%，其他族群占 1.4%。在新加坡的 260 万居民中，一半人口信奉佛教（42.5%）和道教（8.5%），约 1/3 的人口信奉基督教（14.6%）或伊斯兰教（14.9%），4%的人口信奉印度教。新加坡男性出生时的预期寿命为 75.6 岁，女性为 79.6 岁（2000 年 6 月）。

1965 年独立后，新加坡的生活水平在短短 35 年间就达到了相当高的水平，经受住了亚洲金融危机的考验。1998 年，新加坡的经济处于低谷期，增长率仅为 0.4%；1999 年，该国经济增长率却高达 5.4%（Economic Survey of Singapore，1999）。新加坡还实现了零通胀率，失业率也保持在较低水平（失业人口仅占总人口的 4.4%）（详见 http://www.singstat.gov.sg/STATS）。

新加坡的官方语言包括英语、普通话、马来语和泰米尔语。新加坡成功采用精英管理体系（meritocracy system），培养出了大批合格的专业人才和技术工人。新加坡人的识字率高达 93%，平均受教育年限为 7.8（Teo，1999）。《世界竞争力年鉴》（*World Competitive Yearbook*）的数据（1999，extracted from Teo，1999）显示，新加坡的信息技术（IT）基础设施排名较为靠前（在 47 个国家中位列 11），平均每千人有 344 台电脑，其中 13.45 台能连接互联网（在 47 个国家中位列 19）。在《世界竞争力年鉴》发表的一份调查报告（1998，extracted from Teo，1999）中，新加坡的学术成就在 53 个国家中位居榜首。

成功的社会文化体制依赖源源不断的创意和创新性行为（Simonton，281 1988）。在《理想的教育成果》手册（Ministry of Education，1998）及部长们（如 Lee，1996；Teo，1996）和总理的演讲（如 Goh，1996；Goh，1999）中都一再强调，要保持增速，促进新加坡社会经济、技术和教育的发展，提高创造力是必由之路。正是在这样的环境中，新加坡的创造力教育才得以飞速发展。

2.2 20 世纪 70 年代以前

20 世纪 50 年代初，美国心理学家 J. P. 吉尔福德提出了有关创造力研究的设想（1950），这一具有历史意义的构想标志着现代创造力研究的开端。创造力研究这一大胆的科学性探索吸引了各领域研究人员（如教育、心理学和经济学）的注意，并于 1967 年发行了第一份国际创造力杂志——《创造力行为杂志》（*Journal of Creative Behavior*）。在此期间，人们将创造性想象力视为新加坡教育改革的一个重要方面（Goh，1972）。然而，与该方面相关的系统研究和论文却寥寥无几。

2.3 20 世纪 80 年代

创造力研究的第二轮冲击发生在 20 世纪 80 年代。基于之前并不引人注意的观点，即创造力研究必须涵盖四个方面——人、过程、产品和媒体（4P）（Rhodes，1961），创造力的社会文化理论、模型和框架逐步发展起来（如 Amabile，1983；Csikszentmihalyi，1988；Runco & Albert，1990；Simonton，1988；Sternberg，1988）。为了构建社会能够接受的创造力含义，研究人员作出了不懈努力。创造力不是天才、禀赋优异或杰出人士的专利，普通民众也能生产出创造性产品（Sternberg，1985）。1988 年，第二份国际创造力期刊《创造力研究杂志》（*Creativity Research Journal*）正式创刊。在此期间，一些亚洲工业化国家的领导人曾公开强调培养创新和创造性思想的重要性。

新加坡推动培养创造性思想的力度也在不断增强（Lim & Gopi- **282** nathan，1990）。在课程设置（Ang & Yeoh，1990）、教学手法（如多媒体系统）、学校管理（Tan-J，1996）、学习活动（如游戏和小组教学）、经济（如 National Productivity Board，1986）和科技（如 80 年代的工程和创新研讨会，1980）等领域的创新都受到了重点关注。20 世纪 80 年代末，新加坡率先在几所中学开设了一系列思维课程（Thinking Programs）。

2.4 20 世纪 90 年代

20 世纪 80 年代至 20 世纪末，创造力研究保持着高速的发展势头。两本关于创造力的手册（Runco & Pritzker，1999；Sternberg，1999）和几本书籍（如 Amabile，1996；Csikszentmihalyi，1997；Simonton，1994，1999）相继出版。值得关注的是，这些出版物都认为：个人与社会文化环境在创造过程中进行了密切的互动。这些书籍的另一个亮点是引进了创造性认知（creative cognition）框架，在创造性环境中运用认知心理学方法理解创造过程（Finke，Ward，& Smith，1992）。该框架的引进为创造力研究开启了一个实用的实证性范式（empirical paradigm）（Smith，Ward & Finke，1997；Ward，Smith，& Vaid，1997）。

20 世纪 90 年代，新加坡提高创造力的愿望与日俱增。包括南洋艺术学院（NAFA，1992）、新加坡生产力和发展局（PSB，1994）与国家科技局（NSTB，1991）在内的各大机构都开始为杰出的艺术家、商业组织和科技领域的研究人员颁发奖项。其间，获得出色的学术成就成了教育的标准。在第三届国际数学与科学教育成就趋势调查（International Mathematics and Science Study；TIMSS）中，新加坡八年级学生科学（1995：580，1999：568）和数学（1995：609，1999：604）得分都远远高于世界平均水平（1999：mathematics＝487，science＝488）（教育部，2000a）。虽然教育为高学术成就提供了重要保障，但新加坡领导人仍在呼吁进行教育创新。

283 针对这一需求，1997 年，新加坡开始实施三大重要项目。国家教育（NE）项目呼吁培养国民强烈的社群意识（Lee，1997）。信息科技大师计划（Information Technology Master Plan）旨在改善教育机构的信息技术基础设施，提高教育官员、教育家、教师和学生的信息技术技能。"思考型学校和学习型国家"框架（TSLN）为培养各层次学生的思维习惯和文化（创造力、解决问题的能力和批判性思维）指明了方向（Goh，1997）。

这些项目提出了一种新的教育范式，即通过公民教育、性格塑造和道德价值教育促进个人的全面发展（情感、基础设施和认知）。为了实现这一目标，教育部还专门制定了《理想的教育成果》（Desired Outcomes of Education，DOE）（新加坡教育部，1998）教育纲领，明确提出各个层次学生和未来社会领导人的理想价值观和技能。为了全面发展儿童的天赋和能力，能力导向教育（ADE）范式也应运而生。该范式旨在改革教学和评估方式，培养创造力和思维技巧，鼓励知识生成和运用（新加坡教育部，2000b）。接着，一系列措施相继涌现，包括全民九年制义务教育、学前教育和特殊教育学校课程和结构改革，建立教师网络体系以及集群学校（cluster schools）和大型学校环境升级项目（PRIME）。

学校优化模式（School Excellence Model）采用了以儿童、个人及当事人为中心的方法，努力缩小班级规模，增加中学课程选择，在学校成立心理辅导小组。其他推动学校优化模式的基础建设包括：招募学位教师（graduate teachers）、调整教师薪水和职业晋升轨迹、增加继续教育的机会以及召开年度教师会议。

2.5　21世纪初 *284*

世纪之交的东亚和东南亚已经显露出了培养创造性思维的愿望。在日本，教育、文化、体育和科技部门（MECSST）发表了提倡科学技术的年度报告（http：//www.mext.go.jp，2001）。2003年，日本采用了新课程体系，力图为每个儿童提供量身定制的个性化教育。此外，日本还组织了创造性艺术活动（日本艺术文化创新基金）和科学技术创新活动（http：//www.mext.go.jp）。同样，新加坡的"思考型学校，学习型国家"、能力导向教育（ADE）和其他项目仍在进行中。马来西亚则实施了明智学校项目（SMART school project）（见 http：//www.geocities.com/smkbainun）。还有文莱的思考型学校理念（Thoughtful Schools concept）（Sim，1999）。中国香港（http：//www.ed.gov.hk，http：//www.e-c.edu.hk）、中国澳门（http：//www.macau.gov.mo）、中国台湾（http：//www.edu.tw）和中国大陆也沿用了类似的思想。以上国家和地区的教育家和学者展开了跨区域合作和支持。

在新千年到来之际，创造力在新加坡教育体系中的重要性不言而喻。从"思维"的阴影中脱颖而出的创造力研究以及教学和实践受到广泛关注。自2000年以来，新加坡的创造力呈现出五种特征。

第一，创造力的多学科性逐渐得到新加坡社会的认可。理由如下：

（1）教师网络和公共服务学院定期举行创造力研讨会，吸引了大批来自各个学科的人参加。

（2）中小学课程引进了跨学科项目，并将创造力列入评估标准。

（3）一些中学，如莱佛士书院（RI）、莱佛士女子中学（RGS）和华侨中学，已经将创造力列为一门课程。

（4）多个社区组织还发起了艺术、科学和技术创造力年度论坛。论坛的演讲者、主题以及赞助和组织机构都体现出其跨学科性质。

第二，2000年，新加坡将生命科学定为经济投资和科学突破的关键领域，为生命科学研究和教育注入大量资金。2001年，教育部加大了细胞和分子生物学在课程中的比例，并将生物技术和遗传工程作为普通水平考试科目（学生年龄：16岁）。小学生也要学习基础生命科学，年龄大一点的学生如果在自然科学中表现出非凡天赋，就有机会到麻省理工（MIT）或其他著名学府接受指导，与教授们一起接触科研项目。

作为经济发展的新支柱，生命科学吸引了新加坡经济发展局在生物医学公司和企业研究中心的投资。在南洋理工大学（NTU）建立了新的基因组研究院（Genome Institute）和DNA（脱氧核糖核酸）中心。南洋理工大学于2002年成立生物科学学院。新加坡国立大学（NUS）开展了一项生命科学跨学科项目，为本科生提供分子及细胞生物学、生物化学、微生物学、生物信息学和遗传学研究基地。新加坡国立大学研究组在基因疗法中取得重大突破，其中包括水污染治理和能让损坏器官再生的胚胎干细胞。科技专科学校（如义安理工学院，新加坡总共有6所科技专科学校）也开设了生命科学课程。

新加坡国立教育学院（NIE）的DNA中心和学习实验室以及新加坡科学馆（Teo，2003）均由杰出科学家团队带领。专家团队同教育部密切合作，为年轻人提供学习和研究机会。为培养新加坡科技研究局

285

（ASTAR：该组织由政府倡导建立，致力于培养科学人才）的后备力量，*286* DNA 团队（口号：学习与发现）也会挑选优秀的中学生，培养其研究才能。

第三，2003 年 3 月，一位高校的学院院长被任命为教学实践研究中心（CRPP：一个新的教育研究中心）主任。新加坡国立教育学院内的教学实践研究中心将招聘 30 名全职员工。该中心的任务是就英语读写能力、自然科学和数学能力及信息通信技术在全国范围内开展以纵向课堂为基础的项目，重点集中在以下几个方面：思维技巧、学习的社会环境、大脑研究以及社会-情感和生理发育。这项以课堂为基础的项目旨在发展不同的教学和学习模式，设计能够将不同群体的潜力发挥到最大化的干预措施。大批研究生和博士后都曾受邀管理该研究项目，同时也鼓励教学和其他领域的专家投身该中心，帮助设计干预措施，其中包括培养批判性思维和创造性思维的措施。

第四，新加坡对人才的培养还包括非学术领域（如体育、艺术和音乐）的潜能，并将其纳入普及教育体系（broad-based education system）。所有学生，无论学业成绩如何，都必须参加课程辅助活动（CCA）。课程辅助活动的记录将作为当地大学录取的参照文件。课程辅助活动涵盖社区服务、音乐、唱诗班以及视觉和表演艺术。有人认为普及教育能为学生提供跨学科机会并帮助他们培养灵活、非学术领域的创造天赋。相应地，视觉艺术和表演艺术则被视为营造活跃多彩校园文化和社区文化的动力。引进唱诗班和音乐教育是为了培养学生的审美习惯。大学宿舍经常举办文化周，其间学生可以参加包括编写歌曲和设计舞蹈在内的舞台表演。

第五，教育的社会心理环境中，创造力已经概念化，并见诸硕士论文，如《探索儿童对教师创造性特征的看法》（*Exploring children's conceptions of the creative characteristics of a teacher*）（Raslinda，2001），《使用电脑学习自然科学的创造力》（*Creativity in learning science using-computers*）（Ng-L，2001）、《运用隐喻提高创造性中文写作》（*Using* *287 metaphor to enhance creative Chinese writing*）（Teo，2002）和《利用信息技术培养创造性英文写作》（*Using Information Technology to foster creative English writing*）（Dianaros，2001）。同时，关于自然科学教育中的创造力（Tan，Lee，Goh，& Chia，2002）和亚洲人创造能力较低原因的学术文章（Ng-A，2001）也日趋增多。

新加坡的创造力教育和研究获得了国家最高领导的大力支持，就这一点看来是很幸运的。有了这些支持，新加坡在短时间内成功开展了管道研究并修建了一系列技术基础设施。我们的问题是：这些基础设施是如何促进个人创造力的呢？

3. 建设性创造力

3.1 总体框架

建设性创造力框架建立在培养创造力的总体框架上。培养创造力是指教师努力发掘并培养学生的潜能。培养创造力的总体框架是为了增强每个人的创造力。

第一，人们认为每个人都在一个或多个领域具有创造性潜能（见Gardner，1993）。据观察，日常生活中较低水平的创造力与科学、文学和艺术领域具有重大历史意义的进步之间具有连续性。这一设想意味着每个人都能在某个领域生产出具有一定程度创造力的产品。

第二，创造力是可以培养的（如动机、智力、知识和技能）（Amabile，1983），但是需要具备一定的先决条件，即个体内部、个体之间和环境（Csikzentmihalyi，1997）的相关条件。特定的认知过程和结构能促进创造性行为和产品（Finke et al.，1992）。社会、文化和环境因素会影响在特定情形和环境中采用的认知过程。

第三，创造过程是涉及思想产生和探索阶段的个体化认知。在思想**288** 产生阶段，个人会提出许多前创造性结构（pre-inventive structures），这些思想可能模糊却很新颖。这些结构能够在探索阶段进行提炼（Finke et al，1992）。个人可以评估这些结构（内心的），也可以邀请他人进行鉴别和判断（人际间的）。对于后者而言，可以采用同感评估技术，这样受邀专家（如同事）（Amabile，1983）和新手（如学生和同辈）（Finke，1990）就能对创造性产品进行评估。

第四，教师必须具有一定的教学能力（如教案设计、选择恰当的教学模式和行为管理）。他们不仅应该具备足够的课程知识和技巧，同时也应对怎样有效地开展创造性教学具有浓厚兴趣。此外，教师还应该学习创造方法和技巧，并培养创造力相关的品性。为了加强自己的专业能力，教师们应获得足够的社会支持（如来自同事和父母的支持），有机会展示和培养多种角色身份（如关怀和创造力）（见 McCall & Simmons，1978；Petkus，1996）。

3.2 个性化框架

在创造力的个性化框架中，我们强调在教育中培养建设性创造力。"建设性"这一形容词涵盖以下内容：对一切经历持开放性态度（Rogers，1961）、有所裨益、合乎道德、关爱自己和他人及具有人道主义精神。

除了总体框架中描述的四点外，建设性创造力框架还包括以下几点内容：

第一，教育、教学的真谛是为了让人全面发展。

教育"以人为本"，重视个人发展（Hinchliffe，2001）。教育的结果是让人成长，成为一个真正的人、一个全面发展的人（如 Dewey，1938/1997；Freire，2002）。教育过程中的人是"更完整的人"（Freire，2002，p.44），重塑真性情，获得自由，并运用"自己的力量创造或重新创造自 **289** 己的力量以改变世界"（Freire，2002，p.48）。"受过教育的人会寻找对世界的本质和现状及其成因的理解，也试图理解何为人以及想要成为的人"（Sarason，1993，p.28）。在这里，寻找的行为是指，受过教育的人能为他教育的领域或方向负责，教导儿童学习技巧，并将儿童的世界与成人的世界结合在一起。为了达到这一目的，就需要不断进行教育实践（Freire，2002）。

教育学与个人可能扮演的社会和经济角色密切相关（Hinchliffe，2001）。教育学（pedagogy）一词源于希腊文字"paidagogia"，即儿童和青少年的教育，pedagogy（教育学）是指"对奴隶或儿童的引导"。因此，教育学一词似乎是与以培养一个完整的人为目的的训练和管教联系在一起。教育学与一个国家对其教育体系的社会、经济和政治要求息息相关。教育学是为了培养社会需要的技能，其本质是要培养与"学习者某一领域的创造力、适应力和灵活性"相关的关键力量（Hinchliffe，2001，p.37）。因此，教育一种因素需要对此进行补充。教育所要做的就是注重个人的需要和发展。

我们应该把教育看作探索和拓展未来与人类历史、成就和目标之间关系（见 Sarason，1993）的方式。因此，如下文所示，教学是集互动性、经验性和创造性于一身的职业。"教学就是在观众面前表演。对老师来说，知道自己的观众已经被'吸引了'是一种让人感动而又满足的体验。教学是对创造力的挑战。教师们……必须感觉到自己充满活力、兴致勃勃、有归属感……教学必须成为一种社会职业。"（Sarason，1993，pp.53-72）

第二，教育是成为一个爱人爱己个体的过程。

关爱是以价值为导向的实践活动，是对需求的反应。它明确承认和尊重需求的各个方面。关爱包括我们为了保持、延续和修护世界的方方面面（如我们的身体、自身和环境），以使我们能尽可能长久地居住在这里（Tronto，1993）。"关爱意味着出于某种原因而对他人作出回应，这种回应不仅仅出于兴趣，而且会演变为行动。"（Pantazidou & Nair，1999，p.207）关爱分为五个阶段（Tronto，1993）：在乎（专注）、关爱（责任）、给予关爱（能力）、接受关爱（回应）与关爱的伦理或完整性。

（1）在乎：认识到正确的需要，并意识到关爱不可或缺。

（2）关爱：在本阶段，人们会为识别出的需要承担某些责任，并决定怎么进行反应。

（3）给予关爱：需要在本阶段得到满足。

（4）接受关爱：本阶段，关心的对象会对接受的关爱作出反应。

（5）关爱的伦理或完整性：关爱的四种道德要素融合成一个恰当的整体。

将关爱的伦理视为一种活动是最恰当的。它与尊重他人的愿望、欲望、需要和渴望有关，为他的最佳运作状态提供基本的需求和充足的支持。因此，它意味着为一个人提供身体、情感、认知、社会文化和精神成长的机会。同时，它也强调保证一个人的生活质量和健康水平，因为这两者是所有人类关系的前提。关爱处于人类各种联系之中。"让关爱居于社会的中心地位意味着，我们注意他人的需要，为此承担责任；培养能力、采取适当的方式来达到这一目的，并且聆听别人是如何评价我们的行为。"（Smeyers，1999）

对一个人的关爱还包括对周围支持他成长的人的关心。因此，关爱的单位是这个人和他所热爱的人，以及他的同时代人、前人和后继者。关爱包括接受感与给予和分享的行为。耐心、友好、信任、原谅、尊重、爱和快乐是支持关爱性情和能力成长素质的典范。例如，信任反映了尊重他人的价值和关爱的价值。在给予关爱的环境中，一个人的尊严和生活质量无比重要（见 Saunders，1990）。关爱给予者和接受者有义务关爱 *291* 自己。关爱自己是指懂得在什么地方、通过何种方式获得各种有利于个人成长的资源。因此，关爱是全方位的，包括社会经济、文化、心理和精神层面。关爱自我关系到对生活的接受能力（Gelassenheit），或"任事物自由发展"（Edwards，2000）。

第三，教育是经验性的。

持续的成长依赖经历，创造性经历能在接下来的实践中收获成果，因为今天的经历中的创造力能成为明天成长的动力（Dewey，1938/1997）。愿意接受一切经历的人是具有创造性的，并且他的创造力是富有建设性的。C. 罗杰斯（1961）指出了无条件正向关怀（unconditional positive regards）对拓展和体验所有积极、消极和中立经历的重要性。一个人只有感到不受威胁、完全被接受并感受到热情的支持，才能走上开放的道路。

创造力涉及最终的个体化认识（见 Finke et al，1992）、情感和动机。在建设性创造力项目中，教师们为个人提供体验内在自由（internal freedom）（如思想、欲望、目的、观察和判断）和外在自由（external freedom）（如演讲和运动）（见 Dewey，1938/1997；Freire，2002）的机会。一个人应该学会处理自己的情感问题，因为情感是与动机、目标掌握和认知联系在一起的。自律是最好的管理技巧。赋予一个人管理自己行为、任务、时间和责任的能力会让他学会如何管理自己、摆脱压力。正向情感（positive affects）会产生转化行为；拥有正向情感的人将困难视为对自我成长和自我转化的挑战（Meyer & Turner，2002）。拥有正向情感的人拥有丰富的资源，并且不断拓宽资源。

第四，教育是指自我转化。对话、提问式教育（problem-posing education）和适当的干预是一些用来达到这一目标的工具。

对话存在于谦卑之间，把爱奉献给他人，对人类充满信念和希望。
292 它要求人们具有批判性思维，由课程参与者和教师共同完成，并通过与创造力和培养建设性创造力相关的特定主题环境进行调节。每段对话都包含两个维度：行动和反思。在对话中，人们对现象进行命名和反思，并将其付诸实践，而后对创造出的行为进行反思，最后带着爱或其他积极的情感对其进行再创造（Freire，2002）。

提问式教育是一种人性的、革命性的解放。它认为"对话是揭示现实认知行为必不可少的环节"（Freire，2002，p.83）。"对话建立在创造力之上，激发人们对现实进行反思并采取行动，以对人类作为存在的使命作出回应，只有当人们进行探究和创造性转化时才是真正的存在体"

（Freire，2002，p.84）。在提问式教育中，教师—学生矛盾可以通过对话关系解决。学生与老师和同学进行对话，老师和学生进行对话。教师与他的学生都是"为理解同一可认知对象而进行合作的认知行动者"（Freire，2002，p.80），因此他们共同对双方成长的过程负责。

干预是对价值体系进行入侵的过程，干预基于信任和期望之间的相互关系（Bruhn，2001）。这一过程中必须确定的因素包括代理人（进行干预的人）、目标（他的行动会有所改变）、机制（如何干预）、时间和空间（何时何地进行干预）（Weiss，2000）。因此，培养创造力的干预就应该考虑到如何传授创造力技巧，即如何在传授过程中甄别出那些对技巧学习有利的因素。并且，进行干预时应该充分利用个人参与者和现有基础设施的优势。

4. 新加坡教育的启示

我们将创造力框架分析的要点制成了以下表格：创造力的总体框架、创造力的建设性框架、关于培养创造力的疑问和对创造力教育的领悟（见表1）。

表1. 创造力教育要点 *293*

总体框架	建设性框架	关于培养创造力的疑问	创造力教育的领悟
每个人都具有在一个或多个领域进行创造的潜力。	教育就是让个人得到充分发展。	创造力能够教授吗？	这取决于对教育的看法。一些技巧和方法是可以传授的。
在个人和社会文化允许的条件下，创造力是可以培养的。	一个受过教育的人会关爱自己，也会关爱他人。	教育的目标是什么？	教育是指接受一个人的长处和短处，并为其提供帮助吗？教育是指满足社会的需求吗（教育学）？教学是一种社会职业吗？

总体框架	建设性框架	关于培养 创造力的疑问	创造力教育的领悟
创造过程要求在创造力产生和探索阶段形成个体化认知。	教育是经验性和个性化的。	创造力是教育的一部分吗？	创造力是创新、发明和发现的先决条件吗？
教师的专业能力和品性作为先决条件：教育学的，创造性的和动机性的。	教育是自我转化。对该过程有帮助的工具是：对话、干预和提问。	谁对创造力教育负责？	创造力是个人成长的结果。创造力是团体动力的结果。

注意：表格中要点是随意排列的。

294 　　我们提出创造力的总体框架是为了让教师理解何谓创造力，怎样将创造力融入教学。建设性框架作为总体框架的补充，是为了深化将创造力与教育的根本目标、教育学的功能和教学的意义联系在一起的重要性。创造力是教育的一部分，是创新、发明和发现的先决条件，伴随着个人成长和发展。真实的生活经历、实境学习、提问式教育、开放式交流和适当干预是经验性和个体化教育的特点，因此促进了以创造力为特征的个人的全面成长。问题不在于能否提高创造力，而在于怎样提高；不在于创造力是否教育的一部分，而在于教育机会和环境如何促进个人成长，从而以开放心态面对一切经历（openness to all experiences）；不在于让谁为加强创造力负责，而在于满足全面发展的期望。

　　下文中，我们列举了一些具有代表性的例子，说明新加坡的教育环境如何推进建设性创造力。

4.1　对话

　　在这个范例中，对话被用于创造力看法的反思性交流（reflective communication）工具。对话以"我对创造力的看法"为主题。以下是该对话的摘录。在该对话中，指导者将主题与现实生活或真实经历联系起来，如在步行街绘画及双子塔（Twin Towers）的倒塌。对话发生在某种联系中。在这种联系中，两个人共同创造了一个理智和情感空间以理解一种新的现象。以下对话表明，当一人承担照顾者的角色，另外一人承担照顾接受者，即课程参与者的角色时，学习活动就展开了。

指导者（I）：你如何理解"创造力"这个词？

课程参与者（P）：我认为，创造力是指新颖、与众不同的事物。

I：你将创造力与新颖程度联系在一起。那么你愿意举一个创造 **295** 性行为的例子吗？

P：比如一个小孩将橘子画成紫色的。

I：创造性行为是指使用不合常规的色彩。那我举一个你们经常会在步行街看到的例子。将孩子们集中起来，教他们用复杂的材料给一幅图画上色。假如这些孩子将这幅图画上的橘子涂成紫色的，你认为他们是具有创造力的吗？

P：嗯……也许过一会儿，将橘子涂成紫色的就不那么有趣了。

I：我们来看看。也许创造性行为还有其他重要的特性。现在的年轻人将头发拉直、染色，你对他们的这种新行为有何评价吗？

P：我们较好地接受了这种新行为。它已经成为年轻人文化的一部分。

I：我同意这种看法。如果它是年轻人文化的一部分，那它还与众不同吗？

P：是的，它和老一辈不同，但是在年轻人中却很正常。我有点明白创造力的主体性了。

I：你认为创造力在主体内部是否具有一些普遍的特性呢？你如何看待双子塔是被飞机撞击坍塌的呢？它是不是一个独特、新颖、与众不同的行为呢？

P：（停顿）我不这样认为。

I：你似乎不赞同这一行为。也许你有理由支持你的观点。

P：这一行为造成了如此巨大的伤痛，引起了不安和恐慌，是人类精神的丧失。

　　I：我能看出来你是在哀悼。你想如何与你的同事或学生分享这一主题呢？

　　P：我会将对话进行相应调整，因为同事和学生对该事件的接受度可能不太一样。

　　I：你是想根据观众的背景来调整对话？

　　P：是的。

　　I：如果在小学课堂讨论发明和发明家的问题，你会如何达到这一目的呢？

　　P：如果时间允许的话，我会让他们对这一事件的发生产生警觉。应该让孩子们了解发明的阴暗面，发明如果使用不当就会造成不利影响。

　　I：你能总结一下我们在之前半个小时讨论的内容吗？

296　　P：我认识到创造力不是一个简单的概念。它是主观的。它有好的一面，也有坏的一面。我需要了解更多的创造力知识，才能帮助培养孩子们的创造力。

4.2　友爱环境的积极效果

　　下面的例子说明了一个友爱的环境是如何产生令人满意的学习效果的。

　　在"成为一名创造型教师"单元中，我们鼓励课程参与者表达自己的观点（如对话），感知自己的情绪（如保持快乐心态，处理不同的情绪期），并将所学知识付诸实践（通过作业的方式）。他们学会怎样和同事一起工作，关爱自己和他人。该单元是经验性的，目的在于帮助参与者成为或变成创造型教师。作为项目的一部分，课程参与者参观了当地一家收容所。他们曝露在"完全关爱"的理念中，受到一群来自各领域的爱心人士的欢迎，体验到该如何关爱身患绝症的病人。过去三年间曾遭受不幸的课程参与者可以选择不参与该项目。在接下来的环节中，他们与当地一家医院重症监护室的医学顾问代表进行了交流。在这一环节中，他们对"快乐"的含义进行了探讨（Tan-K，2003）。在接下来的时间里，一位经验丰富的老师就创造性技巧，即奔驰法（SCAMPER）（替代、结合、调整、修改、作为其他用途、消除和逆反七个英文单词首字母的缩写；见 Dianaros，2001）的使用对他们进行了指导。在整个单元中，我们不断提醒参与者培养满足人类需求、非破坏性和符合道德的创造力的重要性。

我们在第十阶段（每周一个阶段，每个阶段持续两个小时）采用了 SCAMPER 这一学习方法。在该阶段中，参与者们学习了这一技巧，并使用该技巧改编童谣。其中一组参与者很乐意为大家展示他们新创作的一首童谣（Dianaros & Tan，2003）。良好的学习效果源于充满关爱的学习环境，这样的环境让他们的积极情感溢于言表。这些结果都表明，积极情感的培养有助于形成友爱的环境，从而产生良好的学习效果。

4.3　干预   *297*

以下两项研究向我们展示了适度干预和非适度干预的区别。

我们在一群儿童中开展了一项干预写作项目，其中一组使用网络，另一组使用一种被称为奔驰法（SCAMPER）的新创造技巧（Dianaros，2001）。在四周里，创造力相关要素的得分显示，网络组的写作能力提升了。开展该实验的研究人员将写作能力的提升归功于孩子们已有的因特网知识和技能。在四周的时间里，孩子们把本该学习基本技巧的时间用于搜寻相关信息、和同学互动以获取反馈信息。相反，奔驰法小组的孩子们在前一阶段即一周就学习了创造技巧，却不能吸收并将该技巧自由地运用到写作中。这项研究表明，创造力干预项目需要大量时间学习干预技巧。

在另一项研究中，研究人员在课堂时间向二年级学生介绍了比喻这一修辞手法。在两个月的时间里，即花了八节课的时间（每节课 1 个半小时），学生们基本掌握了比喻的用法。我们教学生识别不同类型的比喻，用比喻造句，学习如何评价同学文章中运用的比喻。与没有参与比喻干预项目的学生相比，参与该项目的学生在创造力要素方面都有了很大的提高，无论他们是否之前已有比喻的相关知识（Teo，2002）。对于学习中文的学生来说，比喻并不是一个陌生的概念，书中随处可见。该干预项目建立在参与者对这一概念的熟悉程度上。参与者的良好学习效果得益于干预项目的指导者，他构建了友好、相互支持的学习环境，用积极的话语鼓励参与者运用比喻写作。

298　　4.4　结束语

在本章中，笔者对新加坡创造力教育的现状进行了分析。反思性地讨论了创造力教育的一些问题，突出强调个体化经历，将建设性创造力作为重点议题。在结束之前，笔者仍想回顾一下，1997 年新加坡提出"思考型学校，学习型国家"（TSLN）的口号后，创造力在该国的接受情况。

TSLN 项目发布后的前二年中（1997 年 6 月至 1999 年 6 月），新加坡教育家们致力于构建支持培养创造性人才、批判性思想家和高效问题解决者的工作框架。教育家们逐渐采用了第七届国际思维会议（International Conference on Thinking）两位杰出主讲人霍华德·加德纳和罗伯特·斯滕伯格提出的哲学性和经验性创造性框架。加德纳（1985）的七种或八种智力模型已经被纳入并修改成了与创造力相关的课程。斯滕伯格（1985）关于人们的创造力观念及其他创造力理论已成为重要的研究参考资料。在最初的几年间，教育家和教师们纷纷阐述了对以教育为目标的创造力的不同看法。

接下来的三年中（2000 年到 2003 年），将创造力精神融入正规教育计划和社区教育计划的趋势有所增强。媒体和大众杂志在使用"创造力"一词时显得比较从容。在小学和中学的新课本中，促进原创性思维和发明的题材和主题成了重点内容。组织全国范围内的学校、社区和高等教育机构、研讨会、座谈会支持创造力精神。人们没有问何为创造力，或者创造力与思维或解决问题的差别，所有问题都集中在创造力培养方面：创造力能够被教授吗？怎样才能教授创造力？

最后，我想与读者分享这一话题结束时收到的一封邮件。这封邮件表达了一位教师参与到非常规、积极主动的个体化学习中的惊喜之情。他的情绪代表了广大新加坡民众的需求，他们希望在开放、充满支持和 **299** 关爱的环境中了解自己的情感、认知、动机和人际关系。

> 我参加了您这次关于创造力主题的课程。对我来说，上周六真的是一个令人激动的时刻，因为那一天是该课程结束的日子。但是，我还是要感谢您，感谢您与我们分享和传授关爱及做一个快乐的人的观念。我选这门课时，并没有想到我会接触到这样一些关怀的观念。当时，我认为这只不过又是一门以讲授为主的普修课，离不开测试和作业。然而，与同学们一起上了十周左右的课后，我才意识到我之前作的选择是多么明智！我强烈建议同学们下学期参与到这一课程中来。
>
> 但是，天下没有不散的筵席。因此，我想给您发这封邮件，感谢您同我分享您的经验、做一个快乐的人的方法及关爱的观念。我希望这一课程的结束会成为我新的里程碑，同时我也希望以后我们还能分享对关爱的看法和快乐的方法。祝您身体健康、笑口常开！（2003 年 5 月 30 日收到；之所以进行修改是为了对发件人的身份保密）

新加坡的创造力教育未来将何去何从？为这一问题找到一个详尽的回答是必要的，但是却超出了本章的范畴。令人信服的是，新加坡创造力项目的特色和成功的原因在于它的开放性，在建设性和友爱的环境中促进每个人的个体化和积极的经历，以及强有力的领导和完善的基础设施。

致谢

感谢国立教育学院（NIE）研究基金会（RP 15/02 TAG）为本章内容的构想给予了大力支持，笔者要感谢 Benjamin Kiu 为本章的初稿提出
300 了宝贵意见。本章的部分内容曾供新加坡国立教育学院参与"成为一名创造型教师"单元的实习教师使用；此外，部分内容在同 Little Bodhi Student Care Center and Sunday school Mahaprajna Temple 教师的交流中进行过讨论。同时也要感谢莫里斯·斯坦恩教授对笔者孜孜不倦的鼓励。感谢 Kenneth Tan 博士主动与国立教育学院的实习教师进行对话，激发他们对快乐和创造力的反思。托福园慈怀医院（Dover Park Hospice）接待了国立教育学院的实习教师，其对完全关爱概念（total care concept）的介绍进一步加强了建设性创造力的重要性。笔者对上述个人和组织表示感谢，感谢他们自愿而热情地参与到创造力对话中来。

参考文献

Amabile，T.（1983）. *The social psychology of creativity*. New York：Spring Verlag.

Amabile，T. M.（1996）. *Creativity in context*. Colorado：Westview Press.

Ang，W. H.，& Yeoh，O. C.（1990）. 25 years of curriculum development. In J. S. K. Yip & W. K. Sim（Eds.），*Evolution of educational excellence：25 years of education in the Republic of Singapore*（pp. 81-105）. Singapore：Longman.

Bruhn，J. G.（2000）. Ethical issues in intervention outcomes. *Family Community Health*，23（4），24-35.

Chin，L. S.（1983）. The project on innovative teaching methods — An overview. *Singapore Journal of Education*，5（2），43-48.

Csikszentmihalyi，M.（1988）. Society，culture，and person：A systems view of creativity. In R. J. Sternberg（Ed.），*The nature of creativity*（pp. 325-339）. Cambridge：Cambridge University Press.

Csikszentmihalyi, M. （1997）. *Creativity: Flow and the psychology of discovery and invention*. New York: HarperCollins.

Dewey, J. （1938/1997）. *Experience and education*. New York: Touchstone.

Dianaros, A. M. （2001）. *Promoting language creativity by using internet and scamper among primary five pupils*. Unpublished master dissertation, Department of Psychological Studies, National Institute of Education, Nanyang Technological University, Singapore.

Dianaros A. M., & Tan, A. G. （2003）. *Experiencing SCAMPER with positive emotions, a special session for a general elective class "On becoming a creative teacher"* (March 28) at the National Institute of Education, Singapore.

Economic Survey of Singapore （1999）. Singapore: Ministry of Trade and Industry **301** (published February 2000).

Edwards, J. C. （2000）. Passion, activity, and the care of the self. *Hastings Center Report, March-April*, 31-34.

Finke, R. A., Ward, T. B., & Smith, S. M. （1992）. *Creative cognition: Theory, research, and application*. Cambridge, MA: MIT Press.

Finke, R. （1990）. *Creative imagery: Discoveries and inventions in visualization*. Hillsdale, New Jersey: Lawrence Erlbaum Associates.

Fredrickson, B. L. （1998）. What good are positive emotions? *Review of General Psychology*, 2 （3）, 300-319.

Freire, P. （2002）. *Pedagogy of the oppressed* (M. B. Ramos, Trans., with an introduction by Donaldo Macedo). New York: Continuum.

Gardner, H. （1985）. *The mind's new science*. New York: Basic Books.

Gardner, H. （1993）. *Multiple intelligences: The theory in practice*. NY: Basic Books.

Goh, C. T. （1996）. Prepare our children for the new century: Teach them well. *Speeches*, 20 （5）, 1-13.

Goh, C. T. （1997）. Shaping our future: Thinking schools and a learning nation. *Speeches*, 21 （3）, 12-20.

Goh, C. T. （1999）. *National Day Rally* 1999 (August). Singapore: Ministry of

Information and Arts.

Goh, K. S. (1972). *The economics of modernization and other essays*. Singapore: Asia Pacific Press.

Guilford, J. P. (1950). Creativity. *American Psychologist*, 5, 444-454.

Hinchliffe, G. (2001). Education or pedagogy? *Journal of Philosophy of Education*, 35 (1), 31-45.

Lee, H. L. (1996). Our future depends on creative minds. *Speeches*, 20 (3), 34-41.

Lee, H. L. (1997). Developing a shared nationhood. *Speeches*, 21 (3), 41-52.

Lim, S. T, & Gopinathan, S. (1990). 25 years of curriculum planning. In J. S. K. Yip & W. K. Sim (Eds.), *Evolution of education excellence: 25 years of education in the Republic of Singapore* (pp. 59-80). Singapore: Longman.

Linnenbrink, E. A., & Pintrich, P. R. (2002). Achievement goal theory and affect: An asymmetrical bidirectional model. *Educational Psychologist*, 37 (2), 69-78.

McCall, G. L., & Simmons, J. L. (1978). *Identities and interactions*. New York: The Free Press.

Meyer, D. K, & Turner, J. C. (2002). Discovering emotion in classroom motivation research. *Educational Psychologist*, 37 (2), 107-114.

302 Ministry of Education (1998). *Desired outcomes of education*. Singapore: Ministry of Education.

Ministry of Education (2000a). *Mission of a difference: Making a difference* (Ministry of Education, 1999-2000). Singapore: Ministry of Education.

Ministry of Education (2000b). *Work plan seminar: Ability-driven education — Making it happens*. Singapore: Ministry of Education.

National Productivity Board (1986). *Innovations: The key to success* (CEO, Lee M. Kennedy, SML Singapore Pte. Ltd.) [Videotape]. Singapore: Resource center NPB.

Ng, A. K. (Ng-A) (2001). *Why Asians are less creative than Westerners*. Singapore: Prentice Hall.

Ng, L. K. (Ng-L) (2001). *Enhancing creativity, achievement and attitude to-*

wards science through computers among primary four gifted pupils. Unpublished master dissertation, Department of Psychological Studies, National Institute of Education, Nanyang Technological University, Singapore.

Pantazidou, M., & Nair, I. (1999). Ethic of care: Guiding principles for engineering teaching and practice. *Journal of Engineering Education*, *April*, 205-212.

Petkus, E. Jr. (1996). The creative identity: Creative behaviour from the symbolic interactionist perspective. *Journal of Creative Behavior*, 30 (3), 188-196.

Raslinda, A. R. (2001). *Children's views of a good versus a creative teacher*. Unpublished master dissertation, Department of Psychological Studies, Nanyang Technological University, Singapore.

Rhodes, M. (1961). An analysis of creativity. *Phi Delta Kappan*, 42, 305-310.

Rogers, C. (1961). *On becoming a person: A therapist's view of psychotherapy*. London: Constable.

Runco, M. A., & Albert, R. S. (Eds.) (1990). *Theories of creativity*. Newbury Park, California: Sage.

Runco, M. A., & Pritzker, S. R. (Eds.) (1999). *Encyclopedia of creativity* (Vol. I & II). San Diego, CA: Academic Press.

Sarason, S. B. (1993). *You are thinking of teaching? Opportunities, problems, realities*. San Francisco, California: Jossey-Bass Publishers.

Saunders, C. (1990). *Hospice and palliative care: An interdisciplinary approach*. London: Edward Arnold.

Seminar on Engineering and Innovation in the 80s (1980). *Proceedings of the seminar on engineering design and innovation in the 80s* (April 18-19). Singapore: Science Council of Singapore.

Sim, W. K. (1999). *Thoughtful schools in Brunei Darusalam*. Paper presented at the ERA-MERA joint conference, Malacca, December 1999.

Simonton, D. K. (1988). *Scientific genius: A psychology of science*. New York: **303** Cambridge University Press.

Simonton, D. K. (1994). *Greatness: Who makes history and why*. New York: The Guildford Press.

Simonton, D. K. (1999). *Origins of genius: Darwinian perspectives on creativity*. New York: Oxford University Press.

Smeyers. P. (1999). "Care" and wider ethical issues. *Journal of Philosophy of Education*, 33 (2), 233-251.

Smith, S. M., Ward, T. B., & Finke, R. A. (Eds.) (1997). *The creative cognition approach*. Cambridge, MA: MIT Press.

Soh, K. C. (2003). *A personal dialogue on creativity in the Asian region*. Singapore: National Institute of Education.

Sternberg, R. J. (1985). Implicit theories on intelligence, creativity, and wisdom. *Journal of Personality and Social Psychology*, 49, 607-627.

Sternberg, R. J. (Ed.) (1988). *The nature of creativity: Contemporary psychological perspectives*. Cambridge: Cambridge University Press.

Sternberg, R. J. (Ed.) (1999). *Handbook of creativity*. New York: Cambridge University Press.

Tan, A. G. (2000). A review of the study of creativity in Singapore. *Journal of Creative Behavior*, 34 (4), 259-284.

Tan, A. G. (2001). Everyday classroom learning activities and implications for creativity education: A perspective from the beginning teachers' experiences. *The Korean Journal of Thinking and Problem Solving*, 11 (2), 23-36.

Tan, A. G. (2003a). Student teachers' perceptions of teacher behaviors for fostering creativity: A perspective on the academically low achievers (EM3 students). *The Korean Journal of Thinking and Problem Solving*, 13 (1), 59-71.

Tan, A. G. (2003b). *Creativity in Singapore after half a decade of nationwide involvement: Current status, reflections, and future directions*. Paper accepted to be published in Global Correspondence 2003.

Tan, A. G. (2003c). *Thinking outside the box*. An interview to be published by the Motherhood Magazine, Singapore.

Tan, A. G., & Goh, S. C. (2003). Singaporean student teachers' perception of teacher behaviours important for fostering creativity. *Education Journal*, 30, 2.

Tan, A. G., Lee, L. K. W., Goh, N. K, & Chia, L. S. (Eds.) (2002).

New paradigms in science education: A perspective of teaching problem solving, creative teaching, and primary science education. Singapore: Prentice-Hall.

Tan, J. E. T. (Tan-J) (1996). *Independent schools and autonomous schools in Singapore: A study of two school privatization initiatives aimed at promoting school innovation.* Unpublished Ph. D. dissertation, Faculty of Education, State University of New York, Buffalo. **304**

Tan, K. H. S. (Tan-K) (2003). *Happiness and creativity.* A dialogue with the student teachers of the National Institute of Education, Singapore, on March 15, 2003.

Teo, C. H. (1996). Innovation — The key to future success. *Speeches*, 20 (4), 96-100.

Teo, C. Ft. (1997). Opening the frontiers in education with information technology. *Speeches*, 21 (2), 92-98.

Teo, C. H. (1999). *Building competitiveness in the knowledge economy: How is Asia facing up with his task?* Speech by Minister for Education at the East Asia Economic Summit Plenary Session, World Economic Forum, Suntec City, October 19, 2003. Singapore Government Press Release.

Teo, C. H. (2003). Opening the DNA learning laboratory at the Singapore Science Centre. Retrieved March 30, 2003, from http://wwwl. moe. edu. sg/speeches/2003/sp20030329

Teo, T. T. (2002). *Learning activities useful for fostering creativity.* Unpublished dissertation, Department of Specialized Education, Nanyang Technological University, Singapore.

Tronto, J. C. (1993). *Moral boundaries: A political argument for an ethic of care.* New York: Routledge.

Ward, T. B., Smith, S. M., & Vaid, J. (Eds.) (1997). *Creative thought: An investigation of conceptual structures and processes.* Washington, DC: American Psychological Association.

Weiss, J. A. (2000). From research to social improvement: Understanding theories of intervention. *Nonprofit and Voluntary Sector Quarterly*, 29 (1), 81-110.

第十三章　通过音乐激发创造力

安达真由美（Mayumi Adachi）

日本北海道大学心理学系

茅野紫（Yukari Chino）

日本山梨大学附属小学

🎵 1. 简介

305 　　现代日本音乐教育的基础是 1868 年明治维新之后产生的。此后，日本的孩子们开始使用西方音乐符号和乐器（如钢琴）进行学习。日本儿童为何要这样学习音乐呢？日本儿童对其传统音乐的适应性如何？这些都是日本音乐教育家们热议的话题。但是，从创造力的观点来看，孩子们是否使用西方乐器或西方音乐符号都无关紧要。乐器和符号只是一种媒介，它能够激发想象、发散思维，促使创造新的、与众不同的、更好的作品。我们的观点认为，在课堂里通过音乐激发创造力的关键不在于作曲时使用的媒介，而在于怎样选择创造性媒介，在于怎样向学生展示。我们赞同 2001 年座谈会中一次研讨会上提出的某些观点（Adachi, Chino, & Fukazawa, 2001），当时在场的多是中国人，全场座无虚席，会议深受好评。本章对 2001 年研讨会的内容进行了简要概括，其中包括详尽的理论背景介绍及各项创造性活动的基本原理。此外，我们还尽可能

306 地融入了学生事后的想法，尽可能凸显通过音乐激发创造力的情形。但是，首先还是让我们从干扰日本音乐课堂创造性活动的问题开始（许多

其他国家也可能存在这种情况）。

1.1　日本的音乐创作问题

长久以来，日本儿童在音乐课堂上的创造性活动都局限在运用西方音乐符号创作歌曲的层面。1989 年，日本教育部发布了义务音乐教育（如 1—9 年级）修订指南。该指南引入了一种新的作曲理念，即创造性音乐制作，囊括了直觉探索及多种声音材料的制作，大大扩展了音乐创作的内涵。该理念最初仅在小学开展实施，经过进一步修订后（日本教育部，1989，2000），逐步推广到初高中。将音乐创作列入指南的做法就是正式宣布：这种"非常规的"创造性活动将与"常规"音乐作曲一并成为小学及初高中音乐课程的重要组成部分。之后，针对职前或在职教师，出现了许多由著名学者撰写的指导性书籍或研讨会（如 Shimazaki，1996，1997；Tsubono，1995，2001）。

尽管有政府的大力推动及专家的支持，音乐创作仍未能在日本义务音乐教育中得到充分实施。最近一项调查显示，在所有受访者中，只有66％的小学生和47％的中学生表示义务音乐教育包含了创造性活动。[①] 种种迹象表明这一认知现象的产生至少有两种原因：

第一，从某种程度上来说，人们对什么是音乐、什么不是音乐形成 **307**了常规性理解，他们相信只有那些具有特殊天赋或接受过大量训练的杰出人士才能创造出这种音乐（如 Sloboda，Davidson，& Howe，1994）。这些先入为主的观念给小学教师带来了诸多不利影响，因为他们常常会被安排给学生上音乐课，尽管这些老师并未接受过音乐专业训练。专业的音乐教师在教初中学生时也未能摆脱这种影响，因为大多数学生都不具备进行音乐创作的才能。

第二，缺乏有效的指导方案引导教师从长远角度组织教学。教师们

---

① 该调查由高须一和小川容子共同开展，由科学研究基金（Grants-in-Aid for Scientific Research）（B l）资助，编号：14310124。

可能会从提倡创造性音乐创作的指导性书籍和研讨会中获得许多关于音乐课堂创造性活动的想法，但是这些想法如焰火般稍纵即逝，脱离了当前或未来的教学活动。

大众关于音乐的固定观念所产生的第一个问题是：音乐必须悦耳动听、结构合理。不熟悉音乐的人们认为，只有遵循规则才能创作出这种音乐，如一些他们不熟悉的特殊规则。这种对适用规则的意识和不确定性可能会转变成害怕犯错的心理，而这种心理正是压抑创造力潜能的绊脚石之一（Ng，2001）。

有趣的是，婴幼儿不论是否具有音乐天赋，都会探索音乐的各种特色和功能，并且常常会在自由玩耍时创作出自己的歌曲（Adachi，1994；Campbell，1998；Moorhead & Pond，1941，1942；Omi，1994）。无论儿童自发的音乐创作是天性使然还是由于照料者的后天培养，在没有明确引导的情况下，12个月大的小孩能在玩玩具时哼出有音律的单句，创作出有节奏的片段（Kelley & Sutton-Smith，1987；McKernon，1979）。这些自发性行为受到好奇心的激发，通过模仿以前听到过的声音、混合多种声音片段、对音位（后来是词）进行探索及不同的音高和节奏创作出自己特有的声音，让他们乐在其中。那么，我们又是何时或怎样失去这种玩乐的心态的呢？

308   H. 加德纳（1982）曾警告说，由于不当的学校教育，儿童的创作心态在10岁时就可能会消失。就日本小孩而言，幼儿园并没有鼓励他们进行自我表达（Ng，2001），对创造性心理的压制在小学一年级就已凸显出来。例如，我们要求日本和加拿大的一年级小朋友创作一首能让观众感到高兴或悲伤的歌曲，日本只有20％的小孩能做到，但是加拿大却有80％的小孩创作出了自己的歌曲（Adachi，2000）。这些日本小孩演唱并学习了许多歌曲，但是幼儿园并没有鼓励他们修改或创作歌曲（Adachi，2001）。把同样的任务交给那些曾在幼儿园受到鼓励并通过创作歌曲来表达自己思想和情感的一年级小朋友，60％以上都创作出了自己的歌曲（Adachi，2002）。

　　我们有理由怀疑，由于类似教育的结果，许多日本教师在成年后的大多数时间里，他们的创造力潜能可能也已经受到阻碍。普通民众的创造力潜能可能只是没有找到合适的位置或被层层规则和心理障碍埋葬了，通过适当的引导是能够重新发掘的。

　　为了从根本上改善这种状况，我们为教育专业本科的学生提供了多种亲身体验创造性音乐的机会，以此作为他们未来教师培训的一部分。这么做的目的是为了提高他们对自己音乐创造力潜能的自信，从而树立起信心。此外，学生至少能够学到基本的音乐知识和技能，同时也会开始思考究竟是什么构成音乐，按自己的想法演奏，并对自己和他人的作品进行评价。有别于大众观点，我们认为音乐创作与音乐知识、技能的学习是同步进行的，而非一先一后（Pace，1999）。我们为本科学生提供的音乐教育方式也适用于义务教育阶段的儿童；从这个意义上来说，我们是在为本科学生提供一系列音乐创作活动的范例，正如大量实用型书籍和讨论会能提供给他们的一样。但是，用我们的方法效果更显著，因为我们提供了一种概念工具帮助未来的教师们理解音乐创作的认知过程，*309* 这样他们就可以将我们的创作练习作为以后如何组织新颖课堂活动的参考。

　　本章的主要目的在于论证教师们如何通过与不熟悉音乐的本科生和小学生分享自己的教学经验并组织音乐创作活动。同我们为本科教育专业的学生所做的一样，首先，我们会从音乐创作的认知层面进行解释，然后，根据每项任务的基本原理阐释创造性练习。

1.2　音乐创作的认知法

　　任何音乐创作都能被视为一种涉及特殊条件和认知步骤的问题解决型任务（Pace，1999）。音乐创作同其他解决问题型任务一样，当问题解决者对任务不甚了解时，也需要得到逐步的指导。教师必须能够分析任务，明确完成一项特殊音乐创作经历所需的条件和步骤。

　　从认知层面来看（Johnson-Laird，1988；Vygotsky，1991；Webster，1987），音乐创作的必要条件就是过去的经验和与特定任务相关的概念性知识储备。这些条件能够激发想象，这种想象反过来又能促进发散性思维，如对可能的思想和材料的思考（Vygotsky，1991；Webster，1987）。理论上，我们能随意挑选特殊思想和材料；然而，这种挑选并非随意进行，而是在一定限度的自由和约束的特殊框架内进行（Johnson-Laird，1988）。这种框架同技艺和艺术敏感度一起（Webster，1987）将特殊思想和材料过滤成一种连贯的结构，如聚合思维过程将创造过程整合在一起。因此，现阶段音乐创作的完成就成为一种新的创造经历，这种经历又会促进下一轮的创造性活动（Vygotsky，1991）。

这一认知过程（见图1）体现了音乐创作教学中需要考虑的因素。例如，教师设定的任务必须与学生之前的经验和知识储备相关联，否则下一步就无法进行。同时，教师还需界定一个框架，在这个框架内学生能根据自己的概念性知识和音乐技能轻松地工作。

310 图1. 音乐创作过程的认知模型（改编自 Adachi & Trehub，2000）

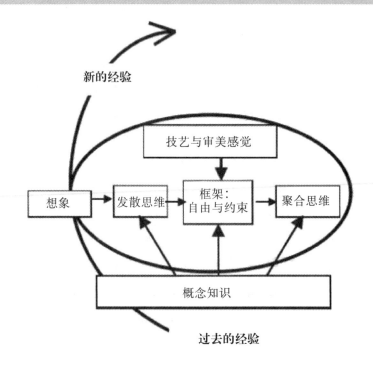

在日本的义务音乐教育中，音乐创作的定义包括两种框架：自由音乐框架和常规音乐框架（如 Shoto-ka-ongaku-kyoiku-kenkyukai，2000）。自由音乐框架让人最大限度地从音乐规则中解脱出来，既不受音乐元素的约束（如节拍、节奏、旋律），也不受乐器的约束（如乐器的使用），但是也涉及与目标主题或图像相关的其他约束。另外一方面，常规音乐框架包含结构性音乐元素（如：节拍、韵律、节奏、音阶、和声、形式）。因为每个音乐元素都能作为单独的子框架进行组织，自由和约束间的互动就难免涉及多个方面。常规音乐框架内的创造性任务非常具有挑战性，但是如果学生们在义务教育期间能循序渐进地积累经验，他们就能调动过去的创造性经验和知识进行处理，从而享受这种挑战（Adachi & Chino，2000）。

对组织和制定学习计划的教师来说，理解（或者至少意识到）音乐 *311* 创作的变量和过程至关重要。在下面的例证环节中，我们会详细介绍我们的策略、设备及其背后的基本原理。在例证的过程中，请思考：您作为一名教师会如何对活动进行调整，以便更好地适应您和学生的背景？我们的最终目的是为您提供一次机会，让您在自己的需要和经验的基础上对音乐创作进行思考，而不是简单地对本章介绍的活动全盘照搬。

2. 自由音乐框架内的音乐创作

采用自由音乐框架最大的优势在于不需要专门的音乐知识或技巧，这对学生在音乐方面的尝试来说是一个良好的开端。对多种声音和声音片段组合的探索属于该类别下的合规则音乐创作。这些活动与婴幼儿的自发性音乐行为类似。从这个意义上来说，我们的主要目的就是重新发现已经失去或被遗忘的创造力潜能。该框架的另外一个重要目标则是力图通过产生让学生身心愉悦的声音，以友好的方式介绍音乐规则的基本知识。

2.1 例1：运用日常物品描写春天

日本的每个季节都各有其特色。春天尤其如此，它总是与万物初始（因为校历从4月开始）、烂漫樱花、冰雪消融、婉转鸟鸣和暖洋洋的阳光联系在一起。我们为学生提供许多春天的画面作为参考。一些图片只具有视觉效果；该项任务需要跨越不同感官（如视觉、听觉）的图像，当然这比同一感官内部的描绘更有挑战性。学生们隐喻性地将日常图像连接在一起，就能创造出声音；2001年春，我们曾在40位大二学生和大三学生及两位在职小学教师中做过该项实验。

312　　**准备阶段**：要求学生从家里带来任何可以发出声音的物品，乐器除外。我们告诉学生，如果他们带来的东西出乎老师（第一作者）意料，就会得到加分。在某种程度上，这一准备活动是为创造性思考进行预热。

热身阶段：学生们对与春天相关的物品、时间和景色进行了描述。每提到一种声音（如积雪融化成潺潺溪流）或运动（如樱花花瓣飘零），我们就要求学生用拟声或拟态以外的方式（如声调、敲铅笔）来表现这种声音。这些热身运动让教师为接下来的活动确定了两个前提条件：将主题与过去经验进行联系的能力，以及对不平常的东西进行尝试的意愿。在几个将一幅特别的画面转化为声音的示例之后，我们为学生布置了实际任务："将春天的一组图片创作成声音片段。画面可以是一个特殊场景或物品的照片，也可以是一系列事件。声音片段最短30秒，最长不超过两分钟。"

活动1：五到六个人一组。活动刚开始时，许多小组都相互展示自己从家里带来的物品。两位在职教师展示了自己创造的乐器。将普通日常用品转化成乐器，他们的聪明机智让学生为之着迷。各个小组一边探索各种用日常物品发声的方法，一边讨论他们能够或想要表达的主题。学生们带来的物品有：塑料袋、铝箔纸、餐巾纸、气泡薄膜、易拉罐、纸箱、酒杯以及各种厨房用具。许多小组都试图寻找表现和煦春风的方法，如摇动塑料瓶、挥动锡箔纸和摩擦餐巾纸。虽然图片大致相同，但是不同的材料就会产生不同的声音效果。学生们在该项任务的引导下展开了发散性思维。各个小组都选定了春天最初的画面，这些图像可以作为他们音乐创作的暂时性框架，可以在接下来的活动中进行修改。

活动 2：随后，各个小组尝试着将所选声音片段组合成一首完整的曲 **313** 子。如果有小组成员发现一个特定的声音与另一张图片更接近，他们通常会换掉那张图片。例如，最初，一个小组打算用湿手指摩擦玻璃边缘（如玻璃风琴）的方式模仿春风。该小组中的一名学生认为玻璃风琴的声音带有某种神秘感和抽象性而非指示性，因此建议以一张抽象的图片——对春天的憧憬开始，替换掉了原来有关春风的图片。另一组学生对大量的声音材料进行了筛选，反映了他们对空气发出的不同声音的关注，如微风拂过树木、叶子和晾衣绳上衣服的声音。这些学生的态度体现了他们的技艺水平和美学敏感度，这两者限制了他们可能创作的曲调。有些小组的作品直到开始展示之前一直在反复修改。

表演和评估：每个小组都需演奏两遍他们创作的曲子。第一遍由各个小组单纯进行演奏，不作任何解说。在第二次演奏之前，学生们对自己想要表现的图片、发声工具、创作中遇到的困难及创作的精华部分进行描述。在两次演奏的过程中，观众都是闭眼聆听，这样他们就只能根据声音来想象画面（第一次演奏），也能对声音的画面表现力进行评估（第二次演奏）。对观众来说，每一次聆听体验都是听觉意象的创造性循环，但是第二次聆听较第一次而言，更加受到演奏者意图的约束。第二次演奏后，观众们表达了自己的印象，并从表演者获得了进一步的信息。例如，一名学生对群鸟飞过的画面印象深刻，于是向表演者询问翅膀的声音是如何表现的。表演小组只是简单地摇动用塑料包着的小包餐巾纸。除了同学评论外，老师也会给出一点建议，除了恭喜表演者和肯定他们的努力外，也会指出有待改善的地方。一组同学表现了一个一年级小朋友上学路上见到的情景。小孩经过不同场景时，该小组的同学加入了脚步声，以表现越来越多的小朋友同他一起走进学校。老师评论道：这种 **314** 行为虽然简单却是很有效的模拟，因为他们在表演中融入了电影元素。

后记：上述任务的目的在于对日常用品的声音进行探索（活动 1）及对声音进行组织以表现所选图片（活动 2）。虽然在本次活动之前，学生们已经接受了至少九年的义务音乐教育，但是他们既没有创造过自己的乐器也没用新颖独特的声音对图片进行过表现。在这之前，虽然学生们模仿了许多谱写好的曲子，也学习使用常规乐器，但是却从来没有思考的机会。上述任务让许多（即使不是全部）学生相信，即使没有接受过全面的训练，音乐也可以是一种表现思想、画面和感觉的方式。

应用：与上述任务类似的活动可以与其他创造性活动联系在一起。例如，学生们可以通过运动（如通过随意活动身体部位来表现画面）、视觉形式（如图画或油画，见图 2）或言语形式（如一首诗或一个小故事）来表现画面。这种形式的创造性活动可以看作是有计划的即兴创作：表演者提前编排、练习乐曲，但是每次听起来都可能稍有不同。在有计划的即兴创作中，声音画面的视觉再现也可以作为时序计分，如帮助表演者记录自己的角色及何时加入及如何演奏的时间测定（见图 3）。创作的时序计分和其他任何视觉形式代表了出于再现目的记录声音对象的方式，以此引入音乐记谱法的概念。

315

图 2.《秋色》声音片段视觉再现的例子，该作品由本科学生创作：一片枫叶飘落的场景

对于年纪较小的学生而言，简单的爆炸声和描述就可能是很好的创 **316** 造性练习。例如，让学生用两根筷子（或任何熟悉的物品）进行演奏，看他们能发出多少不同的声音。让学生思考一下每个声音或声音序列听起来像什么（如敲门声、雨滴落到屋顶的声音和削土豆皮的声音）。在该项练习中，学生们能为他们阅读的故事加上声音效果。此外，我们还鼓励学生对个别声音进行操纵，使其时而快速、时而缓慢、时而高亢、时而柔和，从而让他们明白简单的声音操纵如何改变声音画面。对速度和音量的控制将自由音乐框架内的创造性练习与常规音乐框架内的创造性练习相联系，引入了速度和力度这两种音乐元素。

图 3. 一名五年级小学生为受到一名广岛小男孩启发的音乐制作的时序计分表（见 Nakazawa，1945/1987）。得分包括老师提示信息（P1－P4）和孩子们自愿添加的信息（S1－S4）。老师提示的信息包括：姓名（PI）、角色（P2），让我们用图表描述你想要表达的内容（P3）和你选择的故事（P4）。孩子们将表达内容（P3）这一部分划分成四个小节，并描述了四个场景："人们平静地过着自己的生活"（S1），"战争爆发"（S2），"可怕的沉寂"（S3）和"投掷炸弹"（S4）。得分显示孩子们在钟琴上用熟悉欢快的曲调表现了第一个场景。对于第二个场景，孩子们在图表中描述了"人们的脚步"、"炸弹的声音"和"可怕的声音"。在第三个场景中，孩子们描述了拟态的"沉寂"和最终用大鼓演奏的一幅毁灭性画面的"爆炸"。

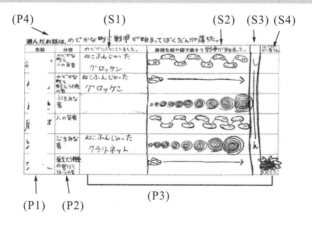

3. 常规音乐框架内的音乐创作

自由音乐框架允许使用隐喻（如画面和感觉）对声音进行组织，但是常规框架却要求使用框架性和有变现力的音乐元素（如节拍、韵律、节奏、轮廓、音高、音程、和声、形式、速度、力度、音准、发音）。涉及这些音乐元素操纵的音乐创作分为两种类型：对现有音乐的改变和原创音乐。改变或原创音乐听起来可能会让人望而却步。但是，如果一项任务与熟悉的事件相关（如开心或悲伤的经历），即使是四岁的小孩也能通过操纵音乐的表现元素（如速度、力度、音域、音调）或修改歌词或曲调将熟悉的歌曲创作成开心或悲伤的版本（Adachi & Trehub，1998）。因此，熟悉的主题（如情感）是将直觉性音乐创作融入常规音乐框架的良好开端（Adachi & Trehub，2000）。

对熟悉的乐曲进行改编前，学生们最好熟悉一下音乐结构和表现元素的基本知识，这对谱写常规曲子是非常有用的。下面的练习会对这些技能进行训练，同时也会介绍许多在常规音乐框架内进行音乐创作的策略。

317

3.1 例2：制作原创节奏合奏

节奏是不同时值声音和休止间的连接；节奏的产生不需要任何特殊技巧。那些能够通过拍手、敲击和协调物品发出声音的人就能创作出原创节奏。节奏片段是一系列节奏动机（rhythmic motive）。通过简单动机的组合，掌握好时间及进入的顺序，你甚至可能创作出一首宏大的曲目。音乐最基本的概念是：它的结构至少包括前奏和结尾，较好的结构还包含中段，在该阶段开始部分慢慢进入发展阶段。请记住：结构感也存在于自由音乐框架中（如例1），在该框架中原创片段能由非音乐画面设定（如故事）。另一方面，目前的任务要求学生从纯音调层面思考一个合适的开端和结尾。2001年秋天，37名本科二年级和三年级学生参与了以下活动。

热身阶段：学生们观看了由中学生和大学生在艺术节演奏的节奏合奏（rhythm ensemble）视频。[①] 该节奏合奏包含由原创乐器（如喇叭、鼓和木琴）演奏的简单节奏模式组合，这些乐器是表演者们自己搜集大小各异的竹子制作而成。本次视频演示的主要目的是要激发学生自行创作的欲望；学生们自发地为视频演示喝彩，这不失为一个很好的开端。

活动 1：六到七名学生一组。我们为学生们准备了两米长的纸筒（看起来像竹子），鼓励他们创造自己想要演奏的乐器。除了这些纸筒外，我们还准备了许多物品供学生使用：钉子、回形针、筷子、橡皮筋、塑料 **318** 吸管、塑料绳、橡胶气球、牛皮纸胶带、透明胶带、锡箔纸、保鲜膜、蜡纸、米粒、红豆、裁纸刀和剪纸刀。活动开始之前，我们向学生展示了用这些材料制成的乐器样品。学生们一边对不同材料的用法进行各种探索，一边同小组成员进行思想交流。例如，一个学生通过改变纸筒里的材料（如回形针、米粒）对各种类似于沙锤的声音进行探索。许多学生用气球和纸筒制作出了与鼓类似的乐器。学生在长度各异的纸筒一端蒙上牛皮纸胶带，在另一端蒙上气球材料（见图 4a），通过对纸筒长度的控制制作出了各种音阶的乐器。也有学生在纸筒表面放了许多粗短钉，然后用筷子在凹凸不平的表面进行摩擦，从而制成了一种锯琴（图 4b）。一名学生发明了一种多功能乐器，通过拉橡皮筋、摇动纸筒里的回形针和往吸管里吹气就能发出三种不同的声音（图 4c）。在创造出新颖乐器这一动机的驱使下，大多数学生都试图制作不止一种乐器。

---

① 该节奏合奏曾于 2001 年 1 月 5 日在大阪羽曳野市今田艺术节的开幕式上演奏过。

图 4. 利用纸筒制作的原创乐器示例：（a）各种音高的鼓，（b）锯琴，（c）多功能乐器。

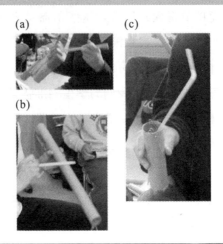

(a)　(c)

(b)

该照片由 Y. Aoyagi 提供。

319 　　*活动* 2：乐器制作完成后，我们再次向学生展示了之前提到过的竹制乐器合奏。

这一次，学生们通过拟声或节奏记忆法辨认出了合奏中的不同节奏模式，老师（第一作者）用图表对这些节奏模式进行了描绘。同时，学生们还描述了曲子是如何开始如何结束的，为他们构思自己的曲调做好了准备。每个小组用自己的乐器创作出了节奏合奏。我们鼓励学生对不同乐器的多种节奏模式进行探索，这样就能决定哪种乐器的声音更适合哪种模式。此外，我们还指导学生思考怎样紧凑地安排音乐顺序（如前奏、发展和结尾）。学生的评论表达了他们在该活动中的挣扎、努力和感受。这些评论由一位负责观察该班级的在职教师记录。"我们把所有的时间和精力都花费在乐器制作上，以至于没有太多的时间讨论节奏。我们挣扎到了最后一分钟。""我们想要努力创作一个音阶，但是失败了，无路可走。但是，我们仍然打起精神，不断尝试各种想法……我很享受创作节奏的过程。也许，这就是为何当我们的讨论面临绝境时我仍乐在其中的原因。"尽管留给小组讨论的时间非常有限，最后学生们还是创作出了自己的乐曲，并进行了练习。

表演和评估：在每个小组进行表演之前，学生们向观众介绍了自己乐器的声音。每个小组表演一次，然后由观众进行评论。小组表演展示了学生们在探索组合乐曲结构可能性上作出的集体努力。之前提到的在职教师，也就是我们的观察人员，描述了她的印象："贯穿一首曲子的微妙音调让整首曲子产生了连贯性。突然出现的音调制造的效果非常明显。不经意间创作出的神秘音阶听起来就像民族音乐。每首乐曲的'结构性特征'描绘了小组一致同意的音乐画面。用原创乐器进行音乐创作拓展 **320** 了学生们对音乐的看法。这一次特殊的经历会帮助学生接受，甚至享受，现代艺术和世界民族音乐中不甚熟悉的声音。"

后记：节奏模式的创作不需要过多的运动协调或声乐技巧，这或许是大众群体进入音乐世界最可行的渠道。创作一首节奏合奏曲目（活动2）稍微复杂一点，因为需要把多种节奏模式调整成一种特殊结构。结构性思考不仅激发了学生对结构模式差异本身的意识，同时也激发了其对乐器组合音色、力度和音高可能性的思考。乐器和节奏模式的拟合度及结构的连贯性成为激发学生聚合性思维的约束。总的来说，最好为每个小组提供与他人分享半成品的时间，如此一来，观众的评论才能融入最终作品（Takasu，出版中）。如同在乐器制作过程（活动1）中观察到的一样，一个小组的表演会受到其他作品的启发，从而得到改善。一名学生的评论就证实了这种可能性："在聆听其他小组的作品时，我常常在想'哇，真有趣'。为什么我们没有想到呢？小组表演中五花八门的节奏、乐器和节奏模式让我觉得非常有趣。"

对非音乐专业人士的额外建议：在西方音乐中（日本学校音乐教育的首要关注点），节奏建立在节拍的基础上，也就是说，音调的时值是控制音乐作品（或其中一个章节）韵律感的单位，这种韵律感通常是以演奏者数数的方式来表现（如1、2、3，1、2、3）。换句话说，每个节奏都包含一个特殊的韵律及其单位节拍。让学生了解（至少是接触到）节拍、韵律和节奏之间关系的基础知识对创作节奏模式是有帮助的。例2中的学生已经通过义务音乐教育或课外活动接触到了足够多的基础知识，并且有足够的曲目——无论他们是否意识到——供他们用于所选韵律的节**321**奏模式。对于经验较少的学生，"模仿"（Pace，1972，p. 26；1974a，p. 10；1974b，p. 8；见例3）一类的练习可以为与例2类似的活动做好充分准备。

3.2　例3：运用呼喊回应结构（call-response structure）创作一首简单的旋律

在思考了节奏片段的前奏和结尾之后，我们现在将注意力放在如何开始和结束一段旋律上。与节奏不同，由于缺乏演唱技巧或乐器演奏技巧，人们常常对旋律创作望而生畏。在这个例子中，我们会通过为儿童开展的活动证明旋律创作就如同节奏创作一样容易。传统上，日本儿童拜访朋友家的时候，通常会有音调（in tune）地呼喊朋友的名字，朋友也会带音调（in tune）地回应。许多代代传承下来的歌曲正是取材于儿童玩耍时的自发哼唱，如日本传统儿歌《童歌》（Warabe-uta）。呼喊回应结构是最简单的旋律，这首《童歌》就采用了这种结构，同时也说明了歌曲作为一种交际工具的直觉功能。我们从这首传统的呼喊回应歌曲开始，这首歌曲在日本音乐创作的指导书籍中能找到。例1和例2从头到尾都只对一种课堂活动进行阐释，例3则有所不同，列举了为孩子们（或者是对音乐不甚熟悉的成年人）引入的三种活动和有效的教学顺序。

呼喊回应歌曲：老师用《童歌》中的曲调模式呼喊每个孩子的名字，孩子们也用同样的曲调模式进行回应（图5）。孩子们自己就能开展这项活动。在热身运动阶段，孩子们不需要采用跟老师一样的音高。关键是要从呼喊模式的开端到回应模式的结尾都要保持节拍，如音乐即兴创作的基本机制（Pace，1999）。这个活动让孩子们通过模仿（见 Pace，1974a，p. ll；1974b，p. 9）的方式完成了一个呼喊回应结构。在这项活动中，孩子们能学到许多能扩展为曲调的简单模式，即旋律动机（me-lodic motive）。

图5. 改编自日本传统儿歌《童歌》的呼喊回应结构示例

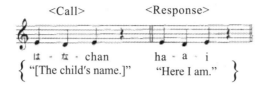

提问与回答：在上述活动中，孩子们只是"模仿"呼喊模式。在此次活动中，孩子们会通过修改已有的模式"创造"自己的回应模式。我们采用三种音调，即"高音"、"中音"和"低音"，如大调音阶前三个音高（"do-re-mi [1—2—3]"）或小调音阶中的前三个音高（"la-ti-do [6—7—1]"）。为了熟悉卡片上三个音调的言语标识符（verbal identifiers），你可以先用言语标识符（而不是小孩的名字）吟唱或组合出片段。然后，让孩子们从前往后把卡片搭配起来。现在，这个活动已经演变成一种名叫"提问与回答"（"Q & A"）的游戏，游戏规则与之前提到的"模仿"游戏规则一样：有人提出一个旋律问题（如一边唱卡片上的前三个音调一边比画），其他人就创作出自己的旋律回答（如将问题唱下去）。只用一小拨人甚至两个人就能开展这个游戏。如果孩子们不太适应唱歌，你可以使用钟音条（chime bar）（图6）或键盘上的三个黑键。孩子们一适应该游戏，我们就会引入平行回答，即模仿问题的开始部分创作回答，但是最终总是会回归"原点"（如"低音"，见图7）。

应用：上述活动可以应用到乐器的入门介绍中。例如，日本小孩在学校学习音乐期间就会接触高音直笛（soprano recorder）和键盘乐器，上述创造性活动可以作为两三个音高的特殊组合及相应指法的介绍环节。尤其是在键盘乐器的介绍中，运用双黑键或三黑键（black twins or triplets）开展上述活动能培养儿童的黑键意识，这种意识是学习具体白键名称的必要前提。

323 图 6. 钟音条和槌，呼喊回应活动的替代方法

图 7. 提问活动游戏中的平行回答示例。位于中间底部和顶部的实心圆描述的是一个大调音阶的前三个音高（如：do-re-mi［1－2－3］）。每个模式中，用二分音演唱时第四拍的休止符是隐含的。

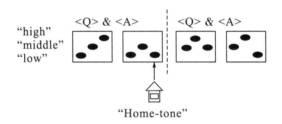

324 通过呼喊回应模式的创作，孩子们逐渐形成了旋律的持续及完结意识。此外，还有一些学生从直觉上认识到，只要把卡片进行排列就能创作成一首旋律（Nakajima & Adachi，2001；见图 8）。一旦孩子们熟悉了提问与回答游戏，他们就会通过排列卡片探索更长的旋律。如此看来，只有不担心划分乐句、韵律或回归"原点"的问题，孩子们才能创作出更长的旋律。孩子们对旋律可能性的拓展会再现 20 世纪作曲家的探索历程，大量旋律都能用三个音阶创作出来。除了自由旋律扩张和发散性思维练习外，还有一点也很重要：教师应该向孩子们展示怎样才能在常规结构中产生更长的旋律（扩展性问题和回答，见 Pace，1977a，1977b），这样他们才能创作出可复制的旋律。

图8. 一名每周上一次音乐课（包括提问与回答）的6岁小男孩用三音调图标创作的歌曲——《让鸽子飞走吧》（*Letting Doves Fly Away*），该旋律结构体现了他在音乐课中接触到的一系列三音调模式。歌词是"我看到了大海。我也看到了岛屿。鸽子激动不已，最后飞走了。"歌词下的图画也对其内容进行了描绘。该图谱由该男孩的家庭提供。

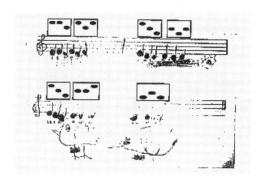

　　后记：一边演唱三音调卡片一边在空中比画能让孩子们注意旋律的 **325** 特点，即连续音阶间的轮廓、音高和音程。手臂和手的位置及三音调卡片的视觉提示为操纵旋律动机提供了不同的途径。这些动作表征和符号在鼓舞听觉敏感度较低的儿童和成年人方面特别有效。孩子们一旦熟悉了基本的三音调模式，只要用听觉就能开展这项活动。

3.3　例4：通过动机操纵对熟悉的乐曲进行改编

　　提问与回答：（见例3）中的许多练习都涉及主旨的概念。一个主旨包含两个或三个音调的组合，这些音调都有着特殊时值和音高。主旨是音乐的重要基础；它们可以重复、颠倒、扩充，还可以转化成一首连贯的曲目。主旨不仅存在于旋律中（如音乐中最引人入胜的部分），也存在于伴奏中（如附着在旋律、和弦或二者之上不那么引人注意的部分）。这个例子阐明了激发音乐动机操纵性意识的活动。

　　接下来的这项任务是我们在2000年6月为一群即将离开小学校园的六年级学生（18个男生和20个女生）布置的。他们的音乐老师（第二作者）设计了最后一个音乐项目，即"让我们创作自己的歌曲"，该项目会反映孩子们校园生活中值得记忆的场景、感受和经历。从三年级开始，这些学生就已经积极地参与到音乐创作中。但是，他们的创造性活动都在小组内进行，因此我们推测，可能只有少数几个接受过广泛音乐培训的小孩在其中起带头作用，其他小孩可能只是紧随其后。因此，在本次项目中，我们决定要让每个小孩都以"创作者"的身份而不仅仅是"表演者"的身份积极参与其中。

为歌曲谱写旋律的方法至少包括两种：创作和改写（如对著名歌曲**326**进行改写）。为了完成既定目标，我们采用了第二种方法。更确切地说，我们一方面教孩子们如何改写流行歌曲《花》（*The Flower*，HAL/Otohime，1999）副歌的方法，另一方面又通过图表的方法对主旨进行操纵。

我们对教学进行了设计，即使是没怎么接受过音乐训练的小孩都能意识到音乐创作简单易懂，再也不会犹豫不决、畏首畏尾，从而真正投入歌曲创作。客座教师（第一作者）用 90 分钟的时间对音乐创作的方法进行了简要介绍，一步步地引导学生通过图表在键盘上改写歌曲，方法简单易懂且行之有效。快下课时，一位音乐创作专业的研究生现场为孩子们表演了钢琴即兴创作。后记体现了孩子们的反应及他们是如何将这一新经历融入歌曲创作项目的。①

音乐创作方法介绍：孩子们开始歌曲创作项目后不久，我们就为他们组织了这一环节，我们挑选《花》（HAL/Otohime，1999）作为他们歌曲基础及头脑风暴场景和事件的基础。孩子们分为五个小组，各个小组合作完成课堂歌曲创作的各个部分（介绍我们的班级、郊游、体育节、从善意的责备中恢复过来的乐天派班级、毕业）；各个小组的成员都坐在一起。这一环节开始时，客座教师进行了自我介绍。对孩子们来说，客座教师并不陌生，因为这一年中她会不时来观摩音乐课堂。我们告诉孩子们我们会向他们展示改写《花》的具体方法，并且保证他们所学的东西对目前的歌曲项目会有所帮助。孩子们坐在键盘乐器旁边，因为换了

---

① 详细过程最初在一篇日语论文中进行过叙述（Adachi & Chino，2000）。

一位客座教师来上课,他们对这个不寻常的场合充满热情甚至感到无比兴奋。

简短介绍后,孩子们熟悉了这些长方形的图标。这些图标表示相对音高和声调间的时值。与标准音乐符号不同,图标的特定组合可以在键盘的特定位置进行演奏(见图9)。在这种图标中,孩子们不需要知道符 ***327*** 号和键盘上按键之间的一一对应关系。一旦理解了这一系统,即使是没有接受过键盘乐器培训的小孩第一眼都能知道如何弹奏简单的主题甚至整首歌曲(如 Adachi,1992)。

图9. 一个简单模型和两个键盘上的可能位置示例。长方形符号表示相对音高和声调时值。

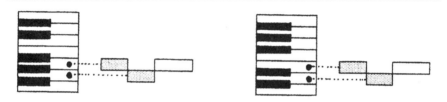

经过短暂的图标练习后,我们在黑板上为孩子们展示了《花》(见图10)的图表记谱法。老师弹奏乐曲,再由他人指出每个音符。孩子们从未见过这种乐谱形式;有些孩子觉得有趣,有些则倍感困惑。我们将这种图标记谱法精简版分发给每个孩子。第一项任务就是找出相同的四音符模式,并用括号标出(如图10中用星号标记出的部分)。老师首先确认孩子们知道五根手指的数值标识(如拇指代表1,食指代表2,中指代 ***328*** 表3,无名指代表4,小指代表5)。接下来,老师向孩子们展示如何一边在空中移动手指(如乐谱所示)弹奏,一边唱指法(如"4-3-2-2"),并鼓励孩子们进行模仿。然后,用五颜六色的磁铁区分左右手琴键上的位置。我们指导孩子们一边移动手指一边按照一段目标旋律唱指法,最初在大腿上练习,后来在键盘上,并用"啦、啦、啦"演唱旋律其余的部分。

图 10. 《花》副歌的两种视觉表现形式（改编自 Adachi & Chino，2000）：标准音乐符号（顶端）和图表版本（底端）。"RH" 和 "LH" 分别代表右手和左手的指法。在图表版本中，需要改编的目标模式由星号标示。

不久，孩子们就适应了目标模式，并且已经准备好随时进行改编。首先，指导人员将目标模式的布局由"4－3－2－2"改为"4－4－4－2"，并要求一个小孩在图表记谱法进行相应修改。确认新模式的指法后，孩子们演奏了经过改编的旋律，看看听起来是怎样的。孩子们对改编过的旋律进行了评论。一部分小孩喜欢经过改编的旋律，一部分仍旧喜欢原来的版本，有些则两者都喜欢。现在轮到孩子们通过改变布局的方式来改编旋律了。他们似乎很喜欢像游戏拼图一样到处移动目标旋律，并检查经过视觉改编的旋律的声音。

然后，老师向学生们展示了如何通过手指在键盘上的位置操纵画面。老师按原来的乐谱演奏了该旋律，指法完全一样，只是位于琉球音阶（Ryukyu scale）、全音音阶（whole-tone scale）和蓝调音阶（blues scale）的不同位置（详情请见 Adachi & Chino，2000，p. 29）。随着速度、力度、键盘范围、伴奏及其他因素的变化，每个琴键位置都产生了细微的差别和画面。孩子们对每个音阶对音调画面产生的奇妙影响惊奇不已。

最后，我们把孩子们介绍给了另外一位嘉宾：一位专攻音乐创作的研究生。老师已经提前将《花》的标准乐谱交给了他，要求他现场将整首曲子改编成布鲁斯版本。与只改编副歌部分不同，整首曲子的即兴创**329** 作具有整体性。所有孩子们都全神贯注地聆听他的演奏。表演一结束，有些孩子就大叫起来："这是完全不同的曲调！"当我们告诉他们这位表演嘉宾只是根据原来的乐谱进行即兴创作时，孩子们感到更加惊奇。交换评论后，一位小女孩说她的小组成员想让自己的歌曲（《毕业》）听起来像叙事曲，但是他们不知道如何改编。当这位小女孩要求嘉宾弹奏一首类似于叙事曲的版本时，大家都开始高喊："再来一曲！"演奏嘉宾欣然接受了孩子们的请求，尽管已经过了下课时间，孩子们的确很喜欢他的这一首即兴创作。

　　后记：该环节结束后，几位学钢琴的女孩上前向客座教师表示感谢。大多数钢琴课都把重点放在表演技巧和准确性上（Pace，1982）；也许，这种菜谱式的实验甚至给接受过大量音乐培训的孩子们带来了一些新鲜的东西。第二天早上，老师（第二作者）观察到了一些不同寻常的事情。男孩们竟然将图表乐谱垂直放置，围在电子琴旁边演奏《花》的副歌部分！"这样我们就更能看清楚接下来应该按哪个键了。"有人说。之前，只有女孩子们才会在教室里弹琴，男孩们只是按一下琴键检验一下它的机械功能。一天天下来，越来越多的男孩在休息时间加入副歌的练习。许多学生试图使用同样的指法将这首曲子改编成不同的曲调。音乐课上，老师允许男孩（及女孩）在键盘上演奏乐曲和伴奏，但是许多学生都需要帮助，因为他们很难识别标准乐谱上的演奏琴键。这些男孩似乎终于找到使用键盘乐器的方法了。我们认为，仅仅依靠图表记谱法，男孩们是不会取得如此突破的；正是他们采用创造性用法，即从上到下看乐谱的方法，激发了他们真正开窍的时刻。

　　通过图表记谱法在电子琴上进行演奏使男孩们信心倍增，从而积极地参与到歌曲创作项目中。例如，以前在小组活动中只负责打击乐器或唱歌的孩子们首次主动要求演奏更具挑战性的乐器，如键盘乐器、木琴和颤音琴。被动参与者们开始发言："在介绍我们班时，最好加上'2班'"；"从低音到高音，表现了我们班快乐友好的氛围"；"太多节奏音调 **330** 让这支曲子躁动不安，这样不太好。"

　　特殊指导的有效性还体现在各个小组的创作中，孩子们在创作歌曲曲调时兴致勃勃，纷纷施展出自己的创意。在歌曲《乐天派班级》中，当歌词描写孩子们被责备时，原来的曲调换成了小调，节奏舒缓且没有任何伴奏。随后，孩子们从责备中恢复过来时，歌曲又重新回归大调，节奏加快，辅以多种乐器伴奏。歌曲《毕业》融合了分解和弦（曾用在毕业生类似于叙事曲的版本中），前奏和结尾都是由该小组中一名擅长钢琴的学生进行即兴演奏。最后，除《毕业》外，所有小组均采用图表记谱法对歌曲进行记录。这样看来，孩子们成功地消化了全新的经历，并将其融入创造力的螺旋周期（见图 1）。这是一个清晰展现孩子们和教学支持间互惠关系的成功案例。

3.4 例5：通过借用借鉴其他曲调的思想对熟悉的乐曲进行改编

现在我们采用另外一种策略对乐曲进行即兴改编，如将音乐特征融入多种曲调。日本本科学生已懂得基本的音乐术语，如速度、力度、音色、和声及大/小调；许多人甚至还知道著名古典乐曲的名字（如维瓦尔迪的《四季》、贝多芬的《第五交响曲》和德沃夏克的《新大陆》），因为他们在中学习惯了记忆这类考试信息。但是，如果没有明确提示，很少有人，其中包括音乐专业人士，能够说出这些乐曲在音乐元素上有何不同，如速度、力度、音色、形式和音高。换言之，日本学生既不习惯于分析性地听音乐，也不习惯将音乐元素知识运用到实践中。例 5 将学生
331 已有的知识和怎样将其运用到音乐创作中的方法联系起来。以下任务是2001 年春为 40 名本科二、三年级学生设计的课堂活动。

热身阶段：学生们听了加拿大儿童演唱的欢乐版和忧伤版的《一闪一闪小星星》，其中速度、力度、节奏、发音和语调的操纵非常明显（Adachi & Trehub，1998，2000）。听完每首歌曲后，老师（第一作者）都会问学生：这首歌听起来是欢乐还是悲伤？你为何有这样想法？老师鼓励学生使用上述术语，将焦点放在儿歌相应的音乐元素上，并不断更新学生对这些术语的知识。

活动 1：让学生们听《大和之曙》（Neptune，1988）的开端部分，并

辨别其中使用的乐器（十三弦古筝和尺八）。学生们描述了自己听音乐的感受，指导者引导他们将自己的感受同音乐元素（速度、力度、节奏等）的特点联系在一起。如果有学生指出节奏特征"是长短音的有趣组合"（如切分音），伴奏的特征为"跳音"（skipping tone）（如分解和弦），指导者就会将这些特征绘成图表，以便学生们在接下来的活动中能够对此进行回顾。

活动 2：待学生掌握这首歌曲的音乐特征后，指导者就会布置主要任务：通过借鉴《大和之曙》的思想对《一闪一闪小星星》进行改编。首先，笔者指导学生对这些曲调的节奏进行对比。《一闪一闪小星星》的节奏音调平缓（图11a），而《大和之曙》则不然（图11b）。四名学生使用经过特殊调音的十三弦古筝①，想要看看《一闪一闪小星星》的节奏换成《大和之曙》的节奏听起来会怎样，他们还尝试了不同的速度。最后，全 ***332*** 班同意将《一闪一闪小星星》的旋律与《大和之曙》的旋律动机结合在一起，前提是演奏要舒缓宁静（图11c）。接下来，学生们对伴奏进行了讨论。《大和之曙》的分解和弦（或跳音）由低音到高音，包括富有爵士感的七和弦（有时是九和弦）。至于伴奏，我们给学生们分发了钟音条（见图6），因为他们只需要更换音条就能探索不同的音调组合。学生们想要使用类似的上行七和弦（如5—7—4，6—3—5），但是与改编的《一闪一闪小星星》旋律不相符。后来，老师建议采用上行分解和弦的另外一种形式（5—1—4），采用爵士和当代艺术音乐经常使用的四度和声（quartal harmony）。学生们喜欢这种声音，决定采用稍经修改的上行模式（5—1—4—5）作为固定音型（如包括简单循环动机的伴奏）。在最终版本中，学生运用相同的固定音型增加了前奏和结尾部分，前奏部分重复两次。一名学生评论道：钟音条的音色听起来就像闪烁的群星。

---

① 如果没有接受过大量的训练，在尺八上吹奏乐曲是很难的，但是任何人只要拨动十三弦古筝的琴弦都能发出声音。十三弦古筝有十三根弦，演奏每首乐曲时都要通过移动被称为 Ji 的三角块调整音高。为了这次活动，老师调整了十二根琴弦（最近的那根琴弦除外），这样学生（他们都不熟悉这种乐器）才能演奏《一闪一闪小星星》：1—5—6—5—4—3—2—1—5—4—3—2。

图 11.（a）《一闪一闪小星星》前奏，（b）《大和之曙》及（c）融合了
《大和之曙》节奏的《一闪一闪小星星》改写版的图表记谱法

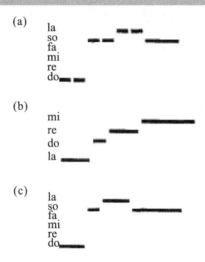

333 **后记：**一位法国钢琴家弗朗索瓦·格洛里厄（François Glorieux）演奏了甲壳虫乐队的《昨日》（*Yesterday*）和《嘿！朱迪》（*Hey Jude*），在他的演奏中，这两首歌曲分别被融入了肖邦的《叙事曲》和巴赫的《前奏曲与赋格曲》。每支曲子的节奏、旋律、和声、乐器法等都各有其特色。正因为有了这些特色，无论《昨日》或《前奏曲与赋格曲》与原来的版本有多大区别，我们都能加以辨别，并确定究竟融入了哪位作曲家的风格。通过融入肖邦和巴赫乐曲的音乐特征，格洛里厄成功地赋予了甲壳虫乐队曲调新的特点。例 5 向我们展示了：即使是没有任何音乐经验的学生，加以引导也能像格洛里厄那样进行创造性改编。学生们的成果虽然基础又简单，但是此次经历让他们从分析性聆听中理解音乐元素，调动自己的知识创作及探索音乐，而非为了取得高分。

应用：第二作者已将例 5 中描述的活动应用到五年级的音乐课堂中。孩子们聆听不同的音乐，从中挑选一首曲子提取音乐特色，并将这些特色融入《一闪一闪小星星》的旋律中。通过分析性聆听，孩子们识别出了所选乐曲速度、节奏、韵律、旋律动机、轮廓、发音、乐器法和结构的特征，并成功创作了六种版本的《一闪一闪小星星》，分别融入了埃尔

加的《第一号威风凛凛进行曲》（*First Pomp and Circumstance March*）、柴可夫斯基的《进行曲》（*March*）和《糖梅仙子》（*Sugar Plum Fairy*）（都出自《胡桃夹子组曲》）以及包括日本民族节日鼓（Chino，2001）在内的日本音乐。在本次创造性活动的基础上，这些孩子从亚洲音乐现有的歌曲中提取"音阶"，通过在六年级音乐课堂上使用的一种特殊民俗音阶（ethnic scale）谱写了许多原创歌曲。因此，正如 J. S. 布鲁纳（1966）所说，如果老师能仔细地对学生进行引导，将现阶段的学习与将来的学习结合起来，音乐创作的认知循环（见图 1）在小学音乐课堂是能够存在的。

🎵 4. 结论："音乐创作很简单" *334*

一个好的睡前故事通常都有自己的常规结构，同样地，好音乐也有其常规结构。本章的目的在于揭示能够将声音组合成音乐，或者，至少是类似音乐的声音对象的结构元素。同时，我们也力图为读者树立这样的意识：怎样才能将不同模式组合成一个整体，怎样安排前奏、中间和结尾部分，如何操纵动机及如何发现让每首歌曲与众不同的因素。上述所有案例都是原创性的，但是我们根据罗伯特·佩斯博士提出的佩斯钢琴教学理念（Pace Method）对许多思想进行了调整，尤其是例 2 到例 5，该理念能促进综合音乐素质的提高，让学生们能分析乐曲，进行即兴演奏、变调和谱曲。在该方法中，创造性活动的作用就如同催化剂，让学生将当前的音乐体验和理论信息融入对音乐的理解（Pace，1979，1982，1999）。该方法的目标在于开发学生的内在动机，引导他们成为在各学习阶段都能分析、演奏和作曲的独立学习者（如 Adachi，1992；Katsuya-ma，2001；Sampei，2001）。诚然，我们很欣赏音乐纯粹的情感及其难以言说的艺术性。然而，音乐的这种艺术性或无法言说的特色已经受到了过多的关注，主导表演和作曲的认知过程和元认知过程（metacognitive process）却鲜有人问津。从这个意义上来说，佩斯（1982，1999）的教学方法在促进大众音乐创作方面彰显了重要价值。我们相信，音乐创作并不比给孩子讲睡前故事更加神秘莫测。

S. 莱文（1984）认为，儿童创造性思维背后的基本原理逐渐从隐喻性（或主观性）转变为客观性。教授音乐创作的经验告诉我们，这种发展路径同样适用于成年人。在自由音乐框架内或通过创造乐器激发的隐喻思维（metaphoric thinking）会帮助没有音乐经验的成年人在完全陌生的音乐领域尝试新鲜事物时重拾创造的乐趣。有了信心和动机，没有音乐经验的儿童和成人就不会介意在常规音乐框架内进行音乐创作遇到的挑战，因为他们知道自己能独立创作。音调、乐器和时机的多种图像表示法（iconic representations）及乐器的非常规用法让儿童和成年人能在主客观思维间进行切换。根据我们的教学经验，这种自由能帮助没有经验的学生减轻不必要的负担，让他们把精力集中在音乐创作上（而不是技术或认知层面），为最终提升音乐客观性思维进一步积累信心和动机。

大学二年级学生对自制乐器的声音展开探索，并从中发现了前所未有的乐趣，因而他们对现代音乐或民族音乐会更加好奇，更加开放。如果没有明确的指导，学生们的音乐作品可能会变得更加常规，更有艺术性，因为音乐创造力的发展可能是由生理和文化成熟程度决定的（Swanwick & Tillman，1986）。我们并不否认这些可能性，但是研究表明，音乐创造力也是能加以引导的。如果学生们置身于这样一种合作型的学习环境，学生们不仅能向老师学习，也能相互学习（Takasu，出版中）。与皮亚杰的观点相比，L. S. 维果茨基的观点，或社会文化观点，能更好地阐释零星的经验总结。如今接触了大量音乐创作活动的儿童会成为未来更具有音乐创作能力的自信大学生。

长期规划积累的指导能培养音乐创造力，这种指导所提供的全新经历让每个学生都有一种成就感。在一些幸运的案例中，学生还能获得真正的顿悟。通过音乐创作活动启发创造力能鼓舞日本学生普遍缺乏的自信心。增添一项新的创造绝不是坏事。

我们采用的方法将创造性活动与音乐的读写（使用图表或标准乐

谱）、演唱、乐器演奏和分析性聆听结合在一起。本章的重点在于这些活动如何才能促进学生的创造性思维。反过来，创造性活动又能加强学生在其他音乐学习领域的理解和技能。这些活动是相互作用的（Pace，1999）。

音乐创作也可以与其他学科融合在一起，如艺术、工艺、故事创作 ***336*** 和声学。对于那些对进行音乐创作举棋不定的人，我们建议你选择自己擅长的领域，努力思考如何将这一领域与音乐联系起来。如果想不到恰当的方法，就试着用家里能找到的任何材料制作一种乐器。

在本章结束之前，我们还想指出一点。例 5 中选用的《大和之曙》由 J. K. 内普丘恩先生谱写，他是一位居住在日本的美籍尺八大师。当日本在明治维新时期开始引进西方音乐时，有谁曾想到一个西方人竟能掌握日本音乐并将西方音乐和东方音乐融合在一起呢？换言之，规则注定要被打破，尤其是对音乐创作而言。甚至连 20 世纪西方艺术音乐的创作者都违背了调性和声（tonal harmony）理论，继而发现了声调的运动和色彩（如 Debussy），同时还发掘了一些新的音乐结构，如无调音乐（如 Webern）、复拍子（compound meter）（如斯特拉文斯基的《春之祭》）、简约音乐（如 Philip Glass）及想象风景（约翰·凯奇的《4 分 33 秒》）。音乐创作揭示了音乐的真谛，激发了 20 世纪作曲家在大众范围内选择的道路。在此，我们希望你能亲身尝试一下我们提供的几个例子，并探索出其他能运用到课堂环境中的音乐创作方法。我们发现这些练习是一种释放，希望你也能得到这种感觉。

🔗 致谢

本章中的许多材料都是由青柳由美、中岛美津子、胜山久子、神保洋子和罗伯特·佩斯提供的，我们在此感谢他们的大力协助。野田胜子为本科生课程作出了巨大贡献，山本正一为孩子们带来了精彩的现场表演，我们在此一并感谢。我们还要对刘诚、加里·瓦瑟尔及两位匿名评

337 审员表示衷心感谢，感谢他们提出的宝贵意见。本章的所有示例都来自日本山梨大学（第一作者曾在此就职）本科教育专业和山梨大学附属小学的普通音乐课堂。如有需要，我们可提供小学生和本科生创作的音乐范例。作者电子邮箱及通信地址：adachi@psych. let. hokudai. ac. jp（Mayumi Adachi，Department of Psychology，Hokkaido University，N 10 W7，Kita-ku，Sapporo，Hokkaido，060-0810，Japan）。

参考文献

Adachi，M.（1992）. Development of young children's music reading via instruction. *Proceedings of the Fifth Early Childhood Music Education Seminar*（pp. 83-107）. Tokyo：Kunitachi College of Music.

Adachi，M.（1994）. The role of the adult in the child's early musical socialization：A Vygotskian perspective. *The Quarterly Journal of Music Teaching and Learning*，V（3），26-35.

Adachi，M.（2000）. Expression of emotion in songs of Japanese school children. *Proceedings of the Fall Meeting of Japanese Society for Music Perception and Cognition*（pp. 65-68）. Kyoto：Kyoto City University of Arts，（in Japanese with English abstract）

Adachi，M.（2001）. Why can't Japanese first grade children make up songs? In Y. Minami & M. Shinzanoh（Eds.），*Proceedings of the Third Asia-Pacific Symposium on Music Education Research*，*Vol. II*（pp. 49-50）. Nagoya，Japan：Aichi University of Education.

Adachi，M.（2002）. *Happy and sad songs sung by Japanese first grade children with song-making experience in preschool*. Unpublished raw data.

Adachi，M.，& Chino，Y.（2000）. Involving every child in music making. *Journal of Applied Educational Research*，6，25-35.（in Japanese）

Adachi，M.，Chino，Y，& Fukazawa，K.（2001，June）. *Creative music making for everyone："Making music is easy*!". Paper presented at the Second International Symposium on Child Development，Hong Kong，on June 26-28，2001.

Adachi, M. , & Trehub, S. E. (1998). Children's expression of emotion in song. *Psychology of Music*, 26 (2), 133-153.

Adachi, M. , & Trehub, S. E. (2000). *Emotion as a stimulus for creative music making*. In Japan Academic Society for Music Education (Ed.), *Music Education Research*, *Vol. I: Theory* (pp. 46-57). Tokyo: Ongaku-no-tomo-sha. (in Japanese with English abstract)

Bruner, J. S. (1966). *Toward a theory of instruction*. Cambridge, MA: Harvard **338** University Press.

Campbell, P. S. (1998). *Songs in their heads: Music and its meaning in children's lives*. New York: Oxford University Press.

Chino, Y. (2001). Listen, feel, and express: "Twinkle, Twinkle, Little Star." In Yamanashi University Elementary School (Ed.), *Open School Year* 2000-2001: *Collected works of instructional plans for demonstration classes* (pp. 62-65). Japan: Yamanashi University Elementary School. (in Japanese)

Chino, Y. (2002). Listen, feel, and express: Musics in Asia. In Yamanashi University Elementary School (Ed.), *Open School 2002: Collected works of instructional plans for demonstration classes* (pp. 160-163). Japan: Yamanashi University Elementary School. (in Japanese)

Gardner, H. (1982). *Art, mind, and brain: a cognitive approach to creativity*. New York: Basic Books.

Glorieux, F. (1977). *François Glorieux plays The Beatles* [Record]. Tokyo: Victor.

HAL/Otohime (1999). *The flower* [Recorded by KinKi Kids] [CD]. Tokyo: Johnny's.

Johnson-Laird, P. (1988). Freedom and constraint in creativity. In R. Sternberg (Ed.), *The nature of creativity* (pp. 202-219). New York: Cambridge University Press.

Katsuyama, H. (2001). Case report: a boy who is recovering from suspected MELAS through weekly music instruction. In Y. Minami & M. Shinzanoh (Eds.), *Proceedings of the Third Asia-Pacific Symposium on Music Education Research*, *Vol. II* (pp. 61-66). Nagoya, Japan: Aichi University of Education.

Kelley, L., & Sutton-Smith, B. (1987). A study of infant musical productivity. In J. C. Peery, I. W. Peery, & T. W. Draper (Eds.), *Music and child development* (pp. 35-53). New York: Springer-Verlag.

Levine, S. (1984). A critique of the Piagetian presuppositions of the role of play in human development and a suggested alternative: Metaphoric logic which organizes the play experience is the foundation for rational creativity. *Journal of Creative Behavior*, 18 (2), 90-108.

McKernon, P. E. (1979). The development of first songs in young children. In D. Wolf (Ed.), *Early symbolization* (pp. 43-58). San Francisco: Jossey-Bass.

Ministry of Education (1989). *National curriculum standards reform for elementary school*. Tokyo, Japan: Ministry of Education. (in Japanese)

Ministry of Education (2000). *National curriculum standards reform for junior-high school*. Tokyo, Japan: Ministry of Education. (in Japanese)

339 Moorhead, G. E., & Pond, E. (1941). *Music for young children: I. Chant*. Santa Barbara, CA: Pilsbury Foundation for Advancement of Music Education.

Moorhead, G. E., & Pond, E. (1942). *Music for young children: II. General observations*. Santa Barbara, CA: Pilsbury Foundation for Advancement of Music Education.

Nakajima, M., & Adachi, M. (2001). Knowledge- and skill-transfer into preschool children's song-making activities. In Y. Minami & M. Shinzanoh (Eds.), *Proceedings of the Third Asia-Pacific Symposium on Music Education Research*, Vol. I (pp. 33-36). Nagoya, Japan: Aichi University of Education.

Nakazawa, K. (1987). *Barefoot Gen: A cartoon story of Hiroshima*. (Project Gen, Trans.) Philadelphia, PA: New Society. (Original work published in 1945)

Neptune, J. K. (1988). Yamato dawn. *Tokyosphere* [CD]. Tokyo: Victor.

Ng, A. K. (2001). *Why Asians are less creative than Westerners*. Singapore: Prentice Hall.

Omi, A. (1994). Children's spontaneous singing: Four song types and their musical devices. *Journal of Kawamura Gakuen Woman's University*, 5 (2), 61-76.

Pace, H. (1974a). *Moppets' rhythms & rhymes*. Chatham, NY: Lee Roberts.

Pace, H. (1974b). *Moppets' rhythms & rhymes: Teacher's book*. Chatham, NY: Lee Roberts.

Pace, R. (1972). *Music for moppets: Teacher's manual*. Chatham, NY: Lee Roberts

Pace, R. (1977a). *Kinder-keyboard*. Chatham, NY: Lee Roberts.

Pace, R. (1977b). *Kinder-keyboard: Teacher's manual*. Chatham, NY: Lee Roberts

Pace, R. (1979). Forward. In *The Robert Pace keyboard approach book 1: Music for piano*. Chatham, NY: Lee Roberts.

Pace, R. (1982). *Position paper*. Paper presented at the National Conference for Piano Pedagogy, Madison, WI.

Pace, R. (1999). *The essentials of keyboard pedagogy: II. Improvisation and creative problem-solving*. Chatham, NY: Lee Roberts.

Sampei, S. (2001). Effects of spiral learning on intermediate piano students' sight-reading and memorization processes. In Y. Minami & M. Shinzanoh (Eds.), *Proceedings of the Third Asia-Pacific Symposium on Music Education Research*, *Vol. II* (pp. 10-13). Nagoya, Japan: Aichi University of Education.

Shimazaki, A. (1996). *Be friend with sound: Music play*. Tokyo: Ongaku-no-to-mo-sha. (in Japanese)

Shimazaki, A. (1997). Music games in Japan. In E. Choi & M. Auh (Eds.), *Proceedings for the First Asia-Pacific Symposium on Music Education Research* (pp. 299-301). Seoul: Korean Music Educational Society.

Shoto-ka-ongaku-kyoiku-kenkyukai (Ed.). (2000). *Teaching methods for elementa-* **340** *ry school music education*. Tokyo: Ongaku-no-tomo-sha. (in Japanese)

Sloboda, J. A., Davidson, J. W., & Howe, M. J. A. (1994). Is everyone musical? *The Psychologist*, 7 (8), 349-354.

Swanwick, K., & Tillman, J. (1986). A sequence of musical development: A study of children's compositions. *British Journal of Music Education*, 5 (3), 305-339.

Takasu, H. (in press). Discourses in group work: Qualitative analysis in children's composing activities. *Proceedings of the Fourth Asia-Pacific Symposium on Music Education Research*. Hong Kong: The Hong Kong Institute of Education.

Tsubono, Y. (1995). *Ideas in music making*. Tokyo: Ongaku-no-tomo-sha. (in Japanese)

Tsubono, Y. (2001). Playing traditional pattern "Sarashi" and creating new music on it with traditional Japanese instruments. In Y. Minami & M. Shinzanoh (Eds.), *Proceedings of the Third Asia-Pacific Symposium on Music Education Research*, Vol. I (pp. 215-217). Nagoya, Japan: Aichi University of Education.

Vygotsky, L. S. (1978). Mind in society: The development of higher psychological processes. Cambridge, MA: Harvard University Press.

Vygotsky, L. S. (1991). Imagination and creativity in childhood. *Soviet Psychology*, 28 (1), 84-96.

Webster, P. R. (1987). Conceptual bases for creative thinking. In J. C. Peery, I. W. Peery, & W. Thomas (Eds.), *Music and child development* (pp. 158-174). New York: Springer-Verlag.

Wertsch, J. V. (1984). The zone of proximal development: some conceptual issues. In B. Rogoff & J. V. Wertsch (Eds.), *Children's learning in the zone of proximal development* (pp. 7-18). San Francisco: Jossey-Bass.

第十四章　创造力和多元智能：DISCOVER 项目与研究

琼·马克尔（C. June Maker）

美国亚利桑那大学教育学院特殊教育、复康与学校心理学系

　　创造力与智力，孰轻孰重？具有创造力的人都很聪明吗？聪明的人 **341** 都有创造力吗？我们想培养儿童和青少年的何种能力呢？对社会和国家最有益的是什么？如果我们既要培养学生的创造力又要培养他们的智力和技能，学校需要如何改进呢？怎样的实践活动和研究才有助于回答这些问题呢？我认为智力和创造力并非真的不同，这些所谓的不同来自测试或教学活动中受试者对某些提示的反应，或成年人对儿童在面对测试、问题或产品时的反应。此外，我还会用自己及他人的研究证据支持本文的观点，并就研究员、教师、父母及其他成年人培养儿童和青少年天然能力给出具体方法，以帮助他们培养解决问题及适应未来的能力。

1. 研究和理论：创造力与智力？

　　从宏观层面来看，教育家和心理学家们都已通过考察智力测试和创造力测试的结果对创造力和智力间的关系进行研究。在传统研究中，研究者将智力和创造力划分为"高""低"两个象限，对两者在各个类别的 **342** 得分进行研究。例如，J. 格策尔斯和 P. 杰克森逊对"失衡"组进行了研究，即高智商低创造组和低智商高创造组。M. 沃勒克和 N. 科根对四个小组进行了研究，即高智商组、高创造力组及低智商组、低创造组。

在本次研究及许多后续研究中出现了一个关于创造力和智力的"临界点"理论（"threshold" theory），即高度的创造力需要一定水平或阈值的智力。E. P. 托兰斯认为这一智力阈值约为120。

从"微观"层面来看，研究人员（Cropley，1999；Guilford，1967，1984；Runco，1986，1991）已经对聚合性思维（convergent thinking）和发散性思维（divergent thinking）间的关系进行了研究。聚合性思维要求一个人根据所提供信息或记忆信息找到最佳或正确的解决方法。思考者的主要任务是回归信息（Puccio，Treffinger & Talbot，1995）并有效地利用该信息解决问题，前提是该问题有正确答案。思考者可能还需要利用这些信息达到一个明确目标。另一方面，发散性思维却要获取尽可能多的解决方法，要求思考者找到多种答案（流畅度）、新颖适当的答案（原创性）、多种多样的答案（灵活性），以及详尽的答案或解决方法（详尽程度）。

发散性思维要求思考者从大处解决问题，"突破常规思维模式"。总之，这种方法形成了"风格理论"（style theory），即个人具有特定的认知风格和性格风格，这种风格会引导他们走向聚合性思维或发散性思维。

虽然人们认为发散性思维不是创造力的代名词，但是，总的来说，这两种研究创造力和智力的方法非常相似。智力测试几乎全是要求进行聚合性思维的题目。实际上，唯一一个包含发散性思维题目的智力测试是旧版的斯坦福－比内量表（Stanford-Binet）。另一方面，创造力测试包含的几乎全部是要求进行发散性思维的题目。唯一一个有"正确"或"最佳"答案的创造力测试是远距离联想测验（Remote Associates Test）。343 毫无疑问，在所有创造力测试中，这个测试与智力测试的相关度最高。其他创造力研究方法都包含现实问题和情形，根据对提示反应的质量或独特性进行评估，而不是根据其正确与否来进行判断。我们或许已经对创造力和智力进行了人为区分，基于这样一种理念，我曾提出（Maker，1993），我们应该小心谨慎地对"问题解决"进行研究，注意我们的评估使用了哪种问题，并将其置于一个开放性的连续统一体或问题结构中。

2. DISCOVER 项目与多元智能

　　1983 年，霍华德·加德纳出版了一部关于多元智能的革命性书籍。当时，我就把该书看作是自己工作的重要基石。他的理论与我对智力及其发展的观点一致，加德纳当时已为这些思想找到了实证支持，并在成熟一致的框架中清楚地罗列出来。那时，我和我的同事雪利·席弗尔博士正在给一个研讨班教授智力理论课，因此我们和学生决定组织一系列研究，以确认该理论的有效性或精确性。这一系列研究的结果在《国际英才教育》（*Gifted Education International*）上发表（Maker，1993），这些研究结果奠定了我毕生事业的基础：为不同种族设计的通过观察进行的智力优势和能力评估（DISCOVER①）。我们获得了几项政府资助才得以继续这项工作。我的第一项研究是要分别找到一些各项智能都被认为非常优异的成年人（一位男士和一位女士）和儿童（一个男孩和一个女孩），及一些各项智能都较优异的成年人（一位男士和一位女士）和儿童（一个男孩和一个女孩）。我们运用之前基于创造力研究者 J. 格策尔斯和 M. 奇克森特米哈伊的问题解决思想分别为七种智能构建了问题解决活动，即空间、语言、数学逻辑、身体运动（见图 1）、音乐、人际关系及自我认知智能，并一一呈现给参与研究的儿童和成年人。这些问题 ***344*** 有的结构性极强，有的完全是开放性问题。研究对象在解决问题时，我们会进行观察，然后再就思路及问题解决过程对其进行采访。我们录下了整个环节，以便进一步回顾。

---

　　① DISCOVER 是英文 Discovering Intellectual Strengths and Capabilities while Observing Varied Ethnic Responses 首字母的缩写。

图 1. DISCOVER I 身体运动问题解决

在这些早期的研究中，我们发现我们的问题解决实验与 H. 加德纳的理论拥有连续统一的证据，因此，我们就沿着这条思路继续前行。我们观察到，参与者们展现了 H. 加德纳在每种智能中列出的核心能力，而且他们的思维过程都各具特色。例如，在解决语言问题时，非常优异的参与者展现了对词义、词序及单词声音、节奏、曲折变化、韵律和语言不同功能的敏感性。解决音乐方面的难题时，非常优异的参与者则展现出了节奏感、高度的听觉意识和敏感性、听觉想象力及音调记忆能力。

我们还发现，总体来讲，非常优异的个人也有一些共性。他们都喜欢解决在自己擅长的某个范围内的开放性问题，而那些某项智能优异（而不是非常优异）的人通常喜欢解决结构性较强的问题。事实上，当我们从结构性活动进展到非结构性活动时，那些非常优异的参与者的动机和兴趣大幅提升；相反，当我们转向非结构性练习时，那些某项智能优异的参与者则变得异常焦虑。后来，我们也发现非常优异的参与者在从事他们的非主导智能工作时也更倾向于开放性实践。因此，我们可以得出以下结论：人们在自己相对薄弱的领域更喜欢解决结构性问题，在自己擅长的领域则喜欢开放性问题。此外，从问题解决策略的层面上，我们也得到了一些有趣的结论。我们发现，在上述及后续的研究中（Maker，1997），每种智能的核心能力都很重要，但是其他问题解决策略也很有价值。对于非常优异的参与者来说，无论他们在哪个智能领域工作，他们

345

都采用了多种问题解决策略。常用的问题解决策略往往如下：询问与任务有关的问题，跟进至任务完成，集中于自己的任务，对困难的任务坚持不懈，产生新颖或与众不同的产品或解决方法，从一个独特的视角构建产品，将线索和新信息融入问题解决策略。这些行为与创造力和动机文献中发现的情况类似。

这些只是我们研究结果的很少部分。然而，因为我只有40页来描述过去14年的研究成果，于是我想把重点放在这种问题解决观念及其对心理学和教育的意义上。我相信这些想法能让我找到一种融合创造力和智力观念的方法，一种能造福个人和社会的方法。

3. 问题解决：融合创造力和智力的关键概念 *346*

心理学文献通常将智力定义为"个体在智力测试中的得分"及在现实中适应环境和人的能力。H. 加德纳（1983）对智力的定义则有所不同："一个人的智力必定会产生一套解决问题的技巧，它使个体能够解决真正的难题或困难……智力又必定会产生一种找出或创造出难题的潜能，因而为新知识的获得打下基础。"（pp. 60-61）正如你所见，H. 加德纳的定义囊括了心理学观点和现实观点，超越了将创造力视为智力组成部分的传统观点。换句话说，在每个智力领域内，人们都只是适应周围的环境并用自己掌握的方法解决问题，同时也得以在知识前沿进行研究，从而推动知识的发展、创造出新产品。我们在DISCOVER项目中所做的工作就是根据创造力研究人员前期工作成果，衍生出一些问题解决情境，把他们的这些想法体现到实践中。

在我们的模型中，问题解决情境依据提问者或问题解决者是否知道问题、方法或解决方案的情况进行分类。J. 格策尔斯和M. 奇克森特米哈伊（1967，1976）采用了三类问题，为了填补第一类和第三类问题的差距，我们又添加了两类问题。模型（Schiever & Maker，1991，1997）中的第一类问题是：提问者和问题解决者都"知道"问题和方法，解决方案只有提问者明了。问题解决者的任务是运用已知方法找到提问者（如本测试中的老师或作者）知道的解决方案。数学问题，如：4+7=__ 属于第一类问题。第二类问题结构与第一类相似，提问者和解决者都知道问题，而方法和解决方案只有提问者知道，解决者并不知晓。在数学领域，我们把第二类问题称为魔力方阵（magic square）。学生运用规定的数学运算解答问题。在第三类问题中，适用的方法和解决方案都不止一种。但是，只有提问者才知道这些方法和解决方案。其中的一个数学问题如下：给学生 3 个不同的数字，即 2、5、3，让学生用这些数字写出正确的加法题和减法题。他们能用两种不同方法，得到四种不同的解决方案。第四类问题是明确界定的，但是方法和解决方案却无限多。提问人员头脑中没有可接受的方法或解决方案。如果你给学生任意数字，让他们用这些数字写出尽可能多的问题，方法和解决方案的数量都是无限的。在第五类问题中，提问者和问题解决者对问题、方法和解决方案"一无所知"。这种类型的一种数学问题是："选择一个数字、一种运算方式或其他数学方法，用尽可能多的方式展现。"在第五类问题中，解决者在尝试解决问题前，必须先明确问题。在这类问题中，个体创造力的发挥空间最大，它要求问题解决者具备在一种情形中"发现"或"明确"问题的能力（见图 2）。第一、三、五类问题包括原始矩阵；第二类和第四类问题由 S. 席弗尔和 C. J. 马克尔（1991，1997）添加，所以这两种类型可以看作是分解结构的连续统一体。

第一、二类问题需要人们称之为智力的思维方法（聚合性思维），或者需要知道正确的解决方案或方法，第三类问题则需要称为创造力的思维方法（发散性思维），第四、五类问题对创造性思维的要求最高。然而，如果一个人最终必须决定使用哪种或哪些想法，即使是这些开放性的问题解决情境也需要聚合性思维。

我们的研究显示，为了充分发展各种智能，同时我还要加上一点，为了增强我国在全球经济中的竞争力，我们必须重视和培养儿童解决各种问题的能力。我们不能将他们的学业限制在解决那些有正确答案和已知方法的问题上，反过来却期望他们进入社会就能创造出新产品或产生新想法。同时也不要忘记，对于那些在某个领域特别精通的人来说，如数学、写作、演讲、跳舞、体育、科学或工程学，重视开放性问题解决能力 *348* 也尤为必要。如果让他们面对解决无结构问题的挑战，而不是那些已经得到解决的问题，各个年龄阶段精英人群的动机和兴趣都会被激发出来。

图 2. 中国和美国中学生在北京全球交互式学习中心（GILC）发现的现实问题

下面几个例子能对我想说明的问题加以阐释。我们在对空间艺术能力进行评估时，有的小孩可能会把精力放在如何说服另一个小孩给他一些他想要或需要的东西来完成自己的建筑（人际关系问题），而另一个小孩则完全集中于如何让自己的建筑站立起来（空间问题）。工程师可能对创造一种新玩具，一种能吸引小朋友的眼球并为自己的公司赚取丰厚利 *349* 润的玩具感兴趣（空间和人际的实际问题），而艺术家则希望找到运用颜色和形状表达情绪和情感的新方法（空间、人际和自我认知问题），运动员起初可能会花大量时间培养自己的精确性、灵活性和美感来完成具体目标（见图 3）（身体运动和空间问题）。另一方面，音乐家则通过产生和谐的声音精确地用自己的身体对情绪、思想和画面进行表达（音乐、身体运动、人际和自我认知问题）。许多科学家和医学人员会倾其一生寻找一种绝症的治疗方法，而其他人则希望了解或理解宇宙的奥秘（自然观察、数学逻辑和自我认知问题）。

图3. 一名诸城的学生展示了自己的身体运动智能

350　　**3.1　评估**

3.1.1　发展

我们发现，我们的问题连续统一体能有效地构建有助于我们理解各个年龄阶段儿童和青少年互动兴趣、动机和能力的评估工具。在对 H. 加德纳的理论进行验证，及在多元智能理论环境中对我们的实验问题的有效性进行测试后，我们开始设计针对儿童能力的小组评估。因为希望我们的研究对教育家们起到实际有益的作用，于是我们就开始设计与孩子们在学校经历最为相关的智力评估，即语言学、数学逻辑、空间和人际关系。我们用这种问题连续统一体设计出了一系列有趣、"智能公平"（"intelligence-fair"）（Gardner，1992）、适性发展的问题解决任务，无论种族、语言、能力及环境背景，各个年龄阶段的人都能参与。观察者也是如此，从实践和理论角度，对学生的问题解决策略和创作产品的特征进行观察和记录。每次观察之后，我们都会要求受访者告诉我们哪些学生是"高效、经济、优雅的问题解决者"，并对这些学生的出众行为进行详细描述。我们会把这些行为描述记录下来并加以保存。

对5000多名儿童观察得出的数据（Lori，1997；Maker 1996）同对能力模式各不相同的非常优异和优异的儿童和成年人的一系列研究结果（Maker，1993）都会用于制定可观察行为量表，用于引导幼儿至第八级学生问题解决行为的决定。我们在中学生中也开展了类似的研究，但是样本规模较小（但在不断扩大）（Maker，1994）。

反复评估、修改、反馈和持续的数据收集形成了每个级别（K－2，3－5，6－8，9－12）的一系列活动、标准程序、说明及提供评估一致性的行为量表和提高评判者间信度可靠性的"任务报告"过程。评估在熟悉的课堂环境中进行，由一位老师担任督导人员，资优教育、双语教育 **351** 或特殊教育方面的专家、其他教师、职前教育工作者、咨询人员，社区成员、管理员及其他专家作为观察人员。我们将学生分为 4－5 人一组，鼓励他们进行互动，迎接挑战。双语观察人员和教师用学生主要使用的语言对学生进行指导。

基于 H. 加德纳的多元智能理论（1983，1999）和 R．J．斯滕伯格的智力三元论（Triarchic Theory）（1985）的某些能力领域的差异形成了一些练习活动，在这些练习中一个领域的能力不会通过另一个能力领域的"过滤器"进行评估。例如，在一项旨在评估空间合成能力的任务中，语言应该尽可能少，在某种程度上，该任务需要的是创造力而不是分析能力。此时，DISCOVER 认识到问题解决活动包括空间艺术能力（见图4）、空间分析能力（见图5）、口语语言能力（见图6&7）、书面语言能力（见图8）和人际评估能力。

图 4. DISCOVER 空间艺术能力评估

352 图 5．DICOVER 空间分析能力评估

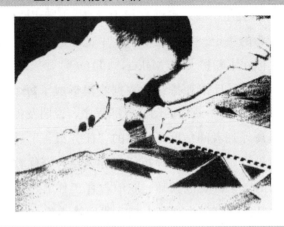

图 6．DISCOVER 口语能力评估

353 图 7．一位巴林学生在讲故事

图 8. DISCOVER 评估中的书面语言示例

3.1.2 有效性和可靠性研究 *354*

DISCOVER 评估已经运用到美国和国外的各种多元文化人群及经济水平各异的学生中（Lori，1997；Maker，2001）。该项目的效度在于，运用该项目进行能力评估时，得分最高的学生比例在不同民族、种族、语言和经济群体中都非常类似（Maker，1997；Nielson，1994；Sarouphim，1999a）。J. A. 肖恩鲍姆（1997）还发现，DISCOVER 能有效地对失聪学生进行评估，唯一的变动就是用摄像机录下他们讲故事的过程，而非录音。M. M. 弗洛里斯（2001）展示了 DISCOVER 对患有阿斯伯格综合征（Asperger Syndrome）（译者注：又名亚斯伯格症候群或亚氏保加症，是一种泛自闭症障碍，其重要特征是社交困难，伴随着兴趣狭隘及重复特定行为，但相较于其他泛自闭症障碍，仍相对保有语言及认知发展）学生的效用。

最初，DISCOVER 评估项目是以霍华德·加德纳的多元智能理论为基础。只要进行简单的观察，你就会发现 H. 加德纳列出的所有智能或领域都各不相同，并不存在所谓的"通用智能"。因此，为不同智能设计的评估活动间并没有重要联系。然而，H. 加德纳也指出，任何人类活动都需要使用不止一种智能。实际上，当我们努力实现某个目标时，我们都在使用能力宝库。不是每个人都会使用同样的过程或策略去完成同样的任务或目标。R. J. 斯滕伯格（1985）也表达了类似的想法，他提出了智能成分（component of intelligence）这一概念，将其推到了更高的理论高度。R. J. 斯滕伯格对智能成分进行了讨论，他认为人们使用这种能力对自己的思想进行监控。元认知包括在特定时刻决定使用哪些智能的能力，例如何时需要有创造力、何时需要有批判意识，相当于为思想或人格进行监控或分配任务的"大型"计算机。

在早期的一些案例研究中，我们发现了一个有趣的现象：人们喜欢使用自己的优势智能，即使在与他们的优势毫不相干的任务中也是如此。我们可以用两个例子来说明这一现象。

一位因其在数学方面的造诣而被提名的女士描述了自己解决音乐难题时的心理过程。她阐释了自己如何听取每个音符，如何根据声调间的时间进行逻辑分析，推测接下来的声调。她的解释和我们的观察都表明，她运用了数学逻辑智能的核心能力：长串推理的技巧性处理，以该认知模式发现有前景的想法并制定实施方案。一位爵士音乐家讲述了自己在一项语言学任务中写诗的经历。他不断地重复单词或大声地朗读，把重点放在词汇组合的声音和节奏模式上，而不是意义上。虽然语言智能的核心能力在于对词汇声音、节奏、曲折变化及节拍的敏感性，他却完全忽略了语言智能的其他过程，如意义、规则和功能。他的音乐核心能力，如节奏感、高度的听觉意识及敏感性、听觉想象力，在他的表现中占据主导地位，语言智能则退居次要位置。我想强调的是：各种能力间的关系异常复杂，因此我们不能指望几项简单的相关性研究就能回答我们对测量工具理论效度（theoretical validity）的疑问。

在 DISCOVER 评估项目的发展过程中，研究小组发现：每种智能都

355

能在不同的任务中观察到。例如，孩子们讲故事或在空间艺术评估中讲解自己搭建的物体时，我们能观察到他们的语言能力；当他们纠结于复杂的七巧板拼图时，我们又能观察到他们的人际和自我认知能力。一名印第安纳瓦霍族男孩本来有能力很快完成复杂的七巧板拼图，但他发现小组里的其他学生因为他的表现而感到非常沮丧。于是他放慢自己的速度，有意比其他学生仅仅提前一点完成拼图任务。另外一些学生则采取幽默的方式来缓解自己和他人的紧张情绪。从学生们口述和书面的故事中，我们也能了解他们对自己和他人的了解程度，即人际和自我认知智能。我最喜爱的故事是一位 7 岁小朋友写的，故事清楚地说明了她对复杂人际关系的理解。在这个简单的故事中，费利西娅懂得：如果两个与 **356** 众不同的小孩去上学，其他孩子就会捉弄他们，那两个孩子就会哭泣。她还知道，他们的母亲们一定会尽力解决这个问题。

为了对 DISCOVER 评估项目的结果进行总结，我们制定了一张优秀问题解决行为量表，目的在于展现这些复杂的关系。这些行为根据不同的智能进行分类，但是每项活动有一列，这样观察者就能将观察到的行为在相应的活动中标注出来。在评估结束的时候，我们就能理解学生们在不同任务中运用各种能力的方法，从而更全面地了解学生的能力和偏好。

2000 年，K. 萨鲁菲姆以幼儿园及四、五年级的学生为样本开展了一系列研究，研究的大多数结果都印证了多元智能理论。幼儿园（$r=0.295$，$p>0.01$）及四、五年级学生（$r=0.354$，$p<0.05$）的口语和书面语言活动（两者都是语言智能的测量方法）联系密切。她还发现空间分析与数学活动（$r=0.331$，$p=0.01$）也存在重要联系。也许会有人觉得这完全不可能，因为他们觉得空间智能和数学逻辑智能截然不同。然而，基于其他理论的研究则一直表明非语言分析技能与数学逻辑能力存在联系。此外，萨鲁菲姆还意外地发现了空间分析活动与口语实践活动间的显著关联（$r=0.257$，$p<0.01$）。由于这些关联性较低，我们推断出重叠的几率很小。但是，显然，这些结果与多元智能理论过分简单

化的看法并不一致。A. A. 洛里（1997）在 100 名巴林儿童中开展了 DISCOVER 评估项目。他发现该评估项目对来自该文化的学生非常适用。在这些儿童中，他发现了讲故事能力与个人智能间的重要联系。对我来说，这种关系更容易解释。我认为，优秀的故事讲述者会采用引人入胜、简单易懂的素材。H. 加德纳只列出了一种人际智能的核心能力：留心他人差别的能力（如情绪、性格、动机和意向）。当然，与观众关系密切的

357 人就展现出了这种能力。其他个人智能，包括进入自己情感生活的能力；辨别情感、标明情感和表达情感的能力及使用这些情感理解、引导自己行为的能力。优秀故事讲述者的一个显著特征在于：他们能利用自己的情感信息帮助自己跟他人建立起联系。

　　萨鲁菲姆在使用 DISCOVER 评估识别天赋的过程中没有发现性别歧视。她还发现研究人员观察到的学生行为与活动希望测量的能力一致。另外一个重要的发现是：无论评估的等级如何，最常观察到的学生行为会"一直延续到活动结束"，这一现象表明这些活动适用于各个年龄阶段、能力水平各异的学生群体（Sarouphim，1997）。

　　此时出现了一个挑战——如何设计一个研究方案来评估 DISCOVER 项目的同时效度（concurrent validity）。因为大多数测试都包括聚合性思维或发散性思维测量项目，无法直接比较。例如，在同时效度的研究中，研究人员通常会同时采用新型测试方法和一套已建立的完善测试方法对同一人群进行评估，以此决定分数的相关性。高度的相关性表明两种测试方法测量的是相同的建构，反之则不同。通常，对于测量不同建构的新型测试方法和测量法，研究人员希望看到较低的相关度；对于测量类似建构的测试法，他们则希望看到较高的相关度。同时，他们也希望两者间的相关度不要太高或太完美，因为如果新的评估方法与已有测试法测量的内容完全相同，它就没有存在的意义了。当然，如果新的评估方法花费更低，测量结果又与采用昂贵的方法获得的结果相同，那就另当别论了。

　　这里有一个例子可以说明为 DISCOVER 评估项目设计同时效度研究

方案的难度。韦氏智力量表（Wechsler Intelligence Scales）的言语测验（如词汇、信息、理解）有望与我们的口语和书面语言测试高度关联，而操作测验（如积木图案、物体拼配、图片排列）则有望同空间分析和空间艺术任务存在更高的关联性。然而，所谓的韦氏言语分量表（verbal sub-scale）也包括数学测验和记忆测验，因此将分量表直接进行比较异常困难，但是，如果我们加上这样一个事实：所有韦氏测验都只需要聚合性思维，而 DISCOVER 评估则同时涵盖了聚合性思维和发散性思维，这样一来，预期的关联性就不是那么容易描述了。但是，为了建立一个有效的能力评估方法，研究两者间的关系仍是必要的。

358

2000 年，B. 斯蒂文斯在没有修正智商限制范围的情况下，对一所私立学校里 55 位禀赋优异的学生进行了研究。研究发现，DISCOVER 评估项目的空间艺术活动（$r=0.388$，$p<0.01$）、书面语言活动（$r=0.34$，$p<0.05$）同全量表得分（也称总智商）存在高度相关性。同时，他还发现，空间艺术活动（$r=0.27$，$p<0.05$）、书面语言活动（$r=0.388$，$p<0.01$）与言语智商联系密切。唯一与操作智商有着重要关联的是空间艺术活动（$r=0.369$，$p<0.01$）。由于斯蒂文斯研究中发现的相关度相对较低，因此我们能得出这样的结论：这些测试测量的不是完全相同的东西，但是其中的确有重叠。然而，在对 DISCOVER 认定为具有天赋的 34 位墨西哥裔美国幼儿园学生的研究中，英国心理学家 S. 格里菲思（1997）并未发现韦氏儿童智力量表（WISC III）或韦氏幼儿智力量表（WPPSI）言语或操作智商或全量表得分间存在显著关联。在该案例中，智商得分从 88 到 137 不等，平均得分 115。造成这些不同的两种可能因素就是：斯蒂文斯研究的是白人儿童，而格里菲思研究的是墨西哥裔美国儿童；斯蒂文斯的研究涵盖了从 5 岁到 11 岁的儿童，而格里菲思研究对象都是 5 岁左右的儿童。正如我之前提到的，法国研究人员发现幼儿的能力差异颇为明显，在小学时期他们的能力越来越趋于相关，而到小学快结束及中学时期能力又开始出现分化。我们的一项研究支持如下观点：不同文化中，能力的关系模式可能各不相同（Maker，2001）。

萨鲁菲姆（2001）研究了雷文推理测验（Raven Progressive Matri-
359 ces）中 257 名幼儿园、二年级、四年级和五年级学生得分的关系。她发
现，在以纳瓦霍族和墨西哥裔美国学生为主的学生群体中，空间艺术（r
$=0.58$，$p<0.01$）、空间分析（$r=0.39$，$p<0.01$）和数学（$r=0.35$，
$p<0.01$）的联系最为显著，因为雷文推理测验测量的是非语言逻辑推理
能力。雷文推理测验得分同 DISCOVER 项目中的口述（$r=0.39$，$p<$
0.01）和书面（$r=0.093$，n. s.）语言活动评级相关度较低。在另外一
项同时效度研究中，萨鲁菲姆（1999b）发现 DISCOVER 项目中的空间、
数学逻辑及语言能力评估结果同课堂教师和一位负责观察学生的研究员
独立评估的结果一致。

总的来说，这些同时效度研究的结果都表明：DISCOVER 是一项富
有前景的新型评估方法；与此同时，我们也需要继续开展研究，找出
DISCOVER 评估项目与已有测试方法的联系。最重要的是，我们需要确
认 DISCOVER 评估项目为儿童和青少年提供有效能力信息的可靠性，从
而让教师和家长帮助孩子不断加强自身优势、迎接挑战。

🌐 4. 培养创造力和问题解决能力

任何一种评估工具，除非它得出的结果有助于改善课程和教学策略，
否则不值得将其运用到学校实践中。为了弄清楚 DISCOVER 评估与课程
模型的联系，我会首先讨论高水平人才需要培养的三个方面：能力、动
机和机会。在本次讨论中，我会展示这几个相互作用的方面为何是 DIS-
COVER 评估的组成部分。随后，我会说明发现课程模型是如何提供能
力、动机和机会。

4.1 人才培养条件

4.1.1 能力

高水平人才的第一个要求就是能力。有人认为，能力主要由遗传决

定；也有人认为，环境对能力的影响要比基因的影响大得多。虽然无意于加入这场讨论，但是我相信环境会对能力产生巨大影响，心理学家 E. **360** A. 埃里克森的研究（Ericsson & Charness，1994；Ericsson，Krampe，& Tesch-Romer，1993）证实了这一观点。天才心理学家和教育家也已花费多年时间试图定义能力（或智能），这一问题我本人到今天仍无法找到答案！但是，对这个问题的看法与传统观点有些不同。你从本章的第一部分就能看出来，我认为我们将聚合性思维与发散性思维、创造力与智能进行了人为区分。人们也普遍认为，智能和创造力都是一般性能力。目前，研究人员发现了新的证据证明"创造力"和"智能"都是与知识领域相关的能力（domain-specific ability）而不是一般性能力（Han & Marvin，2002；Lubart，1994），尤其是在特定年龄阶段。例如，法国研究人员发现能力间的关系会随着时间而改变（Lubart，1994；Lubart & Lautrey，2001）。幼儿时期的差异更明显；在 10—11 岁，能力开始相互联系；14—15 岁，能力间的差异会再次显现出来。我们的研究也为这一观点提供了支持（Sarouphim，2000）。最近的一种观点认为，能力是动态而非静态的（Perkins，1985；Perkins，& Salomon，1989），能力会随着时间发生变化。

那么，究竟何为能力？给能力下定义就如同盲人摸象。你听过这个故事吗？在故事中，七个盲人遇到了一头大象。一个盲人坚持认为大象像根绳子（他抓到了尾巴），一个盲人认为大象像一堵墙（他摸到了大象的身子），另一个盲人则认为大象像一棵树（他摸到了象腿）。没有一个人能说出大象的全貌。这个故事告诉我们，我们对事物的看法取决于我们看问题的角度，即看待问题的方式。也许只有一个能力"大象"，但是，显而易见，它的脚和尾巴不同，象鼻和胃也一点都不像！

几年前，我决定给能力下一个广义的定义，如解决复杂问题的能力，将霍华德·加德纳（1983，1999）的智能作为有问题解决能力出现的"领域"。此外，我还建议你从自己的文化视角决定你将如何定义这些能力领域。对我来说，天赋的最高境界就是"以最有效、最优雅、最经济、

361 最合乎道德的方式解决最复杂问题（不同知识领域内的问题或跨领域问题）的能力"（Maker，1993，p. 71）。

4.1.2 动机

高水平人才需要培养的第二种能力是动机。给动机下定义也许比给能力下定义还要困难。有些人（我一年级的老师就是其中之一）将动机定义为，完成负责人交代任务的意愿——而且是面带微笑完成！另外一些人，如美国心理学家伦祖利（Renzulli）（1978）认为，动机是完成一项任务的执着精神。同样，埃里克森（Ericsson et al.，1993；Ericsson & Charness，1994）也已发现：要想有所成就，长时间的"刻意训练"（deliberate practice）是必不可少的，而且这种"刻意训练"比先天能力更为重要。M. 奇克森特米哈伊（1990）将这种特质称为"心流"（flow），并将它定义为令人愉悦的经历——完全沉浸在某件事情中，失去了时间感，仍想继续。换句话说，活动本身就是奖励。俄国著名心理学家 L. 维果茨基（1978）提出了"最近发展区"理论（zone of proximal development），认识到为学生提供挑战性任务的需要，促使其达到最近发展区。奇克森特米哈伊的研究（1990，1997）确实为维果茨基的理论提供了支持，因为要让一个人体验到"心流"，活动就必须具有挑战性——足够困难却又力所能及。

我们运用这些有关能力和动机关系的思想，以一项任务的挑战程度为基础，研究出了一种看待动机的方法。如果某些事情对我们来说易如反掌，我们会对此感觉"乏味"。如果某件事能在相对轻松的状态下完成，那我们就感觉很"舒适"。如果我们付出努力、调动身体或心灵才能最终完成，这件事就会被称为具有"挑战性"。如果该任务超出了我们的能力范围，无论我们多么努力都无法完成，就会让人感到"挫败"。在多项跨文化研究中，奇克森特米哈伊和他的同事们发现，想要体验"心流"，某些元素是必不可少的，无论你身处哪个年龄阶段、能力如何、从事何种职业，都是如此：（a）对你来说，该活动具有挑战性，（b）你喜欢参与该活动，（c）你会看到自己完成目标，或者至少在完成目标的过程中取得进步（Csikszentmihalyi，1990）。

如果我们把其中一些思想结合起来，并认识到每个人都拥有独一无 ***362***
二的力量模式，我们就能发现每个人都有独特的乏味区、舒适区、挑战
区和挫败区。我们来看一些天才儿童的真实例子：克丽丝特尔特别有数
学天赋。对于那些她从来没见过的难题，她轻易就能设计出独特的解决
方案，她自己学会了使用电子表格 Excel 创建图表。费利西娅酷爱文字，
她会写自由体诗歌（free form poetry），她三岁时就写出了自己的故事
书。费利西娅的妈妈说她一直不停地写。另一方面，罗德里克则对人感
兴趣。他能感受到他人的需要，他想要帮助其他学生，关照到教室的每
位来访者。乔热爱艺术！他研究每位艺术家使用的技巧，并力图使用。
他一直在"乱涂乱画"，他更像在画画而不是写字。埃里克是一位音乐家
兼舞者。他喜欢运动，试图演奏各种乐器。你唯一能看到埃里克读书的
时间就是他在阅读有关舞蹈或瑜伽书籍的时候。这些活动对于不同知识
领域的学生会产生不同的感受，可能是乏味，可能是舒适，可能具有挑
战性，也可能会令人感到挫折沮丧。

4.1.3　机会

高水平人才需要培养的第三项能力是机会。如果你从来没有接触过
一种技能或思想，你就不会学习这种技能或思想！我常常想起莫扎特。
显然，他有高超的音乐技能。然而，他也获得了不可思议的机会去学习
和练习音乐。他的家庭具有音乐才能，并且珍视这种能力。我的朋友布
鲁斯·斯托勒是一位卓有成就的古典钢琴家和长笛演奏家，他两岁就开
始爬他母亲的钢琴腿儿了。他的母亲是一位伟大的爵士钢琴家，这就确
保他拥有纽约最好的钢琴教师，并帮助他获得奖学金，进入全美最顶尖
的音乐殿堂。机遇的一个重要方面就是拥有出色的老师或导师，这一因
素已反复出现在多个领域的研究中（Bloom，1985；Ericsson et al.，
1993；Ericsson & Charness，1994；Zuckerman，1977）。最后，我们必
须认识到，人才培养的这三个要求是相互联系的，每个人都是几个系统
（文化、家庭、宗教、环境）的一部分，在这些系统中，个人才能的发挥 ***363***

要么受到鼓励，要么遭到阻碍。

4.2 课程和教学策略：教师如何才能帮助儿童培养才能？

我在谈论仅有五个学生的能力模式时，阅读本章的老师们可能会这样想：自己班上有许多学生，不可能为所有学生提供有趣而又富有挑战性的活动。如果你认为自己要为所有能力水平各异的学生设计小组活动，而且每天如此，那么这的确是难以实现的。我认为，并且也反复观察到，如果我们改变思考教学的方式，从为学生提供选择的观点来看待这个问题，培养潜能的教学任务就会变得更简单更有趣——对老师和学生来说都是如此！起初，你可能需要投入大量时间研究备选方案，但是一旦完成，你就能反复使用。同时，你还能与其他老师分享经验。

许多学生从未在学校里体验过"心流"（Csikszentmihalyi，1990）。他们从未有过这样的经历：学习本身就是一次愉快的经历，他们"为了学习而学习"。一些人从未在自己感兴趣的领域体验过真正富有挑战的任务。有些人从来没有机会做自己感兴趣的事。一些人在学校里从来没有时间达成对自己至关重要的目标。当学生有机会设定与自己的兴趣和能力相符的学习目标时，他们就能承担更具挑战的任务，使用更加复杂的思维技巧，坚持解决更加困难的难题。相对于那些所有学生都接受相同的任务，通过对比各自的分数来裁定成功与否的情况，学生们更加不会被错误吓倒（Collopy，& Green，1995）。如果活动更加多样，如果学生们在任务中有选择的权利，如果学生们能通过不同的符号系统学习，如果他们在解决问题和生产产品的过程中能与同龄人产生互动，他们就会更加投入。

364 4.2.1 选择与选项：问题解决

可以提供给学生多种不同类型的选择和选项，你能运用许多不同的能力和学习理论来设计自己的教学活动。在此，我想用能力"大象"的观点介绍几个例子。首先，出于我对天赋的定义，我会提供一系列问题解决的实践经验。

我建议为各个年龄阶段、能力水平各异的学生提供大量解决跨能力领域问题的机会。因此，DISCOVER 课程模型包括本章前面提到的用问题连续统一体构建多种问题解决的实践。稍后，我会在本节中加入一些不同阶段的课堂案例，在这些案例中，教师们都使用了问题连续统一体并将其与学术内容融合在一起。

4.2.2. 选择与选项：能力领域

依据你已有的智能或天赋理论或视角，你可以选择不同的结构或方法，以确保你提供的选项满足多种能力和天赋的需求。总体来说，在 DISCOVER 模型中，我们使用的是加德纳的多元智能理论（Theory of Multiple Intelligences）（1992，1993，1999）。那么，从这一视角来看，我们提供的选择和选项就必须包括八种智能：语言智能、空间智能、数学逻辑智能、人际智能、自我认知智能、身体运动智能、自然观察智能和音乐智能（见图9）。但是，我会超越多元智能理论，确保选择和选项涵盖各项智能的核心能力。这些问题在本章中已讨论过，因为我们之前在较优异和非常优异儿童和成年人的案例研究中就已观察到这些核心能力，此外，我们在 DISCOVER 评估中也观察到了这些核心能力。我们使用它们来构建行为量表（behavior checklist）项目，这样老师和家长就能收到孩子们在评估中使用的问题解决策略报告。下面的例子来自一个之前的讨论中没有提到的领域。空间智能不仅包括绘画或运用视觉能力，*365*
它还包括：准确地感知视觉世界；根据自己最初的理解完成转变或修改；在没有实体的情况下，重新创造最初的视觉体验，认识到相同元素的实例；改变或认识到一种元素到另一种元素的转变；创造心理意象，然后加以改变；根据空间信息生产出相似的图形。

由于我也相信斯滕伯格理论的重要性（Sternberg，1985，2000），我会确保每个领域包括分析性、综合性和实践性的活动。例如，在空间能力领域，艺术表现力通常是综合性的，绘图却是分析性的，修理引擎则具有实践性。

图9. 一位中学生在展示自己的音乐智能

366 4.2.3 选择与选项：内容

为了满足学生们的广泛兴趣，帮助他们获得在现代世界取得成功所必需的知识和技能，我们也必须提供选择和选项内容——社会认为必要的思想、技能和知识。这就意味着，从基础出发，我们需要教授数学、语言艺术、科学和社会学科。同时许多人也认为还需要教授视觉和表演艺术、技术运用及体育。

对以前的创造力培养方式比较熟悉的人们可能知道，有些方法强调学术科目环境以外的创造力培养和评估。例如，创造力测试中一个较为常见的项目是列出砖块所有可能的用途，不少人将这种思想加以延伸，让学生列出各种日常用品的所有用途（铅笔、桌子、椅子、一张纸、一条线）。这些活动对学生来说可能很有趣，但是却鲜有证据证明这些活动能转变成现实生活中或学术领域有意义的创造力培养方式。因此，要求学生发挥创造力或使用发散性思维时，请提供一些有意义的素材！他们需要将自己的创造性思维应用到重要的问题或情形中。

我还相信，我们需要培养学生对各层次内容的理解能力：数据或事实、概念、原则或通则及原理（见图10）。我也已发表了许多这方面的文章。其中一些是关于为资优学生进行课程修订的文章，正好适用于此。1981年，我列出了内容的各个层级，其中包括数据或事实、概念、原则或通则及原理。我曾指出，对于那些富有天赋的学生，必须引导他们理解事实背后的思想，超越标准测试中强调的独立具体事实的理解。此外，我也认为，较优异和非常优异的个人必须理解原理、原则和通则，这些东西能够融合并超越眼前的情形或数据，尤其是在他们擅长的领域（Maker & Nielson，1996）。然而，要达到这样的高度，学生就必须接触 *367* 各层次内容，以及大量各个学术领域的数据、概念、通则和原理。换句话说，我们不能将重点放在具体事实的学习上。我们必须帮助各年龄阶段的学生努力学习思想和概念，思考在传统学术科目中他们的思想对原理和通则的发展有何意义。这种思考能为他们提供解决现实问题的经验，因为在现实中，思想和信息并没有明确地区分开来，或者说不能简单地判定"对"或"错"。

图 10. 各类问题的层次结构

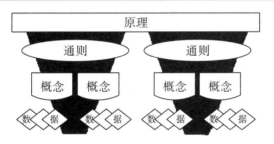

最低水平的内容是数据或事实，即"可以通过理解证实的有关某个事件、物品、行动或条件的信息"（Maker & Nielson，1996，p. 70）。例如，一则讲述自己是如何从马背上摔落并弄伤脚趾的故事，美国的战争列表，国画传统技艺的使用，音乐主题及乐谱、舞步的展示。知识的第二个等级是概念，即物品、事件和过程的分类或分组。概念的讨论涉及类别的包含（inclusion）和排除（exclusion），重点集中于该类别的共同特征上。概念包含相对具体的分类，如家庭、动物、房子和卡车，和 *368* 相对抽象的分类，如国家、文化、制度和自由。内容的第三个层级是通则，即"两个或两个以上概念间关系的说明"（Maker & Nielson，1996，p.72），为有条理地将不同思想间的联系表现出来提供了一种方法。通则也可以称为原则或定律。两个重要的标准可以用来区分通则和概念：（a）通则包含两个或两个以上概念；（b）叙述或研究的重点不包含数据；（c）两个或两个以上概念相互关联，并将概念进行对比；（d）研究重点是具有广泛使用性的伟大思想。以下是反映这些特征的通则和非通则列表：

表 1. 通则 VS. 非通则

通则	非通则
伟人创造历史。	科菲·安南是一位伟人。
生物都呈周期性生长。	描述蝙蝠的生命周期。
情人眼里出西施。	陈述："我的妻子很美丽。"

最高水平的内容是理论，即"一系列可验证、相互联系、与定律类似的表述或高度概括"（Banks，1990，p. 102）。理论旨在以简单有效的方式解释和预测观察到的现象和试验性结果。它包括其他各个水平阶段的内容，表现了通则间的关系，例如"适者生存"、"相对论"、"系统理论"及"创造与进化"。实际上，进入更高水平时，内容的综合性就越来越强。信息间的联系也越来越紧密，很难归入传统学术领域。例如，许多理论都是从几门学科中得出的结论，能够用于引导各类研究和实践。

369　**4.2.4　教学案例**

现在，我想要将这些理念结合在一起，向你展示一下以 DISCOVER 课程模型为基础的课堂究竟会发生些什么。我们提倡教师们以单一学科或跨学科内容类型为基础，采用问题类型矩阵和多元智能创建学习单位。例如，在以七八岁学生为主的课堂里，一位老师正在介绍某个自然现象发展和运转的循环——重复的模式和事件。她为每项智能设计了一类问题。

• 语言智能：从 1 号工作表中选取有关季节和天气循环的词语。

• 数学逻辑智能：测出教室内外的温度，并连续记录一周。

- 空间智能：研究贴在教室中心的三角叶杨树图画，画一幅插图展示一下这棵树在今年的这个时候会是什么样子。
- 音乐智能：为每位同学演唱歌曲《季节更替》(The Cycle of Seasons)。
- 身体运动智能：用你的身体分别表现一棵在微风、狂风、暴风和飓风中的树。
- 人际智能：与你的团队一起，列举教室内外温度的差异。
- 自然观察智能：画一株你家门前的植物在冬天和夏天的样子。

她还为每种智能设计了第二、三、四、五类活动。让我们来看看第五类活动，以便和第一种活动进行对比。

- 语言智能：用文字创作一部与所选更替有关的文学作品。
- 数学逻辑智能：用数学中心的器材设计一个实验，检验一个有关天气现象的假设。
- 空间智能：为一本与季节有关的书设计封面。你会做些什么呢？展示一下你的最终产品。*370*
- 音乐智能：用音乐中心的乐器创作一首与季节更替或天气变化有关的音乐作品。
- 身体运动智能：在气候领域的专家会议中表演一个原创的身体运动作品。分享你的成果。
- 人际智能：与你的团队一起设计一款交互式产品，说明你选择的更替。
- 自我认知智能：思考能引起个人情绪反应的周期。用恰当的方式表达一下你的感受。
- 自然观察智能：用自然中的实物或任何你需要的东西创造一件作品，说明你对自然更替的理解。

矩阵中的每项活动都是为了实现两个目标：培养更高的技能和深入理解教授的学术内容。我希望大家能注意到两件事情。第一，请注意内容的级别；第二，它们是如何同问题类型联系在一起的。总之，第一类问题与最低级内容相关，即数据或事实。第三类问题通常包括概念内容，第四类和第五类问题至少要达到通则的水平，才能进入理论的水平。

其次，我想谈论一下课堂管理问题。课堂培养多元智能和问题解决能力的关键因素在于学习中心，学习中心配备了各种智能"工具"（见图11）。例如，空间智能的工具有铅笔、钢笔、水彩颜料、画纸、黏土、建筑用纸、胶水、剪刀、刷子、粉彩颜料、布、绳子、纱线和各种各样的建筑材料。其中也包括循环使用的材料，以减少中心开支。这个中心可以布置得很精致——在房间的一角摆上沙发、软椅和几本书；也可以很像物料盒一样简单，摆上所需的材料即可。学习中心最重要的一点在于，学生们能在这里找到项目所需材料。在塞满学生的狭小教室里，我们可以把材料储存在箱子里，放到架子上或柜子上，也可以直接敞开放在那里。在较为宽敞的教室里，可以把这些材料放在固定的地方，如桌子或架子上。这些材料也可以不断更换，这样就能鼓励学生们尝试不同的东西，或者在改变教学单元或教学内容时对材料进行更换。

图 11. 自然观察智能学习中心

　　教师们可以用多种不同方式利用自己设计出的问题矩阵，这取决于他们愿意在多大程度上让学生自己作出选择。最低限度，学生们在第五类问题中能选择要解决的问题（由于问题类型的性质），在第四类问题中能选择自己的方法并制定出自己的解决方案。矩阵中的一些活动可以作**372**为团体活动，一些活动可以分配给某些小组，还有一些是自选活动。有些老师设计出了问题矩阵，所有活动都是自选活动，其他一些老师则要求所有学生必须解决第一类和第二类问题，以确保每个学生都能体验到所有智能，同时允许学生选做第三、四、五类问题中的一种或两种智能。然而，我想奉劝诸位不要采用我经常在课堂中看到的练习活动，这些活动看似是以多元智能理论为基础：根据所有智能开展活动（旨在教授一些事实或技能），让所有学生都围着这些中心转。老师通常会设定一个计时器，计时器一响，学生们就必须转移到下一个中心，无论他们手上的工作完成与否，不允许跳过任何一个中心。多乏味啊！这实质上就是传统教学模式的翻版。学生们只是在不同时期体会相同的群体经历罢了。我并不是建议老师们不要求所有学生参与各项智能的问题解决活动。你们可能会希望偶尔这样做一下，或者邀请学生参与他们很少选择的智能领域。然而，从头到尾要求每个学生参与所有活动的做法忽视了学生能力、兴趣和动机的个体差异（见图 12）。

图 12. 全球交互式学习中心的中美学生在为自己感兴趣的现实问题寻找解决方案

这种方法的一个重要方面在于通过多种方式或用自己选择的方式"展示他们知道的东西"。一个学生可能会通过描绘动物在不同生长周期的图画来讲述他对周期的理解，另一个学生也许会通过文字和以表演木偶剧的方式讲述季节和天气如何影响动植物，也有学生可能会通过模仿来表现季节更替的本质。对音乐感兴趣的学生可能会创作一首歌曲，利用不同的声音解释水循环是如何运作的。一群学生可能会搜集当地天气的观察结果，做成图表，展示他们观察到的现象；而另一组学生则可能会采访人们对于季节更替和天气变化的反应，将结果呈现在剧本中。

373   **4.2.5 教师学生互动**

教师与学生互动的方式能鼓励或抑制问题解决能力和创造力的培养。例如，假设教师表示允许学生选择任何方式解决问题，或鼓励学生"创作任何想创作的东西"。然后，当老师看到简用自己独特的方式解决问题，而迈克尔使用的则是老师教授的常规方法，老师就表扬了迈克尔，几乎没有认可简的解决方案。学生们就会明白老师的言行并不一致。老师非常希望学生们使用他之前教的方法，并不是真的鼓励使用新方法。假设老师说"创作任何你想创作的东西来表现你对季节更替和天气变化的理解"。Hyong 热衷于用音乐和声音传达意义，因此就用音乐中心的多

374 种乐器创作了一首新的乐曲。南希爱好写作，于是就创作了一首诗歌表达自己对昨天下雨的感受。老师是一位音乐家，在当地一支乐队担任吉他手。他看到 Hyong 的创作非常激动，在所有学生面前对乐曲大加赞美，还邀请 Hyong 为大家演奏这支曲子。老师对南希诗歌的评论是"优秀"，但是却只字未提。南希可能会想自己的诗是不是写得不够好。如果老师的这种反应持续下去，学生们很快就会发现"创作任何你想创作的东西"其实不然。

避免这种情况的一种方法是仿效许多 DISCOVER 老师都会做的事情。他们安排时间让大家分享创作成果。所有学生都会展示自己的作品，其他学生就创作过程和内容进行提问（见图 13）。报告会之前，老师也会就观众的职责召开班级讨论会。小组会制定评估标准，针对每个报告展

开讨论。例如，学生们找到方法"展示自己对水循环的理解"后，我观看了班级报告会。孩子们认为，他们应该注意创作者是否涵盖了循环的各个方面。他们也认为，如果创作者采用音乐的形式，他们就应该通过声音创造出循环的视觉画面。此外，他们还规定，观众的职责包括仔细聆听、提问和提出修改建议。做完报告后，报告人会询问大家是否有问题。回答完问题后，老师会邀请学生根据他们制定的标准对报告进行评估。大多数学生的问题都与创作过程有关。但是，也有一些学生会问不同的符号代表什么意思。比如，当两个小男孩在演奏一首乐曲时，其他学生就想知道各个声音分表代表的是什么；一幅抽象设计呈现在学生们面前时，学生们就会很想知道创作者是如何决定使用何种颜色或形状表现循环中的太阳、水、蒸发和雨。

图 13. 全球交互式学习中心的一名中国学生和美国学生向其他学生展示他们的作品

我认为，这项策略有几大优势：让学生在同学面前作报告有助于培 **375** 养自信；孩子们在聆听和观察其他学生的过程中，既能了解报告内容也能熟悉相关过程；每个人都会更加了解如何将标准应用到产品评估中；老师既能看到实质内容也能看到产品的成熟程度。随着时间的发展，老师就能清楚地了解学生的兴趣和喜好。如果在教室里安上一台摄像机，年初时录下这些报告，年末时就能看到演讲技巧、知识和技能的增长。

我相信，如果父母能在家长会的时候看到自己孩子的表现，他们肯定会感到欣喜。如果无法录像，那照片就是最佳的替代品。许多孩子都喜欢照相，这些照片会记录下他们的作品，以便进行短期对比。

376　如果没有教师提问环节，这个讨论就不完整。通常，老师能提出什么样的问题就能得到什么样的答案！如果你想要事实，你就会得到事实；如果你奠定基础，从事实转向推论，再从推论转到通则，你就能得到所谓的"更高层次的思维"。但是，许多老师都不善于提问。一个能提高问题解决能力和创造力的问题应该是开放性的，就像第三、四、五类问题解决情形一样，回答无所谓正确与否，老师真正想知道的是"学生是怎么想的"。这里有一个例子。在一个关于天气现象假说验证实验的讨论中，老师提出了以下问题：你的假设是什么？（总结出答案并接受它）你使用了哪些方法？（描述一下实验都做了些什么）你的观察结果是什么？（引导一个学生给出一种观察结果）还有哪些观察结果？（引导同一个学生给出另一种观察结果）其他人在实验中观察到什么？（引导另一个学生给出观察结果）你还观察到了什么？（继续提问，直到他给出多种观察结果或不能再给出任何结果为止）你认为是什么原因导致了（其中一种观察结果）？（引导一个学生给出一种想法）你觉得还有其他原因吗？（继续提问，直到他给出多种原因）你认为是什么原因引起了（另一种观察结果）？老师又针对另外几种观察结果继续提问，然后，老师会问："归纳一下，导致实验结果的最重要的因素是哪些？"学生给出自己的答案后，老师会问学生是如何得出这样的结论的。接下来，老师会问："你的实验支持你的假设吗？"在每个学生分别回答是或否之后，老师就会问学生为什么会得出这样的结论。如果老师只是简单地问一句："你的实验支持你

377　的假设吗？"这样只会引发学生与上面过程严重不同的思维方式。引导学生进行各种观察，然后根据观察结果得出结论，在讨论快结束的时候问这种"封闭式"的肯定或否定问题可能会比较适合，但是在没有作任何思维铺垫的情况下可能就不太合适。通常，这种封闭式问题都鼓励用一个字来回答，不会拓展思维，尤其是老师不深入探究学生思维或不断问

只有一个正确答案的问题时尤为如此。封闭式问题会鼓励学生寻找老师想要的答案，而不是进行创造性思维！培养创造性思维的教学模式详见笔者关于天才学生教学的专著（Maker & Nielson，1995）。

🌐 5. DISCOVER 课程框架和教学策略有效性研究

本节描述的教学方法对所有学生都行之有效，既能培养学生的创造力，也能促进他们对所学知识的理解。该方法以建构主义哲学观（constructivist philosophy）为基础，即儿童和成人都需要从经验和已有知识中积极地建构新知识；培养高层次思维和问题解决技巧；在承担需要融合多种技巧的高层次真实任务（"real-world" tasks）时，学习基本技巧；拥有可用信息资源，当这些信息都真正发挥效用后，就将精力集中在少数几个领域，进行深入探索；成为积极主动的知识"建筑师"而不是被动的接受者。许多国家的学校改革都一直呼吁：学生们必须学会思考，学会解决问题，而不是记住事实，盲目地使用运算法则。研究（Brown，Collins，& Duguid，1989；Lave，1988；Miller，& Gildea，1987；Rogoff，1990）表明，建构主义是实现这些目标的最佳方法。有一个例子能说明这一点：孩子们通过听、说、读的方式学单词学得很快；但是当学生试图通过抽象定义和书写句子的方式学习单词时，词汇建构就特别缓慢（Miller & Gildea，1987），因为抽象定义和书写句子除了完成作业外几乎毫无价值。当人们积极地使用包括语言和符号系统在内的工具时，他们就能更好地理解工具的用法和语境（Brown et al.，1989）。

5.1 研究方法 *378*

在向你们展示 DISCOVER 的研究成果之前，我需要解释一下研究所用的方法。我们对实验控制组（experimental-control group）的方法进行了改进，并结合定性研究（qualitative research）通常使用的方法，我们相信这种研究方法会更加符合实践，为研究问题提供量化的可靠答案。

在最近的一个 DISCOVER 项目中，一位现场协调员和其他课程专家或教学艺术家在美国的城市和农村地区，为四所低收入学校的教师、管理人员、专家和助教召开了员工发展研讨会，同时提供课程发展援助。研究人员向教师们展示了如何以多元智能理论为基础、利用教室资源进行教学，推荐教材，尽可能地根据教师们的要求为之提供帮助。我们会在教室里对这些老师进行观察，每年至少一次，然后完成复杂的观察表格。我们也会询问他们的想法和课堂实践情况。通常，年末会根据国家或当地的测试要求对学生进行考查，我们也会对他们的创造力进行评估。

项目结束时，两位对学校比较熟悉的人士（其中一位通常是学校的现场协调员）会对老师的相关材料进行审阅（观察表，访问结果，学生作品），并根据 DISCOVER 课程模型的六项标准评定成绩：

（1）通过自选作品形式、可用资源的方式融合多元智能，根据兴趣和能力进行选择。

（2）提出多种问题类型，不时地鼓励学生自己设计问题、查找信息并证明自己的理解。

（3）与学生一起建立以自由选择、灵活安排、灵活分组、行为标准、分享、开放和接纳为特征的以学习者为中心的学习环境。

379

（4）组织广泛的跨学科内容。

（5）设计多种程序，让学生有机会使用这些程序获取或转变信息。

（6）作品反映学生的不同能力、兴趣和偏好。

将每项标准的两项评分相结合就形成了每位评分人员给出的得分。然后，我们会检查是否存在差异过大的地方。例如，一位评分人员给出的总体评分是 1.5 分，而另一位评分人员给的是 3.5 分或更高，我们就会要求评分人员相互讨论，就个人得分或评分标准达成一致。最后，根据每项得分算出平均分，为每位教师评定"执行水平"。执行了多项 DIS-

COVER 课程模型原则的教师会得到"5"分的评级，即"高水平执行者"，而几乎没有执行上述原则的教师则会得到"1"分的评级，即"低水平执行者"。之后，我们对"高水平执行者"和"低水平执行者"所教班级学生的创造力和成就进行比较。与通常的实验和控制设计不同的是，老师们并不是随意地分配到各个实验组，并且我们知道（而不是猜测）不同教室内学生的兴趣变量不同。

5.2 研究结果

目前，研究结果的分析工作仍在进行中。但是，我会简单介绍一些研究及初步研究结果。4.2.4 节中提到的教室是我们的第一个试点研究（Maker，Rogers，Nielson，& Bauerle，1996）。在本次研究中，我们关注的不是成绩测试结果，而是评估前和评估后的结果。从测试前到测试后，我们发现空间艺术（$N = 37$，$\chi^2 = 13.53$，$df = 4$，$p = 0.009$）、讲故事（$N = 37$，$\chi^2 = 9.50$，$df = 0.049$）和数学（$N = 37$，$\chi^2 = 9.50$，$df = 0.049$）问题解决活动的结果存在巨大差异。在另一所学校里，我们 ***380*** 对三位教授 10 岁儿童的老师进行了比较，第二年，我们又对另外三位老师进行了比较：每年都包括一位低水平执行者，一位中等水平执行者和一位高水平执行者。我们发现，两年中的科学得分存在显著差异（$p < 0.021$；$p < 0.022$）；第二年，同低水平执行者的课堂相比，高水平执行者和中等水平执行者课堂的阅读得分都有所提升（$p < 0.063$）（Taetle，& Maker，2002）。在不同学校教师（都是男性教师，并且所教学生都是 11 岁）的对比中，我们用以绘图评估创造力的测试（TCT-DP）测量学生的创造力，结果发现创造力也存在明显差异（Jellen & Urban，1986，1989；Urban & Jellen，1996）。图 14 是低水平执行者班级学生的典型画作，图 15 是高水平执行者班级学生的典型画作。

图 14. 低水平执行者班级的典型 TCT-DP 画作

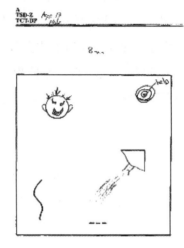

381 图 15. 高水平执行者班级的典型 TCT-DP 画作

　　本次研究的另外一项任务是检查四所学校的总体学业成就变化（Maker，2001）。我们希望高水平执行者比例较高的学校会取得更大的进步——如果真的如此，我们就能将这些成就归因于 DISCOVER 课程模型的使用。出于道德方面的考虑，我不能向大家公布"不成功"学校的得分，但是，我们能展示高水平执行者比例较高学校的得分。从 1993 年到

2000 年，亚利桑那州图森市普韦布洛花园小学在斯坦福成就测验（Stanford Achievement test）9 中的得分明显增加，其中包括语言、阅读和数学（从约 18％到 62％）等主要科目。此外，从 1998 年到 1999 年间，普 ***382*** 韦布洛花园的学生还从 ArtsBuild 接受过 1400 多个小时的艺术和综合艺术指导，ArtsBuild 源于加德纳的多元智能理论（MI theory），与 DISCOVER 课程模型关注的重点相同。校长将这些成就归功于以能力为基础的课程、问题解决、家长参与、较高的学术期望，以及没有"演示和操练"。在肯塔基州成就测验（Kentucky State Tests of achievement）中，白克小学，即现在的 DISCOVER 项目磁力学校，在阅读（从 40％到 60％）、数学（从 22％到 45％）、科学（20％到 42％）和写作（9％到 42％）等科目上稳步提升。

除了比例较高的高水平执行者外，我们还发现创造力和成就提升的学校呈现出一些共同的特征：

（1）校长的教育理念与 DISCOVER 项目的理念类似或一致。

（2）教师们都曾考虑参与本项目，了解项目的相关信息和目标后决定正式加入。

（3）学校实施的其他项目理念与 DISCOVER 项目一致，目标也基本相同。

最后，我希望你们牢牢记住这些原则。如果你想在你的学校里实施多元智能理论，如果你想取得良好的效果，领导就必须相信这个项目，并给予支持，学校"绝大多数"老师必须相信它并在教学中加以应用，所有老师必须具备广博的知识，必须提高使用该项目的能力，你必须选择其他与 DISCOVER 一致的项目。为了取得良好的效果，我们也必须改变对教育和教学的思维方式，即从重视事实和信息教学到培养智能和问题解决能力！伟大的思想家阿尔伯特·爱因斯坦曾说过，"我们现在已创造出的世界是我们思维的产物；它必定随着我们思想的变化而变化"。

383 🌐 6. 东方的 DISCOVER 模型和创造力

如果东方的教育工作者（和父母）相信以考试为导向的社会不能促进创造力和问题解决能力的发展，那么思维的转变就势在必行，而且一定能够做到。采用、修改或结合了 DISCOVER 模型的三个激动人心的项目就是最好的例子。我不会过多讨论关于这些项目的信息，我们鼓励读者搜寻这些项目的相关报告。这三个项目分别是：中国大陆的 DISCOVER 项目、中国台湾的多元智能项目和天才残疾儿童问题解决项目 (Problem Solving for Gifted Handicapped Children) 以及泰国融合了探索中心和 DISCOVER 项目的 Prism of Learning Model。

6.1 中国大陆的 DISCOVER 项目

为了响应分享培养创造力培养方法的请求，1997 年中美教育研讨会 (China/US Conference on Education) 执行管理委员会的一部分教育家建议设立"全球交互式学习中心（GILC）"，这样中国和美国的中学生能共同参与创造力问题解决小组。然而，我们得到的答案却是这一提议不可能实现！学生们不会对此感兴趣，因为他们太在意考试。父母也不会感兴趣，因为他们没有看到价值所在。即使在这样的情况下，我们仍然坚持下来。我们从美国的 8 个州招募了 46 名学生，他们同 26 名来自北京市第八中学的中国学生一起合作。在本次为期 10 天的项目（包括参观文化和历史遗迹）中，如何利用多元智能框架（见图 16、图 17）培养问题解决技巧成了本次会议的主题。更重要的是，许多中国学生认为这是他们中学阶段最激动人心的学习经历。许多美国学生也这样认为，不过原因或许会有所不同。在本次项目期间，两位来自北京教育学院的教育家几乎每天都来中心参观，观察整个过程。他们很激动，坚信这种教育模式是完成学校改革的重要途径。

图 16. 中美学生在全球交互式学习中心（GILC）建造自己的问题模型 *384*

图 17. 中美学生在全球交互式学习中心（GILC）构建的问题视觉模型

之后，我又去了几次北京，表达了自己的想法。三年后，中国的 *385*
DISCOVER 项目终于诞生了。该研发项目由教育部和主要专业协会的领
导牵头，由北京教育学院的专业教师团队指导。这个项目之所以能够成
功启动，是因为它符合总体学校改革的方向，即重视创造力培养和以学
生为中心的学习。总体规划包括：教师、访问学者交换，学生交换，会
议和由中心团队提供的职员培训项目。500 多所学校参与其中，教育家们
正在寻找多种激动人心的方式在"以应试教育为导向"的传统社会中实
施多元智能和问题解决活动。实际上，山东省的有关领导已运用问题连
续统一体对某些学校的入学考试进行了修改。

在我看来，培养问题解决能力和多元智能的 DISCOVER 方法之所以会被中国大陆接受，原因之一就是我们强调将学科知识与创造力培养相结合。要想回顾这些想法，请参见本章4.2.3和4.2.4。在去年的国际会议中，我参与了一个特殊的环节，在这个环节中老师和其他教育工作者给出了一些使用DISCOVER问题连续体的例子。各个教育阶段和各个学科的中国教师都在将五种问题模式融入自己的教学。我听到了许多关于如何将重要学术内容的学习与多元智能中的问题解决能力结合在一起的例子，这些例子都非常出色，而且效果显著。我建议，我们将这些例子搜集起来，翻译成英文，然后发表，以帮助美国和其他英语国家的教育工作者设计出更有效、内容更丰富的问题解决方案。

386 美国教育工作者的问题在于他们太过注重创造过程，从而忘记了内容对创造力培养也同样重要。显然，单纯的信息记忆并不能促进创造力的培养。但是，了解事物，并以创新的方式运用这些知识就是创造力的真谛所在。这里有一个例子，如果我们深入探索文化差异，就会发现不同文化和社会间有许多相似之处。在我看来，中美教育只存在度的差异，而不存在质的差异。例如，整体来看，美国教育工作者也是以考试为导向的，只不过他们的程度要轻一些。同样，中国的教育工作者并非不关注学习过程，他们只是没有美国教师那么关注罢了；美国教师也并不是不关注重要内容的教学，他们只是不如中国教师那么注重，或许也没有中国教师那么精通。然而，如果我们对单个教师进行比较，我们就会发现：一些中国教师还没有某些美国教师重视应试教育，某些美国教师比中国教师还注重内容教学，一些中国教师比某些美国教师更善于设计过程！在我看来，教育改革的"底线"就是东方和西方可以相互学习，我们都是大同小异的人类，关注文化差异的倾向掩盖了宝贵的相似之处。

6.2 中国台湾培养天才残疾儿童和非残疾儿童的多元智能和问题解决能力

该研究项目最近已经正式启动。中国台湾共有三个项目，这是其中最大的项目。两所大学和一所学院已经发起了DISCOVER课程模型研讨会，这三所学校分别是台湾师范大学、元智大学和台湾康宁医护暨管理专科学校。台湾教师认为 DISCOVER 课程模型可以轻松地运用到学前教育中，因此该模型目前正在几所学校实施。一位教育家对教师们的教学计划进行了审核，他发现 90％的学习实践都涉及第一类和第二类问题解决活动，但是从整个教学单元和每天的课程来看，所有多元智能都已融合到大多数课程里。在天才学生项目中，类似于 DISCOVER 项目（和我为天才学生推荐的课程项目，融合了与 DISCOVER 课程模型相同的原则）的模型已经沿用了很多年。最大的挑战似乎在于将这类模型移植到 *387* 公立中小学的通识教育中。

在最近的课程设计研讨会中，我被许多中国台湾教师和教育家设计出的优秀问题矩阵折服。设计问题解决实践的目的在于根据课程标准和课程教学的同时，培养多种问题解决技能。同美国和中国大陆一样，我们会对这些案例进行编辑和翻译，让其他教师通过出版物或我们的网站（www. discover. arizona. edu）了解相关情况。

在台湾师范大学郭静姿教授主持的一个项目中，我同郭教授合作，为天才残疾儿童和健康学龄前儿童设计评估方案和课程。我们会根据台湾特殊儿童的特点对 DISCOVER 学前评估方案进行修改和打磨，并对其有效性进行研究。经过修改的 DISCOVER 课程模型同来自泰国的探索中心将于每周六在台湾师范大学（NTNU）的特殊教育中心（Special Education Center）开展实施。同中国大陆的情况一样，我希望在中国台湾学到让美国认可 DISCOVER 项目的更好方法，也希望能通过将该项目应用到不同的地区，让 DISCOVER 项目得到进一步完善和提升。

6.3 探索中心，DISCOVER 项目和 The Prism of Learning Model

在世界天才协会亚太地区联合会（Asia-Pacific Federation of the World Council on Gifted and Talented Students）的一次会议上，我有幸聆听了曼谷诗纳卡宁威洛大学（Srinakharinwirot University）Usanee

Anuruthwong 博士的演讲。我感到非常惊讶！她当时正在从事的工作与 DISCOVER 课程模型是如此相似，我当时觉得我们一定是双胞胎！于是我们开始对话，这段对话让我们成了永久合作伙伴，在美国、泰国及许多其他国家将我们的想法付诸实践。

388　　撰写这一章节期间，我们正在进行 Prism of Learning Model 的收尾工作。经过对每个模型优势的仔细考量，最终研发出了融合两者优势的综合模型。相关信息请查看 DISCOVER 网页。

我们鼓励实施 DISCOVER 项目的学校和学区利用多元智能工具设立中心，提供广泛的问题解决实践。这是一个好主意，也是一个重要的目标，但是，不幸的是，设立多元智能工具中心花销昂贵，同时，只有当所有教师都愿意实施这一方法时，这一项目才能惠及所有的孩子。无论管理者多么提倡，无论有多少优质的员工发展机会，也不是所有教师都愿意以这种方式教学！在泰国，对培养问题解决能力和创造力感兴趣的学校专门腾出一间大房间作为探索中心，挑选一到三位老师进行培训（取决于学校的规模），购买或创造学生在"自由探索"时间可以使用的材料。学校的所有学生（通常是 1—3 年级）每周都会在探索中心待上两个小时。以班级为单位进入中心。中心老师会开展一些小组活动，观察并鼓励学生进行探索、解决问题、积极思考。我真诚地相信，这种模式在世界上的任何学校都能取得成功！学校领导只要相信它，选择优秀教师，提供教员培训，同专家密切合作，为中心老师和常规课堂的老师提供支持。我在 5.2 节末尾列出了几项 DISCOVER 课程模型影响学生成就和创造力的因素："领导必须相信这个项目，并给予支持，'绝大多数'老师必须相信它并在教学中加以应用，所有老师必须具备广博的知识，必须提高使用该项目的能力，你必须选择其他与 DISCOVER 一致的项目。"只要设立一个像泰国一样的探索中心，只要学校领导和老师们相信并支持这一方法，只要所有老师定期将学生送到探索中心，DISCOVER 课程模型就能取得成功！

◆ 7. 结论 *389*

最后，我想重申的是：东西方的许多教育家都"正在转变对教育的思维方式"。他们正在发现培养学生思维能力和解决问题能力的价值所在，他们正在运用 DISCOVER 问题解决矩阵和多元智能理论设计符合当地文化的独特学习实践活动。

参考文献

Banks，J. A. (1990). *Teaching strategies for the social studies：Inquiry，valuing and decision-making* (4th ed.)，with contributions by A. A. Clegg，Jr. New York：Longman.

Bloom，B. S. (Ed.) (1985). *Developing talent in young people*. New York：Ballantine Books.

Brown，J. S.，Collins，A.，& Duguid，P. (1989). Situated cognition and the culture of learning. *Educational Researcher*，18，32-42.

Collopy，R. B.，& Green，T. (1995). Using motivational theory with at-risk children. *Educational Leadership*，53 (1)，37-40.

Cropley，A. J. (1999). Creativity and cognition：Producing effective novelty. *Roeper Review*，21，253-260.

Csikszentmihalyi，M. (1990). *Flow：The psychology of optimal experience*. New York：Harper & Row.

Csikszentmihalyi，M. (1997). Creativity：Flow and the psychology of discovery and invention. New York：Harper Perennial.

Ericsson，K. A.，& Charness，N. (1994). Expert performance：Its structure and acquisition. *American Psychologist*，49 (8)，725-747.

Ericsson，K. A.，Krampe，R.，& Tesch-Romer，C. (1993). The role of deliberate practice in the acquisition of expert performance. *Psychological Review*，100，363-406.

Flores, M. M. (2001). Creative problem solving in children with Asperger disorders: A pilot study. Unpublished Paper, Department of Special Education, Rehabilitation, and School Psychology, The University of Arizona, Tucson, AZ 85705.

Gardner, H. (1983). *Frames of mind: The theory of multiple intelligences.* New York: Basic Books.

390 Gardner, H. (1992). Assessment in context: The alternative to standardized testing. In B. Gifford & M. O'Connor (Eds.), *Changing assessments: Alternative views of aptitude, achievement, and instruction* (pp. 77-120). Boston, MA: Kluver.

Gardner, H. (1993). *Multiple intelligences: The theory in practice.* New York, NY: Basic Books.

Gardner, H. (1999). Intelligence reframed: Multiple intelligences for the 21s tcentury. New York: Basic Books.

Getzels, J., & Csikszentmihalyi, M. (1967). Scientific creativity. *Science Journal,* 3 (9), 80-84.

Getzels, J., & Csikszentmihalyi, M. (1976). The creative vision: A longitudinal study of problem finding in art. New York: Wiley & Sons.

Griffiths, S. (1997). *The comparative validity of assessments based on different theories for the purpose of identifying gifted ethnic minority students.* Unpublished doctoral dissertation, The University of Arizona, Tucson.

Guilford, J. P. (1967). *The nature of human intelligence.* New York: McGraw-Hill.

Guilford, J. P. (1984). Varieties in divergent production. *Journal of Creative Behavior,* 18, 1-10.

Han, K. S., & Marvin, C. (2002). Multiple creativities? Investigating domain-specificity of creativity in young children. *Gifted Child Quarterly,* 46, 98-109.

Jellen, H. G., & Urban, K. K. (1986). The TCT-DP (Test for Creative Thinking—Drawing Production): An instrument that can be applied to most age and ability groups. *The Creative Child and Adult Quarterly,* 11 (3), 138-153.

Jellen, H. G. , & Urban, K. K. (1989). Assessing creative potential worldwide: The first cross-cultural application of the Test for Creative Thinking—Drawing Production (TCT-DP). *Gifted Education International*, 6 (2), 78-86.

Lave, J. (1988). *Cognition in practice: Mine, mathematics, and culture in everyday life*. New York: Cambridge University Press.

Lori, A. A. (1997). Storytelling and personal traits: Investigating the relationship between children's storytelling ability and their interpersonal and intrapersonal-traits. *Gifted Education International*, 13 (1), 57-66.

Lubart, T. I. (1994). Creativity. In R. J. Sternberg (Ed.), *Thinking and problem solving* (pp. 289-232). New York: Academic Press.

Lubart, T. I. , & Lautrey, J. (2001). Personal communication.

Maker, C. J. (1993). Creativity, intelligence, and problem solving: A definition and design for cross-cultural research and measurement related to giftedness. *Gifted Education International*, 9, 68-77.

Maker, C. J. (1994). Authentic assessment of problem solving and giftedness in sec- **391** ondary school students. *The Journal of Secondary Gifted Education*, 6 (1), 19-26.

Maker, C. J. (1996). Identification of gifted minority students: A national problem, needed changes and a promising solution. *Gifted Child Quarterly*, 40, 41-50.

Maker, C. J. (1997). DISCOVER Problem Solving Assessment, *Quest*, 5 (1), 3, 5, 7, 9.

Maker, C. J. (2001). DISCOVER: Assessing and developing problem solving. *Gifted Education International*, 15, 232-251.

Maker, C. J. , & Nielson, A. B. (1995). *Teaching/Learning models in education of the gifted* (2nd ed.). Austin, TX: Pro-Ed.

Maker, C. J. , & Nielson, A. B. (1996). *Curriculum development and teaching strategies for gifted learners* (2nd ed.). Austin, TX: Pro-Ed.

Maker, C. J. , Rogers, J. A. , Nielson, A. B. , & Bauerle, P. R. (1996). Multiple intelligences, problem solving, and diversity in the general classroom. *Journal for the Education of the Gifted*, 19, 437-459.

Miller, G. A. , & Gildea, P. M. （1987）. How children learn words. *Scientific American*, 257 (3), 94-99.

Nielson, A. （1994）. Traditional identification: Elitist, racist, sexist? New Evidence. *CAG Communicator*, 24 (3), 18-19, 26-31.

Perkins, D. N. (1985). *Outsmarting IQ: The emerging science of learnable intelligence*. New York: The Free Press.

Perkins, D. N, & Salomon, G. (1989). Are cognitive skills context-bound? *Educational Researcher*, 18, 16-25.

Puccio, G. J. , Treffinger, D. J. , & Talbot, R. J. （1995）. Exploratory examination of the relationship between creativity styles and creative products. *Creativity Research Journal*, 8, 423-426.

Renzulli, J. S. (1978). What makes giftedness? Re-examining a definition. *Phi Delta Kappan*, 60, 180-184.

Rogoff, B. （1990）. *Apprenticeship in thinking: Cognitive development in social context*. New York: Oxford University Press.

Runco, M. A. (1986). Maximal performance on divergent thinking tests by gifted, talented, and nongifted children. *Psychology in the schools*, 23, 308-315.

Runco, M. A. （1991）. The evaluative, valuative, and divergent thinking of children. *Journal of Creative Behavior*, 25, 311-319.

Sarouphim, K. (1997). Observation of problem solving in multiple intelligences: Internal structure of the DISCOVER assessment checklist. Unpublished doctoral dissertation, The University of Arizona, Tucson.

392 Sarouphim, K. M. （1999a）. DISCOVER: A promising alternative assessment for the identification of gifted minorities. *Gifted Child Quarterly*, 43 (A), 244-251.

Sarouphim, K. M. （1999b）. Discovering multiple intelligences through a performance-based assessment: Consistency with independent ratings. *Exceptional Children*, 65 (2), 151-161.

Sarouphim, K. （2000）. Internal structure of DISCOVER: A performance-based assessment. *Journal for the Education of the Gifted*, 23, 314-327.

Sarouphim, K. M. (2001). DISCOVER: Concurrent validity, gender differences, and identification of minority students. *Gifted Child Quarterly*, 45 (2), 130-138.

Schiever, S. , & Maker, C. J. (1991). Enrichment and acceleration: An overview and new directions. In N. Colangelo & G. Davis (Eds.), *Handbook of gifted education* (pp. 99-110). Boston: Allyn & Bacon.

Schiever, S. , & Maker, C. J. (1997). Enrichment and acceleration: An overview and new directions. In N. Colangelo. & G. Davis (Eds.), *Handbook of gifted education* (2nd ed.) (pp. 113-125). Boston: Allyn & Bacon.

Shonebaum, J. A. (1997). *Assessing the multiple intelligences of children who are deaf with the DISCOVER process and the use of American sign language.* Unpublished master's thesis, The University of Arizona, Tucson.

Sternberg, R. J. (1985). *Beyond IQ: A triarchic theory of human intelligence.* New York: Cambridge University Press.

Sternberg, R. J. (2000). Identifying and developing creative giftedness. *Roeper Review*, 23, 60-64.

Stevens, B. (2000). *Relationships between the DISCOVER assessment and Wechsler Intelligence Scales as identifiers of gifted children.* Unpublished master's thesis, The University of Arizona, Tucson.

Taetle, L. & Maker, C. J. (2002). The effects of the DISCOVER Problem-solving Arts-infused Curriculum Model on State-mandated Standardized Test Scores. Manuscript submitted to the *Journal of the American Educational Research Association.*

Urban, K. K. , & Jellen, H. R. (1996). *Test of creative thinking — Drawing production.* The Netherlands: Swets & Zeitlinger, Inc.

Vygotsky, L. (1978). *Mind in society.* Cambridge, MA: Harvard University Press.

Zuckerman, H. (1977). *Scientific elite.* New York: Macmillan.

第十五章　培养创造性思维：西方途径与东方问题

杰勒德·普奇奥（Gerard J. Puccio）

戴维·冈萨内斯（David W. González）

美国纽约州立大学布法罗学院国际创造力研究中心

393　　美国芝加哥麦克阿瑟基金会（俗称"天才奖"）研究项目主任凯瑟琳·斯廷普森（Catherine Stimpson）[①]（1996）认为，创造力是一种行为，而不是一种状态。创造力是一种应用性行为（applied act）。就其核心而言，创造力研究在于理解一种独特而又重要的人类特质的基本性质，从而让我们更有效地培养所有人的这种特质。为此，本章将重点考察创造力的基本性质和培养创造性思维技巧的西式方法，如创造性问题解决模式。与西方的实践相比，东方的创造性思维培养出现了一些新问题，如在东方文化中，儿童教养方式、文化对个性发展的影响及教育实践都可能会阻碍创造力的发展。此外，在东方世界中，破坏创造力的文化因素还包括潜在的偏见，即创造力仅限于革命性变化及跳出常规思维模式的想法。因此，东方人可能会低估那些循序渐进或持续变化的创造性贡献。文章的最后会列出几条原则，用以帮助人们过上更有创造力的生活。

394　 1. 简介

何谓创造力？人人都有创造力吗？创造力能培养吗？创造性思维能

[①] Catherine Stimpson 简介见 http：//www. dfxj. gov. cn/dfxjw/dfxj/node2830/node2916/node2931/node3118/userobject1ai58291. html

学习吗？怎样的行为展现了创造性思维？学校应该更注重提高学生的创造性思维能力吗？文化通过何种方式激发或阻碍个人创造力？这些都是创造力专家和研究员常常被问到的问题。笔者就是带着这些问题撰写本文的。我们希望，本章能回答大部分的问题，即使不是全部。

本章主要分为两大部分：第一部分以西方为主，第二部分则重点介绍东方。第一部分会以一个最难回答的问题作为引言，即"何谓创造力？"为了回答这个问题，我们以西方的看法对创造力的广泛构成与创造性思维进行了区分。接下来，我们会介绍一些西方比较流行的创造力和创造性思维方法。然后，我们会将注意力转向东方世界出现的新问题。首先，本章会简要介绍我们在东方创造力思维研讨会和许多亚洲组织的观察结果。接着，我们会对研究中出现的一系列东方独有的问题进行总结。紧接着，我们会简要介绍东方对某些创造力观点的潜在偏见，即认为创造力更多地与间断的革命性变化有关，而不是循序渐进的持续性变化。最后，本章总结出五条原则以飨读者，希望有助于人们在生活中更加富于创造力，取得更多收获。

❧ 2. 定义创造力与创造性思维

人们经常把创造力和创造性思维视为同义词，而事实并非如此（Treffinger，1995）。当然，类似术语在概念上是相互联系的，但是它们的含义并不完全相同，因此在使用时也不能互换。许多学者认为，创造力是动态的多面向现象（multifaceted phenomenon）（MacKinnon，1978；Mooney，1963；Rhodes，1961；Stein，1968）。鉴于其概念的广度，创造力包含创造性思维。

多面向是什么意思？许多学者认为，创造力由许多互动元素组成。**395** 这些元素能独立于研究之外，但是，在现实中，创造力却源于这些元素的相互作用。虽然各自的用语可能稍有不同，但是大多数学者都同意，创造力包括四个独立的部分。用 M. 罗兹（1961）的话说，这四个面向为：（1）与创造者的特点和技巧有关，（2）包含创造过程思维阶段，（3）创造性产品的质量，（4）有利于创造性思维的环境（罗兹用 *Press* 这个词来指代环境）。涉及创造力多面向本质的复杂问题经常会造成困惑，在有关创造力的讨论中，所有人都如盲人摸象一般，只了解自己触碰到的那个部分，有关创造力的讨论亦是如此（Ornstein，1972）。

为了充分理解创造力的本质，我们就必须了解各个部分是如何互动形成整体的。听起来好像很简单，就像拼图一样；然而，这些元素的互动性本质却让这个问题变得格外复杂。它更像一支舞蹈，整体的表演取决于舞伴间的互动、演奏的乐曲以及周围的环境。修改这些元素就会让表演的形式发生变化。

上文中提到过，创造性思维包含在创造力之中。从创造力的多面向观点来看，与创造性思维联系最为密切的是过程面向。因此，创造性思维与人们力图用创造性的方式解决问题时的心智活动和思维阶段相关联。E. P. 托兰斯（1974）关于创造力的经典过程定义为一些体现创造性思维的行为提供了一个明显的例子：

> 创造力是这样一个过程，即对问题或不足，对知识上的缺陷，以及对基本元素的丢失、不协调、不一致等现象变得敏感；并找出困难，寻求解决途径，做出猜想或构成假设，对假设进行检验和再检验，也许是修改和再检验，达到最终结果。（Torrance，1974，p. 8）

396　　列举出创造力和创造性思维的概念性关系及与创造性思维有关的情感维度和认知技能后，G. 普奇奥（Puccio）和 M. 默多克（2001）给出了创造性思维的定义：

> 创造性思维是一项必要的生活技能，是能让人们在面对开放性挑战和机遇时生产出新颖、有效解决方案的理性过程。创造性思维由特定认知、元认知和情感技能组成。这些技能一旦内化，就可以

应用到生活的各个方面。创造性思维包含在创造力领域内，从而反映了这一广泛构想的内在多面向本质。因此，虽然创造性思维起初只是一个个体过程，却受到某些因素的影响，如周围环境和手边的工作。最后，创造性思维并不罕见。所有正常人都有能力进行创造性思维，而且这种能力还能得以增强。创造性思维能通过创造性问题解决模式学习。(p. 70)

有许多重要的设想促成了这个创造性思维的定义。为了让这些关键设想更清晰明确，我们在下一节中会对这些要点逐一进行说明。

2.1　创造性思维是一项必要的生活技能

生活错综复杂。正因为如此，我们才面临各种需要创造性思维的挑战。创造性思维是一种生存技能。无论我们谈论的是个人、组织还是整个社会，创造性思维小到可以保障生存，大到可以产生翻天覆地的变化。我们号召人们定期实践创造性思维，贯穿生活各个领域。工作、儿童教养、爱好、家庭规划、烹饪和一般健康问题等活动通常都需要创造性思维。任何没有给出明确预设好的前景道路的问题或机会都需要创造性思维。简言之，创造性思维是一种基本的生活技能。

创造性思维已经被确认为让高危青少年产生心理弹性的（resiliency）**397**主要特质之一。实际上，已有证据显示，创造性思维方法的训练降低了因犯的重新犯罪率（Place，McCluskey，McCluskey，& Treffinger，2000），同时还能提高辍学儿童走上成功人生道路的可能性（McCluskey，Baker，O'Hagan，& Treffinger，1995）。

快节奏、瞬息万变的职场需要创造性思维。A. P. 卡纳瓦勒、L. J. 盖纳和 A. S. 梅尔策关于职场的调查（1990）发现，员工们认为创造性思维是职场七大技能之一。生产率和绩效取决于员工的创造性思维能力。A. 范冈迪（1987）特别强调职场创造力的重要性，他曾说过，"一个组织的成长和生存与它生产（采用）和实施新服务、产品和过程的能力直接相关（p.358）"。

创造性思维甚至能对整个社会产生影响。它渗透到我们生活的方方面面。正如作曲家、电影制片人、作家 R. 弗里茨（1991）所说：

> 创造过程比历史上的任何其他过程更有影响，更有力量，也更成功。所有艺术、多门科学、建筑、通俗文化及我们生活的整个科技时代都因创造过程而存在。（p.5）

鉴于创造性思维在日常生活、个人发展、职场和整个社会中的重要性，学校培养学生的创造性思维技巧显得至关重要。学校能完善驱动组织创造引擎的人力资本，学校也能提升整个设计的创造潜能。因此，为了更好地服务利益相关人员，学校应该义不容辞地促进这项必需的生活技能。传统教育体制强调让学生掌握特定的知识，但是在信息呈指数型增加的世界中，我们的教育系统必须更好地实现创造过程和掌握传统学科重心的平衡。仅仅掌握了学科知识，却不能有效地实现创造过程的学**398** 生注定只能生活在封闭的学科领域里。与之相对的是，既掌握了学科知识，又能有效实现创造过程的学生更有可能为自己的专业领域带来新颖的想法。此外，实现创造过程这一技能还能带来许多其他好处，如，应对专业领域变化的能力，从一种职业过渡到另一职业的能力，激发他人作出最佳贡献的能力。简而言之，学校不仅要教会学生思考什么，也要教会他们如何思考。

2.2　创造性思维是致力于产生新颖实用想法的理性过程

人们通常都误以为，一个人要具有创造力就必须成为心理失衡的怪人。毫无疑问，我们能列举出具有高度创造力心理却并未失衡的例子。同时，我们也能列举出许多心理失衡却并未取得成功的例子。因此，较差的心理健康状况不是创造力的必要条件。相反，一些研究显示，创造性思维能让人的心理更加健康（MacKinnon，1978），能更好地应对生活中的挑战（Torrance，1962）。

如果我们不考虑个人心理状态，只关注创造过程本身，就会造成另一种常见的误解。有人认为，创造过程是神秘莫测的心智过程（Davis，1986），似乎创造性思想是空穴来风。但事实绝非如此。创造过程可以描述，可以研究（Boden，1990；Torrance，1974；Wallas，1926）。联想、关联、找出问题、形成理解都是正常的心智活动。而且，创造过程的最终目标是理性的。通常，创造性思维的目标在于生产出满足需求的新颖想法。实际上，也许创造力最常见的定义就是生产出新颖且有用的想法——这是一种非常理智的活动。图 1 描述了这样一种观点：最高层次的创造力源于力图将新颖和实用结合在一起的思想。也就是说，创造性思维远不止是找到异乎寻常的想法而已。

图 1.　高度创新产品既新颖又实用　*399*

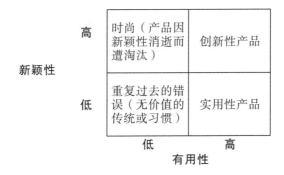

2.3　创造性思维由认知技能、元认知技能和情感技能组成

是什么让创造性思维得以运转？答案是某些思维技巧（认知）、执行功能（元认知）和有效管理的情感状态（情感）。特殊的思维技巧能让个人进行创造性思维。这些思维技巧巩固了与创造过程相联系的思维阶段。例如，E. P. 托兰斯（1974）和其他学者认为，发散性思维由能流畅、灵活和新颖思考的能力构成。然而，思考能力通常会受到情感状态的影响。情感状态能促进或阻碍个人进行创造性思维的能力，如喜爱、讨厌、害怕、好奇和兴奋。因此，普奇奥和默多克（2001）指出，创造性思维

的基础是某些情感特质，如容忍度和冒险精神能使人偏向创造性思维。普奇奥和默多克将情感特质称为技能，因为它们会受到训练的影响，从而让创造性思维工具的成功应用停止或运转。元认知是一种高层次技能，具有两大特征：（1）监控自己思维的能力；（2）根据任务要求转变认知 **400** 策略的能力（Presseisen，2001）。高度发达的元认知技能让个人能有效地驱动创造过程，是它使思考者能控制自己的创造过程。它的角色就好比一名汽车司机，元认知让个人决定去哪里，在哪里转向，为一项活动投入多少精力及何时停止。表1是创造性思维涉及的认知、元认知和情感技能。

表1. 一些与创造性思维相关的技能示例

认知技能	元认知技能	情感技能
识别问题与机会	设定目标	感知问题与机会
产生更多想法	决策决定	使用直觉
理解不同选择间的关系	考虑多面向；平行处理	好奇心
从无关的数据判断相关性	培养对自己创造力的理解	预测未知的事情

2.4 创造性思维反映了创造力的多面向本质并受到周围环境的影响

在上文中我们提到过创造力的多面向本质如何包含创造性思维。这一设想的一个重要推论是：除了环境对个人创造性思维能力的重要影响外，创造性思维的驱动力就是思考者本身。种子也有可能长成参天大树，但是它的成功取决于许多环境因素，如土质、水和光。就像种子一样，我们都有可能进行创造性思维，实现这一潜能的程度取决于环境。如 G. 埃克瓦尔（1996）发现工作场所的心理气氛能促进或阻碍创造力发展。实际上，埃克瓦尔已经反复揭示：创新能力越强的单位或公司，其工作 **401** 氛围越积极。埃克瓦尔发现的10个影响创造性思维的维度如表2所示。所有这些维度都是积极的，当然，冲突除外。埃克瓦尔指出，人际紧张关系和冲突越少，对创造力发展就越有益。

表2. 有利于创造性思维的气氛维度（Ekvall，1996）

挑战	嬉闹
自由	讨论
观念支持	冲突
信任	勇于冒险
活力	时间观念

虽然，最初发现的是创造性思维与工作环境的关系，但是我们还是认为：这些维度用于课堂培养学生的创造性思维同样重要，或许还更为重要。与缺乏这些特征的课堂气氛相比，在具有高度观念支持、勇于冒险、热衷讨论的环境中学习的学生更有可能培养创造性思维技巧。

2.5 创造性思维并不罕见且能通过创造性问题解决模式学习

每个人都有进行创造性思维的能力，只是程度不同而已。同其他能力一样，创造性思维也是正态分布的。虽然不是每个人的创造力都能得到社会认可，但是我们完全可以每天利用自己的创造性思维技能让自己的生活更加丰富多彩。而且，我们知道，同其他能力一样，创造性思维是能够增强的。教学和训练能帮助个人掌握必要的创造性思维技巧。国际创造力研究中心开展的创造力学习计划（Creative Studies Project）（Parnes，1987）和其他研究性学习项目已经表明，教授个人进行创造性思维是可能的。在创造力学习计划中，选择了四门创造力课程的学生在 *402* 创造性思维和问题解决能力上明显胜过控制组学生。

对于那些参与了中心开设的课程和研讨会的学生和专业人员，培养创造性思维的主要途径是创造性问题解决过程。创造性问题解决模式（Creative Problem Solving，简称CPS），最初是由头脑风暴（brainstorming）的创始人亚历克斯·奥斯本（Alex Osborn）在 50 多年前创建的（Osborn，1953）。CPS自诞生以来已经经历了不断的研究开发（Firestien，1996；Isaksen，Dorval，& Treffinger，1994；Isaksen & Treffinger，1985；Miller，Vehar，& Firestien，2001；Parnes，1967；Parnes，Noller，& Biondi，1977）。研究和实践完善了这一模型。CPS 仍是使用最广泛、培养创造性思维技能最成功的模型之一（Torrance，1972）。我们最近的许多研究都是为了理解 CPS 训练产生的影响。这些研究体现了CPS 对学生个人生活和专业生活的巨大改变和影响（Keller-Mathers，1990；Lunken，1990；Neilson，1990；Parnes，1987；Scritchfield，1999；Vehar，1994）。此外，克里斯廷·普奇奥（Kristin Puccio）(1994) 针对低年级学生的研究表明：根据年幼学童的情况对 CPS 进行调整，能够产生与对成年人类似的影响。

　　过去几年，普奇奥、默多克和另外一位布法罗的同事开发出了新版的 CPS。这个版本包含七个步骤，其中六个步骤涵盖三大基本活动领域：澄清、转化和落实。这些操作领域与本章中提到的托兰斯创造过程极为相似。虽然游走于 CPS 过程的几大步骤间是很自然的事情，但是我们会按自然顺序对它们进行介绍（如对问题的敏感性或解决方案实施的差距）。澄清包含两大步骤：探索愿景和提出挑战。探索愿景的目的在于明确个人、小组或组织希望创造的未来状态。这可能是前瞻性的思维过程，如找出未来的机遇或应对潜能或威胁的反应过程。提出挑战的目的在于，找到实现未来愿景需要解决的问题。这一活动领域的结果是一份简短的
403　需要创造性思维的挑战清单。下一活动领域是转化，此时个人、小组或组织为克服最严峻的挑战进行大胆想象（如探索点子步骤）。最后一个活动领域，即落实，是为了检查所有会促进或阻碍解决妨碍成功实施的因素（如探索接纳步骤）。之后，个人、小组或组织确认实施解决方案的具体行动步骤时会将这些关键性的规划因素纳入考虑的范围。

　　至此，我们对 CPS 过程七大步骤中的六个进行了介绍。由于剩下的这一步骤评估情境具有元认知功能，因此我们称之为执行步骤。这一步骤具有双重目的。第一，诊断情形，决定完成目前的任务是否需要创造性思维，如果需要，就决定从 CPS 过程的哪个步骤开始。就像医生在为病人进行治疗前会先为病人诊断一样。第二，评估情境的目的在于诊断

任务是否需要创造性思维，如果需要，再决定如何开展 CPS 过程。评估情境永远是 CPS 过程的第一个步骤，这一步骤决定个人或小组接下来该依次进行哪些活动。

CPS 过程的特点在于它能均衡地注重发散思维（生成多种选项）和聚合思维（评估选择）。发散思维是每个 CPS 步骤的第一个思维阶段。每个步骤的第二个阶段是聚合思维，但是这种情况只在产生多种可能性的情况下才会发生。发散思维是指在大范围内搜索各种新颖独特的选项，聚合思维是指通过选择和评估的方式对最有希望的选项进行重点搜索。用奥斯本的一个类比来说就是，这种平衡防止个人试图在让汽车加速（生成选项）的同时踩刹车（严格地评判选项）。正如这种驾车方式会造成挫败和能量的不合理利用，如果人们经常在生成选项和评判选项间来回转换，也会造成同样的后果。因此，CPS 会教会人们如何有效地管理 **404**
这两种思维形式。经过特殊指引，CPS 也能让人们培养自己的发散思维和聚合思维能力。例如，发散思维的主要原则是推迟评判（Defer Judgment），要求人们在力图生成选项时暂时推迟评判。相反，聚合思维的主要原则是肯定评判（Affirmative Judgment）。这一原则号召人们采用更积极、更有建设性的方法评估选项（Isaksen et al.，1994）。

我们将 CPS 过程视为思考教学的框架。上一段中介绍了 CPS 教授的两种思维方式，即发散思维和聚合思维。在 CPS 的每个步骤中，学习者都能学会一种特殊的思维技巧，无论是学生还是专业人员都是如此。表 3 介绍了 CPS 模型中与七个步骤相关的思维技巧定义。

表 3. CPS 模型中每个步骤的相关思维技巧

诊断思维 （评估情境）	识别并描述问题或情境的本质，决定恰当的过程步骤
战略思维 （探索愿景）	确定未来的方向和希望获得的结果
问题分析思维 （提出挑战）	将问题转化为激发点子生成的弹跳板

续表

概念思维 （探索点子）	产生应对挑战或机遇的原创性心智图像和思维
评估思维 （找到解决方案）	为了制订出切实可行的解决方案，评估思想的合理性和质量
情境思维 （探索接纳）	理解相互关联的条件及促进或阻碍成功的环境
战术思维 （制定方案）	制定方案的具体步骤，以获得理想结果并监控其有效性

405   2.6 内化 CPS：成为变革管理的领导者

图 2 展示了一个学习模型，我们用该模型来记录教育课程和项目的效果。培养创新变革领导者模型（The Model for Developing Creative Change Leaders）描述了发展的四个阶段，从无意识不精通（unconsciously unskilled）到无意识精通（unconsciously skilled）。该模型的发展阶段以情境领导模式（Situational Leadership Model）下追随者的特征为基础（Blanchard & Johnson，1982；Hersey，1984）。在无意识不精通阶段，学习者没有意识到自己的创造潜能，不熟悉正式的创造性思维方法。意识是让学习者超越这一阶段的关键。学习者必须接触能产生意识和学习兴趣的创造力信息。

第二阶段：有意识不精通（consciously unskilled）。在这一阶段，学习者开始认识到有多少培养创造性思维能力的可用信息，因此，可能开始认识到自己还有多少未知信息。通过正规训练，即学习如何应用原则、工具和 CPS 元素，学习者开始发展创造性思维的熟练程度。实践技能发展开始稳定下来。这样会促进第三阶段的发展，即有意识精通（consciously skilled）。在这一阶段，学习者开始意识到自己学到的知识，并直接应用该知识。学生应该善于用机械的方式使用 CPS 过程。在适合的时机采用 CPS。例如，我们希望达到这一阶段的学生能有效地促进 CPS 活动或为他人提供 CPS 培训。

第四阶段的显著特征在于学习者已经内化了 CPS 理念。CPS 已经成为一种生活方式。例如，推迟评判和肯定评判已不再只是通过 CPS 引导团队的原则，而是引导个人行为的支柱。在这一发展阶段，CPS 会影响学习者处理问题的方式、相互作用及生活领域。CPS 理念已经根深蒂固，学习者不会再有意识地察觉自己正在使用 CPS。它已成为一种存在方式。这一阶段被称为无意识精通（unconsciously skilled）。

图2. 培养创新变革领导者模型　　　　　　　　　　　　　*406*

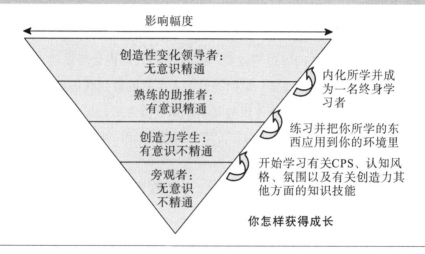

© G. J. Puccio 2003

从第一到第四阶段，个人的影响范围逐步扩大。在第三阶段，个人通过 CPS 的正式使用对他人产生直接影响，就像使用引导技能（facilitation skills）帮助团队创造性地解决问题一样。最广泛的影响发生在第四阶段。在这一阶段，因为 CPS 已经内化，个人展现出创造性行为，因而会从工作、社会和家庭上影响他人的生活。在这个阶段，我们称学习者为创新变革领导者，即以创新态度面对生活各个方面的人。创新变革领导者具有前瞻性、寻求机会、不会被挑战和梦想阻碍，能积极地提升他人的创造力。创新变革领导者生活在 CPS 过程中。创新变革领导者的行为反映了与 CPS 有关的原则、思维技巧和框架。

然而在现实中，许多学习者都被卡在第三个发展阶段。CPS 仍然被作为一种应用到他人身上的模型（如提升创造力），并没有成为一种生活方式。为了突破阻隔第三和第四阶段的障碍，我们必须成为 CPS 的终身学习者。我们必须超越正规的 CPS 过程，并将其视为能更好地理解创造

407 过程的框架，更深入地认识到 CPS 不只是为了激发创造性思维的雕虫小技，而是洞察创造力本质的理论模型。这种认识来源于敏锐的观察力和不断的学习。与马斯洛（1968）提出的自我实现（self-actualization）理念一样，四个发展阶段内的学习是连续的。你不能说自己完成了第四个阶段，因为这一阶段的发展仍在不断加深，就像剥洋葱一样，总能将你带到下一层更深入的地方。

变革领导者已被 CPS 过程改变。他通过 CPS 的内化帮助他人改变。CPS 不再是一套工具，而是一组能提升个人生活的原则和信念。本文最后一章会对第四个发展阶段体现的基本原则和信念进行探讨。然而，在讨论这些原则之前，我们要先对东方培养创造性思维的问题进行探索。

⚫ 3. 在东方培养创造性思维： 一些观察结果和问题

本章的第一部分简要介绍了一些西方比较流行的创造力和创造性思维观点，以及一个广泛用于培养创造性思维技能的模型，即创造性问题解决模型。在这一节，将探讨与东方培养创造性思维相关的问题。我们刚开始走上这条探索道路时就知道我们的观点会影响判断。本节会对我们在马来西亚、新加坡和中国香港教授 CPS 的个人经历进行讨论和反思。本次讨论的首要目的在于假定西方的，主要是美国，创造性思维培养实践能直接运用到东方。实践告诉我们事实并非如此，认为在一种文化中建立的模型、材料及策略可以轻易地应用到另一文化中的想法未免太过天真。本节第二部分会对东方创造性研究进行总结。

408 3.1 我们的个人经历

过去三年，我们有幸与中国香港、新加坡和马来西亚的教育组织合

作。我们在东方的访问让我们和国际创造力研究中心（ICSC）的全体教员有机会拓展视野、传播创造力研究、应用及创造力的力量。在东方培养创造性思维和人类潜能已成为国际创造力研究中心的兴趣所在，最近在东方的经历教会了我们许多，同时也提醒我们，"通过怎样的方式才能最好地培养创造性思维"已日益成为全球化问题，并留给我们许多围绕着这个话题的未解之谜。

我们的精力主要集中在举办创造力研讨会、开设班级及开展创造性思维和CPS座谈会和报告会上。访问期间，所到之处对创造力的兴趣都异常高，尤其听说在一些领域"变得更有创造力"已经成为政府指令，更让我们深受鼓舞。作为创造力领域的教育家和实践者，我们很高兴人们已经明显意识到创造力的重要性，我们也很高兴看到人们为促进创造性思维所作出的努力。

显然，没有任何创造力模型和方法能适用于所有文化。以 M. 罗兹的创造力4P模型为例，我们会发现，不同文化产生的严重影响都会特别集中于该模型的一个或多个方面（创意开发者、创造过程、创造的产品、创造环境）。我们认为，培养4P模型的各个方面及和谐互动能让个人、团队、组织和社会有机会提升创造力，取得更大成功。每次去东方访问，我们都会修改设计，以更好地满足东方人的需求。我将罗兹的4P模型作为创造力发展的基础，这样一来，我们就发现阻碍东方创造力发展的最大因素很可能与环境有关。

我们注意到，东方人在培训课和研讨会上都非常有创造力，在鼓励冒险和抛弃面子问题的环境中更是如此。作为这些座谈会的领导者，我 **409** 们有能力对环境进行设置，让每个人的创造潜能达到最大化。当参与者走出这个环境，他们才意识到自己的创造力正被压制。因此，我们问自己："我们怎样才能最好地传达创造性环境的重要性及其对个人健康和生产力的影响？""何种触发机制才能帮助人们采用埃克瓦尔的环境维度并将其融入培养创造力和创新力环境的开发中？"

在埃克瓦尔的维度中，冒险是东方培养创造力的最大机会区域。许多参与者都会说，他们很羡慕西方人敢于冒险、敢于犯错并从这些错误中汲取教训的勇气。要是听到几名学生和参与者说"我热爱冒险"，着实会让我们大吃一惊。对于"是什么阻止你冒险"这个问题，我们得到的答案是害怕犯错、怕丢脸。可是当我们不再犯错时，我们也就不会有所发现了。允许犯错是鼓励冒险和创新的一个有力理念。在个人的声誉和形象深受他人看法和观点影响的环境中，我们如何才能更好地做到这一点呢？这正是我们目前正在研究的问题。这是一次令人激动的挑战。从我们的经历来看，东方人在不失颜面的情况下才会欢迎学习如何冒险和创新的机会。

我们还注意到，东方人有一种想要学会如何变得更有创造力的强烈愿望。特别要指出的是，我们已经看到了他们对学习工具、方法、过程及创造和保持长期积极改变的内化行为的重视。有时，这似乎更像是一种对创造力的急功近利心态，而不是希望内化伴随整个过程的原则、理念、原理和行为。根据学生和参与者的反馈，我们已经认识到，东方人可能不知道如何处理与东方方式不太相符的原理、原则或行为。例如，对许多东方人来说，发散思维的主要原则推迟评判似乎是一大挑战。回到犯错误这一理念，困难之处在于要在没有自我批评、不担心别人看法的情况下产生创意。如果推迟评判是产生新颖想法的核心，我们如何才能更好地鼓励人们在创造力研讨会环境外坚持这一原则呢？另外一条至关重要的原则是：产生疯狂的想法。我们如何才能鼓励人们发挥想象力，知道我们尝试才能有所创新？量变引起质变的原则加剧了这种情形，即为了提取优质想法，在CPS模式中，我们要求个人追求数量，产生尽可能多的想法。我们发现，在人们不允许自己有机会丢脸或犯错的情况下，让他们产生许多想法是很难的。在没有恐惧的状态下思考多种选择，多种选择就等于优质选择。坚持推迟评判这一原则和思维准则是产生新颖且实用选择的基石。如果参与者没有遵循这一原则，他们就不愿意产生挑战现有体系的想法，所以，思维的新颖度就会下降，应对重大挑战和目标的选择就会减少。我们的经历告诉我们，东方人确实想要突破固有

410

模式，学会冒险，想要变得更有创造力，想要成为独立的思考者。我们希望继续探索如何帮助东方人内化 CPS 等强大思维过程推崇的行为，帮助他们学会如何开发真正能培养创造性思维和潜能的环境。

在下一部分中，我们会将注意力从个人经历转向最近东方创造力研究的总结。

3.2　在东方培养创造力：一些研究发现

许多近期发表的文章都在讨论与东方培养创造性思维相关的挑战。黄奕光（2001）建立了一个模型，该模型阐释了亚洲文化如何破坏个人的创造性行为。黄奕光模型的重要前提是：亚洲人和西方人具有同样的 **411** 创造力，但是东方文化阻碍了创造性思维的发展。他指出，每个社会都存在其独有的关于自我的概念，这种概念决定了怎样的行为举止是符合社会期望的。正如黄奕光所说："这样，我们就能解释行为的文化差异，如墨守成规的亚洲人和具有创造力的西方人。"（p.26）

图 3.　黄奕光阐释文化和创造性行为关系的模型[①]

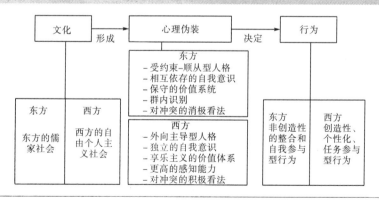

©黄奕光 2001

黄奕光关于东方文化如何塑造个人创造表现力的观点为罗兹的多面向模型（创意开发者、创造过程、创造的产品、创造环境）提供了良好

---

①　这个模型获黄奕光先生的准许而刊印。

范例。环境面向中的一个强有力变量就是文化。伴随我们成长的文化塑造了我们的信仰、价值观和行为，正如黄先生指出的一样，文化对我们如何表现创造力有着深远影响（见图3）。文化还会影响我们对创造力的理解。亚洲文化是组织性较强的集体主义文化，比较关注社会秩序。因此，亚洲文化可能会对创造力采取较为功利主义的途径，即创造性行为就是能服务社会大多数利益的行为。在图1中，我们对创造力的新颖性和实用性进行了讨论，亚洲人可能会更注重实用性。例如，岳晓东和胡慧思（2002）发现中国年轻人认为政治名人是最常见的创造力范例。研究人员总结说，"这一发现源于中国青年人创造力观念中强烈的功利主义观点。他们更关注创造者的社会影响或对社会的贡献，而不是思维的创新性。"（p. 88）作者还进一步解释，"含蓄地说，中国人对创造者的观念可以看作是以价值为导向的评估体系（merit-based evaluation system），因此，那些在创造力的实用性上脱颖而出的人就更有可能被当作创造力的典型人物，而那些在创造力的美学层面卓有成就的人就并非如此。"（p. 100）

胡慧思和岳晓东（2000）曾就中国青年的创造力观念展开研究，关于亚洲文化和创造力得出了类似的结论。他们指出：

> 我们发现，在受访者思想中，无一中国人的性格特征对创造力有益，而西方人仅有两种性格特征不适合创造力的发展。此外，许多中国人典型的性格特性，即"遵循传统"、"服从"、"爱面子"、"顺从"和"从众行为"，被视为最不符合创造力的特征（p. 187）。

有关极富创造力个体认知的调查结果（Yue & Rudowicz, 2002）则显示，中国青年在评估创造性个体的特征时，不太重视审美观和幽默感。这又再次反映了东方对创造力功利主义的关注。

因此，相关研究似乎已经指出了东方创造力观念、表现及培养方式的不同之处。我们会通过对大量特定社会力量的探讨，深入挖掘亚洲文化对创造力的影响。

3.2.1　东方的教育实践

教育系统因其对创造力的显著影响而最容易受到赞誉或抨击，东西方皆如此。教育系统的职责是训练公民的头脑，因此人们自然对教育过程能否帮助公民提升创造性思维抱有较高期望，这样的预期也是合情合理的。许多研究文章已经提出有关东方教育实践如何破坏创造性思维的观点。

关于学生的创造性思维能力，一些跨文化研究在对中美学生进行比较时已经指出了显著的差异。如，左伯纪子、范息涛和凡杜森根据最受欢迎的创造性思维心理测验——托兰斯创造性思维测验对美国和日本大学生进行了比较，他们发现美国学生的整体创造力指数均超过日本学生，为图画命名的精密性（elaboration）和抽象程度有所不同。作者对测验结果进行了解释：

> 美国学生的优异表现可能是由于美国文化较日本文化而言更有利于培养创造力。换句话说，美国学生在教育、家庭和社会环境中有更多机会培养创造力……日本文化更多的是以从众心理（conformity）为基础，而非个人主义。因此，日本学生可能更倾向于寻找常规答案。尽管测试说明要求测试者尽可能地让自己的标题新颖独特，用标题诉说故事，日本大学生在表达自己的独特想法方面可能经验相对匮乏。（pp. 32—34）

让我们跳过校园里因破坏创造力而饱受批评的文化特征，着眼于破坏创造性思维的具体教育实践。例如，陈爱月（2001）曾指出，依赖背诵、以教师为中心的教学、课堂作业和记忆的教学方式对培养创造性思维几乎没有任何帮助。这种课堂环境不会带来埃克瓦尔提倡的创造氛围 *414* 维度。例如，陈爱月援引的教学实践并没有形成能提升创造性思维的讨论和思想交流。再加上对学业成就的过分关注和过于拥挤的课堂环境，让这个问题变得更为复杂。

虽然一些亚洲国家和地区的政府部门，如中国香港和新加坡（Cheung，Tse，& Tsang，2001；Tan，2001）已经认识到将创造性思维融入国民教育课程的必要，有些国家也已颁布命令，但是教育系统的反应似乎过于缓慢。有人可能会问，为何教育系统的改变如此缓慢？原因很多。首先，经验丰富的教师已经建立起了一套常用教学方法，而且这种习惯很难改变。陈爱月（2001）发现，60%经验丰富的教师认为所有教学活动都能激发学生的创造性思维。在最近一次观察香港教师如何鼓励学生进行创造性写作的研究中，Cheung、Tse 和 Tsang（2003）发现，虽然大多数老师认为创造力是培养写作技能的一项重要技能，但是大部分老师仍沿用较为传统的教学方法。研究人员指出："教师们关心的首要问题是学生是否能按时提交期末论文，并不太在意能帮助学生培养创造力的写作过程。"（p.93）其次，虽然教育部门可能会要求教师们促进创造性思维，但是在大多数情况下，测试仍然很重视学业成绩（Tan，2001）。因此，在评估程序并未加强促进创造性思维教学的情况下，很难有调整教学方案的动机。再次，教师将某些创造性特征当作消极特征（Chan & Chan，1999）。在考察教师们的创造力内隐理论（implicit theories of creativity）时，Chan 和 Chan 发现"参与研究的教师们认为某些不被社会欢迎的特性是创造性学生的特征。因此，中国教师似乎不太重视创造性行为，或者不太赞同某些创造性行为"（p.194）。最后，教师们也许都直接或间接地受到自己文化的影响。也就是说，他们会在教学方式和内容上有意识地遵从社会的期望（Tan，2001），由于他们的性格已经受到自身所处文化的影响，他们可能会无意识地开展阻碍创造性思维的教学实践（Soh，2000）。

415　　为了解决东方与破坏创造性思维教育实践有关的问题，Cheung 等人（2003）建议：

　　教师们应该接受不同意见，鼓励学生信任自己的判断，即使与大多数人的想法不一致时也是如此，承认所有学生都有创造力。同

时，教师自己应该通过建立模型或头脑风暴的方式激发创造性思维。（p. 80）

3.2.2　东方育儿观

显而易见，社会对儿童的影响在他们进入社会的那一刻就已凸显出来。黄奕光（2001）认为，东西方家长养育孩子的方式截然不同。他指出，儒家思想的影响让孝道（filial piety）在东方文化中占据举足轻重的地位。孩子要尊重、孝敬、遵从父母，不能做让父母丢脸或失望的事。正如黄奕光所说：

> 在东方文化中，孩子对父母的依赖受到鼓励，为了让孩子完全服从，违背孩子的意愿也是合理的。人们并不主张鼓励孩子表达自己的观点，亦不提倡孩子的自主权和独立性。（p. 29）

黄奕光将东西方养育孩子的方法进行了对比，注意到西方家长的目的在于教会孩子独立，父母希望孩子成为一个具有强烈自我意识的独立个体。我们由此可以预见，多年以后父母与孩子之间的关系会成为朋友一般互相尊重友爱。

东方对孝道的重视也造成了认知上的保守主义，黄奕光认为这种保守主义会让个人"采取被动、缺乏评判能力和创造性的学习态度，墨守宿命、迷信、陈旧的观念；变成专断独裁、教条主义的从众主义者"（p. 65）。黄奕光指出，孝道导致了僵化、保守的思想。

3.2.3　依赖和独立   *416*

黄奕光（2001）认为，东西方社会的鲜明对比与人们怎么看待心理依赖有关。在西方，对他人的心理依赖具有负面含义，但是对团体的心理依赖会得到社会认可。例如，黄奕光曾指出：

> 在日本，人们并不认为坚持己见代表真实可信，反而被视为不

成熟和幼稚。屈服或让步不是性格懦弱的象征。相反，它体现了宽容、灵活性、社交成熟性和自我控制能力。（p. 32）

东方文化具有严密的组织性，具有集体主义倾向。因此，期望社会成员能适应并服从。和谐是重中之重，正如黄奕光所说，人们的注意力集中在"以我们为中心的意识"（we-ness）。在这种社会中，人们在心理上相互依赖。为了融入其中，他们可能会放弃个人愿望和欲望。例如，日本人用"Uchi"这个词指代群体。群体可能由个人在学校、工作或家庭中的关系组成。Uchi 会为日本人带来一种安全感。Uchi 强化从众心理；人们需要一种归属感，因此会谨慎开展可能会扰乱群体从众心理的独立行为。

相反，西方文化组织较为松散，因此倾向个人意见的表达，也更容易接受不同意见和讨论。黄奕光评论道，因为西方人的"个人身份源于自己保持独立个体的能力，鼓励人们将自己同他人区别开来"（p. 41）。个人更有自主性，追求自己的利益和目标。

3.2.4 自我批评倾向

黄奕光（2001）认为，东方人比西方人更倾向于自我批评。亚洲人更倾向于用他们的失败而不是成功经历来定义自己，西方人则恰恰相反。这种模式在儿童时期可能就已建立。黄奕光指出，西方儿童接受了更多的积极评价，东方家长则更关注孩子的缺点。黄奕光总结道，"这样一来，（东方的）孩子们就逐渐对与自己相关的负面信息形成习惯性的注意力倾向"（p. 43）。

3.2.5 封闭性格和开放性格

黄奕光假定了几条东西方人性格特征的主要差异，其中一条涉及经验的开放性。这种性格的特质是寻求新奇体验、不被社会期望束缚、生活充满不确定感、擅长发散性思维，并且能将貌似不相关的事物联系起来。黄奕光认为，开放型性格在西方社会相对自由的社会中更容易得到培养，在那里每个人都希望自己是原创思想家，希望不断创新。而在东

417

方，不符合规则就会受到社会制裁，因此，人们很难具有开放性、原创性和创新性（Ng，2001，p. 47）。

3.2.6　动机来源：内在和外在

T. A. 阿马比尔（1987）开展了一项有关探索动机与创造性生产成果关系的研究项目。她发现，总体来说，内在动机产生的创造性成果较外在动机多。受到内在动机驱使的人会为了活动本身而参与其中，纯粹为了享受活动本身带来的快乐和满足。相反地，外在动机则把活动当作达成目标的一种手段而已，活动的外在因素才是主体的目标，如奖励或社会压力。受到内在动机驱使的人可以采用不同的方法完成任务。他们在探索实现目标的方法时，会投入全部创造能量。关注外在因素的人们 **_418_** 可能会尽快结束活动，从而更快地获得奖励。

西方社会更有可能产生工作投入型（task-involved）或以内在动机为导向的个体，而东方社会则会培养出自我投入型（ego-involved）或以外在动机为导向的个体（Ng，2001）。此外，这些导向的差异始于儿童时期，可能会被教育系统强化。在黄奕光看来，亚洲教育系统竞争激烈、看重成绩、约束性强，不允许学生进行尝试。因此亚洲教育系统培养出的学生工作勤奋、知识渊博，但是在创造性思维上却很欠缺。学生仅把学习当作一种工具，视为未来就业的重要步骤。黄奕光批评亚洲教育体制只会培养出被动学习者，他们只会向权威人士寻求关于学习什么，如何学习的意见。

形成这种教育方法的原因之一与孩子同家庭的关系有关。亚洲学生经常把注意力外在地集中在如何取悦自己的父母上。黄奕光曾说过："希望在学校里表现良好的想法源于内心想要满足亲人的期望，尤其是为自己作出了巨大牺牲的父母。"（p. 113）

最后，东方人"很爱面子"，也就是过分重视社会声誉。黄奕光认为，"由于亚洲人具有强烈的面子意识，因此遵从唯物主义大众的社会压力就会唤起他们的内在动机"（p. 86）。维护自己的形象很重要，因为自尊建立在他人对自己的看法上。人们必须小心谨慎，不能参与有损自己颜面的活动。这种情形使得创造性思维、追求自己的想法与遵循社会形成激烈斗争，从而增强以社会为基础的自尊。

3.3 东方创造力思维总结：一种潜在偏见

以上回顾的主要目的在于简要介绍东方社会培养创造性思维面临的*419*一些问题。在东方社会，破坏创造力的主要因素似乎与环境有关，因此，埃克瓦尔建立创造性心理氛围维度（见表2）可能会为培养创造性行为提供一个宝贵的框架。家庭、工作和学校都应该采用这些维度。为了完成这一目标，关键在于居于领导地位的人们，即父母、老师和企业领导，共同努力促进这些维度的发展。领导力被视为培养创造性思维环境最强大的力量之一（Ekvall，1996；West & Anderson，1996）。由领导力定下基调，从而对影响他人生产和使用创新思想能力的有形或无形的重要资源进行最大程度的利用。

在这一节的最后，我们希望给大家一点提醒。在考察东方创造力的过程中，我们发现许多作者似乎已经接受了西方关于何谓创造力的偏见。英国心理学家M. J. 柯顿（1976，1994）提出了创造力风格理论（theory of creativity style），对创造性行为只有一种形式的观点提出了挑战。传统观念认为创新的创造力风格往往产生不同于普通想法的原创性思想，因而会对现有范式形成威胁。柯顿假定创造性行为是在更具适应性创造力风格中产生的连续行为，它导致原有体系中原创性想法的产生，并从而提升现有范式。

柯顿一贯主张，两种创造力形式同样重要，适应者能和创新者一样有创造力，反之亦然。R. J. 塔尔博特（1999）指出，西方许多创造力外显理论（explicit creativity theories）青睐创新型创造力风格，而且常把适应性倾向的创造力描述成缺乏创造力。普奇奥和M. D. 基门托（2001）发现，美国的创造力内隐理论（implicit creativity theories）也偏向于创新风格。因此，我们担心东方会重蹈覆辙，贬低适应性创造力的贡献。有数据显示这种情况可能已经出现。

普奇奥和基门托（2001）发现，当美国的非专业人员根据十分量表
（10-point scale）（1＝完全没有创造力，10＝极富创造力）用自己的创造
力观念判断柯顿的适应者（adaptor）和创新者（innovator）创造力水平
时，具有适应性特征人的平均得分是 5.7 分，而具有创新性特征人的平
均得分则是 6.5 分（$t＝-2.06$，$p＝0.04$）。应该指出的是，参与本次研 **420**
究的 113 名非专业人员并不知道自己在给与科顿的适应者和创新者风格
相联系的个体打分。他们只看到两种不同类型个体的性格列表，一份标
为"A 类"，另一份标为"B 类"。有时，A 类是适应者，B 类是创新者；
为了达到平衡效果，在其他调查中，这种情况可能会反过来。一位在读
研究生李金顺将这项研究照搬到韩国，参与其中的非专业人士多达 311
人。李女士发现，适应者和创新者的创造力水平排名差异甚至比美国的
还大。在此次研究范例中，具有适应性特征人员的平均得分是 4.55，创
新风格的得分却高达 7.52（$t＝-15.59$，$p＝0.000$）。

当我们考虑亚洲文化的特征时，可能适应性创造力（adaptive crea-
tivity）才是东方文化特有的。有许多关于亚洲组织如何找到方法以更高
的效率把事情做好的商业新闻。通过真实可靠的方法解决问题，注重传
统是通常与亚洲文化相关的特质。然而，李女士的数据显示，东方人，
至少韩国人，倾心于创造力的创新风格。此外，创造力与冒险和追求彻
底改变联系密切。西方可能已经形成这样一种观念：具有创造力的人必
须具有与柯顿定义的创新者类似的特性。东方人倾向于自我批评，这样
就会降低自己的适应性创造力潜能倾向，从而加剧这样一种观点：具有
创造力就得像柯顿所指的创新者一样。我们鼓励东方人士平等看待两种
形式的创造性行为。表现创造力的最有效方式是充分利用自己的先天倾
向，而不是强迫自己违背自然天性。正如牛卫华和斯滕伯格所说的一样，
"西方人的普遍创造力观念会低估东方社会的创造性贡献，还可能会对东
方人产生新的成见，从而抑制东方人的创造力"（p.284）。

在本章最后，我们将介绍与 CPS 学习模型（见图 2）第四阶段相关 **421**
的原则。用这些原则结束本章的目的在于我们认为这些原则具有普遍性，

因而能在不同文化中促进创造性思维的发展，东西方都是如此。

4. 培养创造性行为的原则

以下原则（表4）源于我们对有关促进创造性思维书籍的回顾。我们对这些材料进行分析，提取每篇文章的主要原则，然后将这些原则整合成最基本最具普遍性的原则。本次研究的主要动力是源于我们希望超越将创造力途径视为工具的想法。许多学者在撰写有关创造力的"指导性"书籍都推荐这样或那样的"工具"。而我们想要更加深入一些，于是提出了以下五条原则。同时，我们也认为，只有掌握这些原则才能成功进入培养创新变革领导者模型（The Model for Developing Creative Change Leaders）的第四阶段。

表 4. 更具创造性和富有成效地生活的五条原则

原则一：重获创造力
原则二：跟随心灵——享受生活
原则三：胸怀大志
原则四：抛开怀疑
原则五：不仅要努力，还要坚持不懈地努力

© G. J. 普奇奥 & D. W. 冈萨内斯 2001

4.1 原则一：重获创造力

每个人心中都有一个富有创造力的自己，这是自然而然的。我们的思维赋予我们想象思维的天赋，然而，随着时间的流逝，出于种种原因，**422** 我们似乎已经失去这种创新精神。外在需求分散了我们的注意力，如物质商品、经营事业、照顾他人。知识也能扼杀创造力，在获得知识的同时我们往往会失去想象力。我们开始表现得好像自己无所不知一般。要想每天都生活得有创造力，首先就要认识到自己是一个富有创造力的人。

要重新获得创造力，你就得重新发现自己。随着年龄的增长，生活变得越来越复杂，我们也离那个极富创造力的自己越来越远。我们忙于各种琐事，忘记了如何反思，也忘记了如何与自己相处。事务缠身的我们不会花时间反思。对我们许多人来说，年轻时的自己与创造性想象力的联系更为密切。我们会用最简单的玩具发挥想象，娱乐自我，或者在头脑中创建美好的场景。那时的我们不会审查自己的思想；我们还没有学会限制自己的观念；我们与那个富有创造力的自己同在，亲密无间。

与创造性的自我分离后，我们的生活就不再完整。我们在埋葬那个创造性的自我时，也埋葬了一部分自己。当你宣布从今天起会重新找回创造力，也是在重新找回丢失的那部分自己。当创新精神重归你的头脑，你会发现一个不一样的内心世界。

如何重获创造力？我再重申一遍，你首先要认识到每个人心中都有一种完美的创新精神。然后，培养心理学家所谓的内在控制观（internal locus of control）。这种内在控制观会形成一个基本信念，即你是自己生活的主宰，从而认识到成功和失败都取决于你。外部力量和环境只有在我们允许它们发挥作用的时候才会发挥作用。因此，一切变化都由你开始，也由你结束。如果你想找回创造力，你就能得到它。一切由你掌握，不要放弃。

4.2　原则二：跟随心灵，享受生活

一旦找回了创造力，下一步就是确定自己希望怎样度过创造性的一生。你想以什么样的方式表现创造力？为此，你必须过你自己的真实的生活，找出是什么内在动机在激励自己，勇敢地去追求你的目标。追求他人想让你过的生活或只是追求外在动机的生活永远不会令人满足。对于那些自己比较感兴趣的领域，你的精力会更加充沛。

过你自己的生活也意味着真实地面对自己。敏感认识到自己的性格和价值观，找到适合自己个性的出口。不要让那些违背自我的事情占据你的生活。这样只会让你的创造能量消耗殆尽。找到适合自己、能滋养

423

自己的环境。

4.3　原则三：胸怀大志

要过自己的生活，你就必须重拾梦想和抱负。胸怀大志意味着怀有远大的梦想。毫无疑问，不是每个梦想都得以成真，但是如果你没有梦想，就一个都不会实现。梦想推动生活不断前进。没有梦想，我们就没有创新的动力。

既然胸怀大志，就要准备好生活在不确定性中，因为远大的梦想会给我们的生活带来更大的不确定性。心甘情愿地生活在没有答案的生活中，因为这正是梦想得以显现的方式。不要让这种不确定性困扰自己。专注于自己的目标，耐心等待光明出现。

4.4　原则四：抛开怀疑

如果你准备追求远大的梦想，就必须抛开怀疑。通常当一个远大梦想出现在脑海，紧随而来的就是导致它无法实现的理由。你必须学会控制自己的判断力，抛却内心的桎梏，让梦想前行……让它们一直延续。给梦想自由呼吸的空间。不要过早断言梦想的结局——那样会使你放弃从长远来看可能有益的梦想。

善待自己。不要太严苛地批判自己。允许自己犯错，最重要的是，要从错误中吸取教训。没能从失败中吸取教训才是真正的失败。认识到我们所有人都会犯错，如果你不再犯错，也就不会有所成就了。

424　　不要固执己见。乐于接受矛盾的观点。允许观点的多元化。认真参与辩论，这样才能公正地审视各种观点，其中也包括自己的观点。乐于承认错误。

4.5　原则五：不仅要努力，还要坚持不懈地努力

熟能生巧。创造力需要时间培养。通过坚持不懈的努力，不断发展创造力。得到社会认可的创造性产品，无论是有形的还是无形的，很少

一开始就是成熟的想法，都是经过反复的打磨锤炼才得以形成。坚持不懈，不断发展创造力。在成就自己的创造力之前你还需要做大量的工作，但是这些工作也会带来无限的乐趣。

产生大量想法。要认识到你产生的想法越多，你成就创造力的机会就越大。创造力得到社会认可的人们都曾经产生了许多想法，我们看到的只是其中一小部分，仅仅是得到他人认可、发展成熟的一小部分。确保你的某些想法会被接受的最佳方式就是产生足够多的想法。毕加索每天创作一幅画，海明威每天都写作，自然界进化出了纷繁无数的物种。你需要为自己提供大量用于创造的素材。

5. 结论

本章旨在阐释创造性思维的本质及其形成过程。我们希望你会觉得这些思想具有启发性，更重要的是希望它们对你有所裨益。我们都面临各种各样的选择，我们希望你会选择培养那个具有创造性的自我，同时作为副产品，也激发出旁人的创造力。

参考文献

Amabile, T. A. (1987). The motivation to be creative. In S. J. Isaksen(Ed.), *Frontiers of creativity research : Beyond the basics* (pp. 223-254). Buffalo, NY: Bearly Limited.

Barbero-Switalski, L. (2003). *Evaluating and organizing thinking tools in relationship to the CPS framework*. Unpublished master's project, Center for Studies in Creativity, Buffalo State College, Buffalo, NY.

Blanchard, K. H. , & Johnson, S. (1982). *The one-minute manager*. New York: William Morrow & Company.

Boden, M. A. (1990). *The creative mind : Myths and mechanisms*. London: BasicBooks.

Carnevale, A. P. , Gainer, L. J. , & Meltzer, A. S. (1990). *Workplace basics : The essential skills employers want*. San Francisco, CA: Jossey-Bass Publishers.

Chan, D. W. , & Chan, L. (1999). Implicit theories of creativity: Teachers' perceptions of student characteristics in Hong Kong. *Creativity Research Journal*, 12, 185-196.

Cheung, W. M. , Tse, S. K, & Tsang, W. H. H. (2001). Development and validation of the Chinese creative writing scale for primary school students in Hong Kong. *Journal of Creative Behavior*, 35, 249-260.

Cheung, W. M. , Tse, S. K, & Tsang, W. H. H. (2003). Teaching creative writing skills to primary school children in Hong Kong: Discordance between the views and practices of language teachers. *Journal of Creative Behavior*, 37, 77-98.

Davis, G. A. (1986). *Creativity is forever* (2nd ed.). Dubuque, IA: Kendall/Hunt.

Ekvall, G. (1996). Organizational climate for creativity and innovation. *European Journal of Work and Organizational Psychology*, 5, 105-123.

Firestien, R. L. (1996). *Leading on the creative edge: Gaining competitive advantage through the power of Creative Problem Solving*. Colorado Springs, CO: Pinon Press.

Fritz, R. (1991). *Creating*. New York: Fawcett Columbine.

Hersey, P. (1984). *The situational leader: The other 59 minutes*. New York: Warner Books.

Isaksen, S. G. , Dorval, K. B. , & Treffinger, D. J. (1994). *Creative approaches to problem solving*. Dubuque, IA: Kendall-Hunt.

Isaksen, S. G. , & Treffinger, D. J. (1985). *Creative problem solving: The basic course*. Buffalo, NY: Bearly Limited.

Keller-Mathers, S. (1990). *Impact of creative problem solving training on participants' personal and professional lives: A replication and extension*. Unpublished master's project, Center for Studies in Creativity, Buffalo State College, Buffalo, NY.

Kirton, M. J. (1976). Adaptors and innovators: A description and measure. *Journal of Applied Psychology*, 61, 622-629.

426 Kirton, M. J. (Ed.). (1994). *Adaptors and innovators: Styles of creativity and problem solving* (Rev. ed.). London: Routledge.

Lunken, H. R(1990). *Assessment of long-term effects of the master of science degree in creative studies on its graduates*. Unpublished master's project, Center for Studies in Creativity,Buffalo State College,Buffalo,NY.

MacKinnon,D. W. (1978). *In search of human effectiveness*. Buffalo,NY：Creative Education Foundation.

Maslow,A. H. (1968). *Toward a psychology of being* (2nd ed.). Princeton, NJ：Van Nostrand.

McCluskey,K. W. ,Baker,P. A. ,O'Hagan,S. C,& Treffinger,D. J. (1995). *Lost prizes：Talent development and problem solving among at-risk students*. Sarasota,FL：Center for Creative Learning.

Miller,B. ,Vehar,J. ,& Firestien,R. (2001). *Creativity unbound：An introduction to the creative process*. Williamsville,NY：Innovation Resources Inc.

Mooney,R. L. (1963). A conceptual model for integrating four approaches to the identification of creative talent. In C. W. Taylor & F. Barron(Eds.),*Scientific creativity：Its recognition and development*(pp. 331-340). New York：Wiley.

Neilson,L. (1990). *Impact of CPS training：An in-depth evaluation of a six-day course in CPS*. Unpublished master's project,Center for Studies in Creativity,Buffalo State College,Buffalo,NY.

Ng,A. K. (2001). *Why Asians are less creative than Westerners*. Singapore：Prentice Hall.

Niu,W. ,& Sternberg,R. (2003). Contemporary studies on the concept of creativity：The East and the West. *Journal of Creative Behavior*,36,269-288.

Ornstein,R. E. (1972). *The psychology of consciousness*. San Francisco：W. H. Freeman.

Osborn,A. F. (1953). *Applied imagination*. New York：Charles Scribner.

Parnes,S. J. (1967). *The creative behavior guidebook*. New York：Scribners.

Parnes,S. J. (1987). The creative studies project. In S. G. Isaksen(Ed.),*Frontiers of creativity research：Beyond the basics*(pp. 156-188). Buffalo,NY：Beady Limited.

Parnes,S. J. , Noller, R. B. , & Biondi, A. M. (1977). *Guide to creative action*. New York：Scribner's.

Place,D. J. ,McCluskey,A. L. A. ,McCluskey,K. W. ,& Treffinger,D. J. (2000). The second chance project：Creative approaches to developing the talents of at-risk native inmates. *Journal of Creative Behavior*, 34, 165-174.

427 Presseisen, B. Z. (2001). Thinking skills: Meanings and models revisited. In A. Costa (Ed.), *Developing minds* (3rd ed.) (pp. 54-57). Alexandria, VA: Association for Supervision and Curriculum Development.

Puccio, G. J., & Avarello, L. L. (1995). Links between creativity education and intervention programs for at-risk students. In K. W. McCluskey, P. A. Baker, S. C. O'Hagan, & D. J. Treffinger, (Eds.), *Lost prizes: Talent development and problem solving with at-risk populations* (pp. 63-76). Sarasota, FL: Center for Creative Learning.

Puccio, G. J., & Chimento, M. D. (2001). Implicit theories of creativity: Laypersons' perceptions of the creativity of adaptors and innovators. *Perceptual and Motor Skills*, 92, 675-681.

Puccio, G. J., & Murdock, M. C. (2001). Creative thinking: An essential life skill. In A. Costa(Ed.), *Developing minds* (3rd ed.) (pp. 67-71). Alexandria, VA: Association for Supervision and Curriculum Development.

Puccio, K. G. (1994). *An analysis of an observational study of creative problem solving for primary children*. Unpublished master's project, Center for Studies in Creativity, Buffalo State College, Buffalo, NY.

Rhodes, M. (1961). An analysis of creativity. *Phi Delta Kappan*, 42, 305-310.

Rudowicz, E., & Yue, X. D. (2000). Concepts of creativity: Similarities and differences among Mainland, Hong Kong and Taiwanese Chinese. *Journal of Creative Behavior*, 34, 175-192.

Saeki, N, Fan, X., & Van Dusen L. (2001). A comparative study of creative thinking of American and Japanese college students. *Journal of Creative Behavior*, 35, 24-36.

Scritchfield, M. L. (1999). *Assessing the transfer of creativity & CPS to the higher education context: Phase III of the Davis & Elkins College creativity and creative thinking infusion project*. Unpublished master's thesis, Center for Studies in Creativity, Buffalo State College, Buffalo, NY.

Soh, K. C. (2000). Indexing creativity fostering teacher behavior: A preliminary validatio study. *Journal of Creative Behavior*, 34, 118-134.

Stein, M. I. (1968). Creativity. In E. F. Boragatta & W. W. Lambert(Eds.), *Handbook of personality theory and research*(pp. 900-942). Chicago, IL: Rand McNally.

Stimpson, C. (1996). *Creativity*. Distinguished Lecture Series, Buffalo State, State University of New York, Buffalo, NY.

Talbot, R. J. (1999). Taking style on board or how to get used to the idea of creative adaptors and uncreative innovators. In G. J. Puccio & M. C. Murdock(Eds.), *Creativity assessment: Readings and resources* (pp. 423-434). Buffalo, N. Y. : Creative Education Foundation Press.

Tan, A. G. (2001). Singaporean teachers' perception of activities useful in fostering creativity. *Journal of Creative Behavior*, 35, 131-148.

Torrance, E. P. (1962). *Guiding creative talent*. Englewood Cliffs, NJ: Prentice Hall.

Torrance, E. P. (1972). Can we teach children to think creatively? *Journal of Creative Behavior*, 6, 114-143.

Torrance, E. P. (1974). *Norms and technical manual for the Torrance Tests of Creative Thinking*. Bensenville, IL: Scholastic Testing.

Treffinger, D. J(1995). *Creativity, creative thinking, and critical thinking: In search of definitions*. Idea capsule report 5001. Sarasota, FL: Center for Creative Learning, Inc.

VanGundy, A. (1987). Organizational creativity and innovation. In S. G. Isaksen(Ed.), *Frontiers of creativity research: Beyond the basics* (pp. 358-379). Buffalo, NY: Beady Limited.

Vehar, J. (1994). *An impact study to improve a five-day course in facilitating creative problem solving*. Unpublished master's project, Center for Studies in Creativity, Buffalo State College, Buffalo, NY.

Wallas, G. (1926). *The art of thought*. New York: Franklin Watts.

West, M. A. , & Anderson, N. R. (1996). Innovation in top management teams. *Journal of Applied Psychology*, 81, 680-693.

Yue, X. D. , & Rudowicz, E. (2002). Perception of the most creative Chinese by undergraduates in Beijing, Guangzhou, Hong Kong and Taipei. *Journal of Creative Behavior*, 36, 88-104.

428

索　引

（条目后页码为原版书页码，即中译本边码）

后 记

创造力是社会发展的动力源,还是沟通理想与现实世界的桥梁。创造力既可以表现为想法、性格,也可以表现为某种思维能力或过程;创造力也可以表现在艺术、科学、商业等各个领域,既以出色的个人的形式存在,也表现为组织、国家的文化特征。因此,跨文化的创造力比较具有重要的学术价值。加深对创造力的理解,必然有助于促进科技创新与进步,以及实现社会的可持续发展。然而我们在进行中西方创造力比较时,很容易陷入我国创造力落后于西方的简单经验判断。在关于近代我国落后于西方各国的原因的反思中,文化、历史、民族性中缺乏或者抑制创造力被作为一个主因进行广泛的讨论,但似乎一直缺乏令人信服的定论。

我来自四川大学旅游学院,研究涉及休闲行为与社会影响,尤其是关于休闲行为与创造力的关系是我一直渴望探索的领域。比如探究创造力作为一种体验究竟具有哪些特征,而这些特征又将如何促进创造力的发展。有意思的是德国哲学家席勒从心理学视角提出休闲与游戏的相通性,他有一个著名论断:"只有当人是完全意义上的人时,他才游戏;只有当人游戏时,他才完全是人。"而荷兰著名学者约翰·赫伊津哈在《游戏的人》阐释了游戏与人类进化的相关性:"游戏作为文化的本质和意义对现代文明有着重要的价值,人只有在游戏中才最自由、最本真、最具创造力。"德国哲学大师海德格尔以"诗意地栖居"休闲与审美作为人类生活品质的理想界定。当我们以同样的视角审视创造力时,会发现创造力本质具有休闲的心理感知与体验,如最自由——脱离旧事物的束缚,最本真——寻找最根源的动力。总之,创造力与休闲研究的交叉,已经成为了我研究团队的一个重要方向。

2011年，机缘巧合，我多年相识的朋友，时任四川大学发展研究中心主任的刘莘教授和我讨论起关于主持翻译一本关于创造力文集的可能性。刘莘教授是长期关注西方伦理的哲学教授，同时也是一位对教育发展规律充满探索热忱的学人，他对创造力研究的愿景深深打动了我，我也希望通过对跨文化视角展开的创造力经典论文的翻译，寻找可以对我的相关研究产生启发的研究成果，同时我也希望首次尝试担任译者的角色去体会研究者的思路流，于是我应允下来。从2012年初到2016年出版，翻译工作历时四年多，本书翻译团队对这两百余页的文集的中文呈现过程中倾尽全力，力图带领自己和作者进入一个创造力的崭新世界。参加本书的翻译工作的还有汪玉琴、钟林珂两位研究生，以及同样来自四川大学旅游学院的金培老师。金培老师曾经留学澳大利亚，承担有学院的专业英语课程，她对相关的章节进行了专业化的校对。

值得一提的是，我受创造性休闲理论的启发，大胆假设，如果学术研究被视为具有深层哲学及心理背景的严肃休闲，表现出自我表达、快乐感及自由感等体验特征，学术创新更容易实现。基于此，我指导研究生以美国著名大学明尼苏达大学的学者研究经历为研究对象，探究了学术创造力的组成部分以及休闲性创造在学术研究中的体现，并获得了积极地研究成果，发现休闲性创造假设符合学术创造的本质。

本书在翻译、成稿过程中，得到了诸多部门的广泛支持，并得到了四川大学杰出青年基金（中央高校基本科研业务费专项资金，SKJC-201001）的支持。

限于译者水平，书中的疏漏及错误之处在所难免，恳请专家、读者批评指正，也可直接将您的意见发到如下电子邮箱：chengli@scu.edu.cn。

程 励

四川大学竹林村

2016年9月26日